Mein Grundwissen
7./8. Klasse

Deutsch

Mathe

Englisch

Gymnasium

Cornelsen
Power Learning

Die Autoren:
Deutsch: Thomas Brand, Dietrich Berger, Karl-Dieter Bünting, Wolfgang Eichler, Marion Holwas, Manfred Kienzler, Peter Kohrs
Mathe: Hans Karl Abele, Reiner Böttcher, Fritz Kammermeyer, Günter Lorenz, Wilhelm Mann, Benno Mohry, Udo Quak, Manfred Rehm, Siegfried Schneider, Edmund Wallis, Roland Zerpies
Englisch: David Clarke

Cornelsen online http://www.cornelsen.de

Bibliografische Information: Die Deutsche Bibliothek verzeichnet diese Publikation in der Deutschen Nationalbibliografie; detaillierte bibliografische Daten sind im Internet über http://dnb.ddb.de abrufbar.

Dieses Werk berücksichtigt die Regeln der reformierten Rechtschreibung und Zeichensetzung.

6. 5. 4. 3. 2. Die letzten Ziffern bezeichnen
09 08 07 06 05 Zahl und Jahr der Auflage.

Redaktion: Heike Friauf, Stefan Giertzsch (Projektleitung) und Christiane Grosskopf, alle Berlin
Herstellung: Uwe Pahnke, Berlin
Umschlaggestaltung und typografische Konzeption des Inhalts: Magdalene Krumbeck, Wuppertal
Layout: Dagmar & Torsten Lemme, Berlin
Sachzeichnungen: Simone Büchner, Berlin
Druck und Bindung: Westermann Druck Zwickau GmbH
Printed in Germany
ISBN 3-589-22061-9
Bestellnummer 220619

Gedruckt auf säurefreiem Papier, umweltschonend hergestellt aus chlorfrei gebleichten Faserstoffen.

Vorwort

Liebe Schülerin, lieber Schüler!
Dieser Band bietet dir, worauf es heute immer stärker ankommt: das Grundwissen der drei Hauptfächer **Deutsch, Mathe, Englisch** – und zwar für zwei Schuljahre. Er hilft dir für Vergleichsarbeiten und Tests ebenso wie bei Hausaufgaben, Referaten und der Vorbereitung auf Klassenarbeiten.

Das Buch eignet sich zum Lernen, Nachschlagen und Wiederholen.
Du findest viele Merksätze, Regeln und Beispiele, die dich beim Lernen unterstützen.

Wie kannst du mit diesem Buch arbeiten?

1. Zu Beginn jedes Faches gibt es ein ausführliches **Inhaltsverzeichnis**. Dort kannst du dir das Thema aussuchen, das du gerade brauchst. Arbeite dann das Kapitel durch.
2. Die eingestreuten **Übungen** helfen dir, den Stoff zu wiederholen und zu festigen.
3. Der **Test** am Ende des Kapitels bietet dir die Gelegenheit zur Selbstkontrolle: Was habe ich verstanden? Was muss ich wiederholen?
4. Das **Stichwortverzeichnis** am Ende des Buches dient dir als Wegweiser zu den Themen aller drei Fächer.

Und noch ein paar praktische Tipps zum Lernen mit diesem Buch:

- Nimm dir nicht zu viel auf einmal vor. Bearbeite lieber kleinere Abschnitte, aber dafür regelmäßig.
- Bist du beim Lösen der Übungsaufgaben nicht ganz sicher, sieh dir die Beispiele noch einmal genau an.
- Vergleiche deine Ergebnisse mit dem Lösungsteil am Ende jedes Faches. Überprüfe bei Fehlern genau, was du falsch gemacht hast.

Viel Erfolg!
Die Grundwissen-Redaktion
von Cornelsen Scriptor

Deutsch

7./8. Klasse

Inhaltsverzeichnis

Aufsatz

Grammatik

Rechtschreibung und Zeichensetzung

Aufsatz

1 Erzählungen schreiben

1.1 Allgemeine Merkmale

■ Für Erzählungen aller Art gelten die folgenden Merkmale:

- in **Einleitung, Hauptteil, Schluss** gliedern
- in deutlich unterscheidbaren **Erzählschritten** vorgehen (mindestens drei)
- **Höhepunkt** deutlich ausgestalten
- **Schluss** bedenken (abgerundet oder offen)
- die Bedeutung des **Raumes** bzw. des **Orts** bedenken
- **Figuren** anschaulich darstellen (**Namen!**): Charaktereigenschaften, Beziehungen der Figuren untereinander überlegen und ausgestalten

■ Sprachlich-erzählerische Mittel sind:

- **wörtliche Rede**
- **Fragen** und **Ausrufe**
- Darstellung von **Gefühlen**
- Einbeziehen von **Sinneseindrücken**
- Unterbrechungen des Zeitstroms (**Rückblenden, Andeutungen**)

Beispiel: „Während ich auf sie wartete, **fiel mir noch einmal ein, wie wir uns kennen gelernt hatten.** Es war an einem regenverhangenen Tag Mitte Oktober gewesen, als ich, um meinen Freund Marcel zu besuchen, nach Köln fuhr. Ich hatte mich sehr auf die Reise und den Aufenthalt gefreut …“ (Unterbrechung durch Rückblende)

- Abwechslung in der **Wortwahl**

1.2 Vorgegebene Texte verändern

Beim Erzählen ist man oft vor die Aufgabe gestellt, **mit vorgegebenen Texten umzugehen,** d. h. sie zu verändern oder zu ergänzen. Dabei gelten auch immer die oben genannten Grundsätze.

Erzählperspektive wechseln

■ Man unterscheidet drei Erzählperspektiven (auch Erzählsituationen genannt) voneinander.

1 Bei der **Ich-Erzählsituation** wird das Geschehen aus der Sicht eines „erzählenden Ichs“ wiedergegeben, das selbst an der Handlung beteiligt ist. Entsprechend kann der Ich-Erzähler nur wiedergeben, was er selbst erlebt, weiß oder von anderen Figuren erfahren hat. Oft beherrschen subjektive Eindrücke die Wiedergabe des Geschehens.

2 Ein Erzähler, der die Figuren sowohl von außen beobachten als auch ihr Inneres schildern kann, wird **„allwissender Erzähler“** (auktorialer Erzähler) genannt. Er kann „in die Personen hineinblicken“ und das Geschehen voraussagen.

3 Eine Zwischenform ist die **personale Erzählsituation** bzw. -perspektive. Der Erzähler tritt hinter eine der handelnden Figuren zurück und erzählt aus deren Sicht (in der Er- oder Sie-Form), ohne als Ich-Erzähler aufzutreten. Er ist damit mehr am Geschehen beteiligt als der auktoriale Erzähler, aber nicht so subjektiv wie der Ich-Erzähler.

■ Wechselt man die Perspektive, ist darauf zu achten,

▸ inwiefern sich der Grad der Beteiligung der Figur am Geschehen ändert,

▸ in welchem Maße Gefühle und Gedanken eingebunden werden,

▸ ob sich das Verhältnis der handelnden Personen untereinander mit dem Wechsel der Perspektive ändert.

Figuren erfinden oder verändern

■ Beim **Erfinden einer neuen Figur** muss man besonders darauf achten, dass diese **möglichst gut in den vorgegebenen Text passt.** Es sollte im Idealfall so wirken, als gehöre sie von Beginn an dazu. Man sollte also versuchen, **konstante Beziehungen zu den anderen Figuren** und einen **Bezug zur Handlung herzustellen.**

■ Beim **Verändern von Figuren** genügt es nicht, die entsprechenden Namen und Personalpronomen auszutauschen, sondern man muss wirklich die Sicht der betreffenden anderen Figur einnehmen:

▸ Was fühlt und erlebt die/der Betreffende?

▸ Inwiefern ergibt sich auch eine andere Bewertung des Geschehens?

- Zugleich geht es darum, **Charaktermerkmale** von Figuren eines vorgegebenen Textes zu **verändern.**

Beispiele:

skeptisch → zuversichtlich
unfreundlich → freundlich
naiv → erfahren, abgebrüht
traurig → lustig, fröhlich

- Allerdings kommt es nicht nur darauf an, einen Charakterzug zu ändern, sondern auch die **Folgen für die weitere Handlung** zu bedenken. Der veränderte Charakter muss sich möglichst gut in das übrige Geschehen einpassen, d. h., das folgende Geschehen muss auch geändert werden.

Varianten des Schlusses formulieren

- Die Aufgabe ist, ein **anderes Ende als das vorgegebene** zu schreiben. Dafür muss man nicht nur den Schlussabschnitt der vorgegebenen Geschichte abändern, sondern

a den **geeigneten Punkt zum Einstieg in das Geschehen** finden
b darauf achten, dass die Charaktere und die vorausgegangene Handlung **gut zu dem neuen Schluss passen**
c aufpassen, dass das neue Ende **nicht eine zu große Ähnlichkeit mit dem alten** aufweist.

Handlungsmerkmale der Geschichte ändern

- Ein möglichst wichtiges Handlungsmerkmal einer Geschichte wird geändert.

Beispiele:

Ein wichtiges Zusammentreffen zweier Figuren → die Figuren verfehlen sich
eine wichtige Bahn- oder Autofahrt → die Fahrt fällt aus, z. B. weil der Zug große Verspätung hat oder das Auto nicht anspringt

- Auch hier ist es wichtig, dass die Änderungen, die sich ergeben, gut zum Rest der Geschichte passen.

MERKE
- keine generelle Veränderung der Charaktere
- Beibehaltung des Spannungsaufbaus, also der Gliederung

In eine andere Textsorte umschreiben

■ Ein Comic kann zu einer Kurzgeschichte werden, eine Erzählung zu einer Reportage, ein Märchen zu einem Gedicht usw. Wichtig ist, dass man die Merkmale der neuen Textsorte kennt und sich beim Schreiben daran hält (einige Textsorten → S. 98).

2 Berichte und Reportagen untersuchen und schreiben

2.1 Der Bericht

■ Der Bericht gehört zu den Sachtexten. **Gegenstand** des Berichts sind einmalige und besondere **Tagesereignisse, Veranstaltungen** und **Handlungen.** Die Leser sollen einen **Sachverhalt genau erfahren,** sich etwas erklären lassen oder auch belehrt werden. Das gefühlsmäßige Erleben steht nur in Ausnahmefällen im Zentrum.

■ Formen des Berichts sind:
- der **Tatsachenbericht,** bei dem z. B. über Unfälle, Katastrophen, Sportereignisse berichtet wird
- der **Handlungsbericht,** etwa eine Zeugenaussage vor Gericht
- der **Zeitungsbericht**

■ Der Aufbau eines Berichts besteht aus **Einleitung, Hauptteil** und **Schluss.**
Die **Einleitung** gibt Antwort auf die wichtigen „W-Fragen" (Wer? Wo? Was? Wann? Wie? Welche Folgen?).
Der **Hauptteil** beschreibt den **genauen Ablauf** des Geschehens in chronologischer Abfolge (Wie?).
Der **Schluss** behandelt das **Ergebnis** bzw. den **Ausgang** des Geschehens und gegebenenfalls die **Folgen** (Welche Folgen?).

MERKE

Inhaltlich-sprachliche Anforderungen an den Bericht:

- **informierender Charakter:** Genauigkeit, Wahrheitstreue
- **logischer Aufbau:** keine Sprünge oder langwierigen Rückblenden
- **objektive Schreibhaltung:** keine Parteinahme
- **Sachbezogenheit:** keine Spannung, sondern Information
- **Tatsachenbezogenheit:** keine Unterstellungen, Vermutungen usw.
- **nüchterner Schreibstil:** keine „Ausschmückungen“ zum Zweck der Veranschaulichung oder Spannungssteigerung

2.2 Die Reportage

■ Die Reportage ist dem Bericht verwandt, aber sie bildet eine eigene Textsorte mit besonderen Merkmalen. Sie kann in zweierlei Hinsicht Gegenstand im Deutschunterricht werden. Einerseits muss man **Reportagen analysieren,** um Informationen, z. B. für Referate, zu gewinnen, andererseits soll man **Reportagen verfassen.** Oft wird z. B. die Aufgabe gestellt, einen Kurzbericht in eine Reportage umzugestalten. Darüber hinaus gibt es viele Projekte, in denen Schüler eine Reportage für eine Zeitung verfassen können.

■ Reportagen informieren in besonders lebendiger und anschaulicher Weise über Ereignisse; dabei kann auch das persönliche Erleben der Reporterin/des Reporters deutlich werden.

■ Reportagen versuchen Atmosphäre einzufangen und führen mitten in ein Geschehen. Leserinnen und Leser sollen gedanklich und emotional in das Geschilderte hineingezogen werden. Jede Reportage bietet die **Darstellung eines Erlebnisses,** z. B. den Besuch einer Veranstaltung, und **Hintergrundinformationen,** in denen der Reporter sein Wissen leserfreundlich darstellt. Sie kann auch **kommentierende Elemente** enthalten, das heißt, der Reporter äußert seine Einschätzung des Geschehens.
Diese drei Bereiche sind bei längeren Reportagen häufig vermischt.
Eine spezielle Form der Reportage ist die **Sozialreportage,** die über wichtige soziale Probleme informiert und Missstände kommentiert und kritisiert.

Verfassen von Reportagen

■ Reportagen haben, wie schon die Definition zeigt, wie der Bericht besondere Geschehnisse zum Thema, sie unterscheiden sich aber im Textumfang, im Standpunkt des Reporters und in den sprachlichen Mitteln. Die folgende Übersicht zeigt, worauf beim Verfassen einer Reportage zu achten ist.

Beachten		Ziel
▸ einen **situativen Einstieg** finden, d. h. möglichst mit einer konkreten Situation beginnen	→	das **Interesse** des Lesers **wecken**
▸ **Wechsel** zwischen berichtenden Passagen und Aussagen Betroffener	→	**Abwechslung** macht das Lesen reizvoller, Aussagen erhöhen die Authentizität und damit die Glaubwürdigkeit
▸ **dramatisch** erzählen und so den **Leser** in das Geschehen **hineinziehen**	→	**Spannung** macht neugierig, innere **Beteiligung** des Lesers ist erwünscht
▸ **Hintergrundinformationen** vermitteln	→	**mehr als nur „action"**
▸ die **Stimmung** wahrnehmen und beschreiben	→	Gefühl der **Unmittelbarkeit,** den Abstand zwischen Lesern und Geschehen aufheben
▸ anschauliche **Einzelheiten** mitteilen	→	den **einzigartigen Charakter** des Geschehens deutlich machen
▸ **Meinungen** und **Gefühle** des Reporters selbst einbauen	→	**Authentizität,** Echtheit des Erzählten
▸ mit einer **Pointe** oder einem **Zitat** enden	→	Anregung zum **Weiterdenken**

Analyse von Reportagen

■ Beachte diese Arbeitsschritte:

1 **orientierendes Lesen:** den Text zunächst überfliegen, um einen Überblick über die Schwerpunkte zu bekommen

2 **Thema bestimmen:** klären, wovon der Text handelt

3 **unbekannte Wörter nachschlagen:** sicherstellen, dass alle Zusammenhänge und Wörter verstanden wurden

4 **vertiefendes Lesen, dabei sprachliche Mittel analysieren:** wesentliche Gesichtspunkte genau untersuchen – inhaltlich und sprachlich

5 **Autorenstandpunkt bestimmen:** Aussageabsicht der Reportage ermitteln, Trennen von Information und Meinung des Autors

6 **mit eigenen Worten zusammenfassen:** Textverständnis sicherstellen

Übungen

1 Wichtig für einen Bericht sind die Antworten auf die „W-Fragen". Verfasse mit den folgenden Angaben einen kurzen Bericht.

Wer?	ein anderthalbjähriger Junge, Eltern
Wo?	Berlin-Kreuzberg, Kinderbauernhof, Teich
Was?	Sturz in den Teich, Lebensgefahr
Wann?	Donnerstag, 10. Juni 2004, abends
Wie?	Picknick der Eltern im nahe gelegenen Park, Junge spaziert allein zum Teich, fällt hinein, Wiederbelebung durch Feuerwehr, Einlieferung in Kinderklinik
Welche Folgen?	Lebensgefahr, Anzeige gegen die Eltern wegen fahrlässiger Körperverletzung und Verletzung der Aufsichtspflicht

2 Vergleiche die beiden Reportagen für eine Schülerzeitung. Finde Beispiele für folgende Merkmale einer guten Reportage:

- situativer Einstieg
- direkte Äußerungen von Teilnehmern/Besuchern
- dramatische, spannende Erzählweise
- Hintergrundinformationen
- Stimmungsbeschreibung
- Meinungen und Gefühle des Autors
- Pointe

A Unser Schulfest

Vergangenen Sonntag fand unser Schulfest statt. Es war eine sehr bunte Veranstaltung. Gleich am Eingang gab es leckeres Essen und Cocktails aus der Karibik, natürlich ohne Alkohol. Es gab ganz viele Stände, und viele, wenn auch nicht alle standen unter dem Motto „Beach Life". Man konnte sich tätowieren lassen, und zu Reggae-Musik wurden Tanzvorführungen geboten. Sogar ein „echtes" Urlaubsfoto aus der Karibik konnte man machen, die 9 d hatte einen Raum zum Fotostudio umgebaut und mit einem Badetuch als Hintergrund und anderem Zubehör konnte man sich fotografieren lassen. So war es insgesamt ein schönes Fest.

B Unser Schulfest

Wie kann man ein Urlaubsfoto aus der Karibik präsentieren, ohne je da gewesen zu sein? Ganz einfach. Nur ins Fotostudio der 9 d gehen, ein Hawaii-Hemd überziehen, Strohhut aufsetzen, Kokosnuss in die Hand, und sich dann vor blauem Himmel, Meer und Palmen fotografieren lassen. Das Badehandtuch ist so gut, dass man den Hintergrund für echt halten könnte. Voraussetzung: Man war auf dem Schulfest. Ungefähr dreißig Stände, ich habe sie nicht gezählt, boten Verschiedenes, hauptsächlich unter dem Motto „Beach Life". Von der Reggae-Tanz-Vorführung bis zum Cocktail, natürlich ohne Alkohol, die Klassen hatten sich wirklich viel einfallen lassen. Auch unser Schulleiter, Herr Schramm, war begeistert: „Toll, was die Schüler in so kurzer Zeit auf die Beine stellen. Aber glücklicherweise habe ich einen Bart, so dass ich für das ‚Tattooing' ausfalle." Das Beach-Volleyball-Turnier gewann klar eine Mannschaft aus den Klassen 8 a und b. „Es war gar nicht so leicht, das zu organisieren", sagt Mark, der die Spieler zusammengestellt hat. „Spielen wollten schon viele, aber mehr noch wollten sie sich das Fest ansehen." Aber schließlich hatte er doch noch sechs Mannschaften zusammenbekommen. Gegen Mittag setzte dann der große Hunger ein, auch in der Karibik. Aber man sehe und staune: Die Schlange vor dem Bratwurst-Stand war doch länger als die beim Hawaii-Toast. Trotzdem – es war ein tolles Fest.

3 Beschreibungen verfassen

3.1 Vorgänge beschreiben

■ Vorgangsbeschreibungen gehören zur Gruppe der Gebrauchstexte, d. h., sie erfüllen eine bestimmte, festgelegte Funktion im Alltag. Zu den Vorgangsbeschreibungen gehören **Bedienungsanleitungen, Arbeitsanleitungen, Spielanweisungen** und die Beschreibung bestimmter **Abläufe,** z. B. von Experimenten.

■ Anforderungen

- genaue **Kenntnis** des Vorgangs, der benötigten **Materialien** und ggf. der **Fachausdrücke**
- logische **Abfolge** der einzelnen Schritte
- übersichtlicher **Aufbau, Gliederung** in

1. **Einleitung** (Material, Absicht)
2. **Hauptteil** (Abfolge der einzelnen Schritte)
3. **Schluss** (Ergebnis? Produkt? Absicht erreicht? …)

■ Sprachlich-gestalterische Mittel

- **sachliche Schreibhaltung**
- verschiedene Formen der **Adressierung** (Leseranrede):

a Anrede (2. Person Sg. oder Pl.)
Beispiel: „Jetzt drehen Sie den linken Hebel bis zum Anschlag."

b unpersönliches *man*
Beispiel: „Jetzt dreht man den linken Hebel bis zum Anschlag."

c Passiv (➜ S. 62–64)
Beispiel: „Jetzt wird der linke Hebel bis zum Anschlag gedreht."

d substantivierte Infinitivform des Verbs
Beispiel: „Durch Drehen des linken Hebels bis zum Anschlag …"

- **Fachausdrücke** verwenden
- **Beziehungen** zwischen den **Teilhandlungen** deutlich machen

Beispiel: „Jetzt drehen Sie den linken Hebel bis zum Anschlag und setzen so die Automatik in Gang. Dies ist die Bedingung dafür, dass die Schneidemesser reibungslos arbeiten."

- Tempus: **Präsens**

■ So geht man **beim Anfertigen einer Vorgangsbeschreibung** vor:

1 alle nötigen **Werkzeuge** und **Tätigkeiten** notieren
2 überlegen, welche **Fachbegriffe** erklärt werden müssen, im Zweifelsfall selbst noch einmal im Lexikon nachschlagen
3 zeitliche **Abfolge** der Teilvorgänge herstellen
4 **Einleitung** überlegen: Ziel, Absicht des gesamten Vorgangs
5 **Schluss** überlegen: Was kommt bei dem Vorgang heraus? Ergebnis? Produkt? Ziel erreicht?
6 auf **Abwechslung** in der **Wortwahl** achten (Anredeform, Verben, Substantive, **keine Wiederholung** von *man, dann* usw.)
7 **Zusammenhänge** zeitlicher und sachlicher Natur deutlich machen, besonders den **Zusammenhang von Ursache und Wirkung** bzw. **Absicht und Ziel**
8 wenn nötig und möglich, **Abbildungen** überlegen

3.2 Bilder und Fotos beschreiben

■ Der Gegenstand einer Bildbeschreibung kann verschiedener Art sein: Landschaftsmalerei, Porträts, Stillleben, Holzschnitte, Fotos usw. Bei Bildern, auf denen einiges „passiert", müssen die einzelnen **Teilhandlungen** nicht nur so genau wie möglich beschrieben werden, sondern man muss auch darauf achten, was für ein **Gesamteindruck** entsteht.

■ Checkliste Bildbeschreibung

- Welche **Informationen** habe ich zum Bild (Name des Künstlers, Titel usw.)?
- Wie ist das Bild **aufgebaut?**
- Welche Personen oder Gegenstände befinden sich im **Vordergrund,** welche im **Hintergrund?**
- Sind die Personen oder Gegenstände **natürlich oder verfremdet,** verzerrt gemalt?
- Enthält das Bild eine verschlüsselte Darstellung (Symbol)?
- Hat das Bild einen **einheitlichen Gedanken?** Welchen?
- Gibt es einen **biographischen oder zeitgeschichtlichen** Hintergrund für das Bild?

■ **Aufbau/Gliederung**

Einleitung: Titel, Künstler, Entstehungsjahr, Thema

Hauptteil: **Details** des Bildes in ihrer **Beziehung** zueinander, dabei eingehen auf

- Farben
- Malstil
- Lichtwirkung
- Raumgestaltung

oberer, unterer, linker, rechter Bildrand
obere, untere, linke, rechte Bildhälfte
Vordergrund, Mitte, Hintergrund

- Komposition
- Formen
- Perspektive (Vogel-, Frosch- oder Normalperspektive)
- evtl. verfremdete Darstellungen

Schluss: Aussageabsicht des Bildes

■ Wenn die **Darstellung von Menschen** auf dem betreffenden Bild eine zentrale Rolle spielt, ist die Bildbeschreibung eine Art **Kombination aus Gegenstands- und Personenbeschreibung.** Man geht dann nicht nur auf die Anordnung der Gegenstände und Figuren, auf die Körperhaltung und Kleidung ein, sondern auch auf den Gesichtsausdruck. Man kann Vermutungen über den Charakter oder die Gedanken der Figur anstellen. **Vermutungen** sind sprachlich zu kennzeichnen

- durch den Gebrauch des **Konjunktivs** (➜ S. 59–61),
- durch die Verwendung **modaler Adverbien** (➜ S. 66): *vielleicht, vermutlich, eventuell, wahrscheinlich …*

Beispiel:

Diese Bildbeschreibung (Auszug) ist weniger gut gelungen

Auf dem Bild „Zwei Tahitianerinnen mit Hund“ von Paul Gauguin entdeckt der Betrachter einen orange-braunen Hund, der sich auf einer Wiese scheinbar erholt. Die Wiese, auf der er

So sollte man es machen

Das Gemälde „Zwei Tahitianerinnen mit Hund“ von Paul Gauguin wurde im Querformat gemalt, in der rechten unteren Ecke signiert und stammt aus dem Jahr 1893. Es zeigt eine südseeähnliche Idylle, die

liegt, zieht sich weiter bis zum rechten Rand des Bildvordergrundes. Der Vordergrund wird durch das Ende der Wiese getrennt. …
→ *Unzureichende Einleitung*
→ *Kein Gesamteindruck*
→ *Ungenaue Ortsangaben*
→ *Ausdrucksfehler*
→ *Kein Eingehen auf Stimmung usw.*

Frieden und Ruhe vermuten lässt. Im Vordergrund ist ungefähr bis zur Mitte des Bildes eine dunkelgrün gehaltene Wiese zu erkennen, auf der ein Hund liegt. Er hat weiße Pfoten, eine helle Schnauze, einen weißen Bauch und ist sonst hellbraun. Sein Blick geht in die Richtung des rechten Bildrandes. Er hat aufmerksam den Kopf gehoben. …
→ *Einleitungssatz*
→ *Gesamteindruck*
→ *Gliederung*
→ *Genauigkeit im Ausdruck*

Übung

■ **Vergleiche die beiden Fassungen einer einfachen Bildbeschreibung.**

Im Hintergrund des Bildes ist eine große Ritterburg sichtbar. Die Mauern sind hoch; viele Fenster und Schießscharten sitzen in den Wänden, und das Bauwerk hat einen großen, viereckigen Turm. Links davon ist ein schmuckes Bauernhaus zwischen ein paar Bäumen. Man sieht fast nur das gemütliche Strohdach und ein Stück des Vordergiebels. Ganz vorne befinden sich zwei Männer im Gespräch. Der eine ist ein Mönch. Er hat eine schlichte Kutte an. In der linken Hand hat er ein Gebetbuch. Der andere Mann ist ein Ritter. Er hat eine wehrhafte Rüstung, seine linke Hand hat er auf dem Schwert-

Im Hintergrund erhebt sich eine große Ritterburg. Steil ragen die Mauern in die Höhe; kleine Fenster und Schießscharten sitzen in den Wänden, und das ganze Bauwerk ist überragt von einem massigen, viereckigen Turm. Links davon steht ein niedriges Bauernhaus zwischen ein paar Bäumen. Man sieht fast nur das steile Strohdach und ein Stück des Vordergiebels. Ganz vorne stehen zwei Männer im Gespräch. Der eine ist ein Mönch. Man erkennt ihn an seiner schwarzen Kutte. In der linken Hand trägt er ein Gebetbuch. Der andere Mann ist ein Ritter. Er steckt in einer schweren eisernen Rüstung; seine

griff. Weiter hinten sind noch ein paar Gestalten zu sehen. Rechts sieht man einen Dudelsackbläser, der bescheiden auf seinem Dudelsack spielt, als ob er vor den beiden Männern Angst hätte. Auf der anderen Seite ist ein armer Krüppel. Er stützt sich auf zwei Krücken. Das eine Bein ist hoch an den Leib herangezogen, das andere ist nur ein Holzstumpen. So geht er dahin und blickt noch einmal zu dem Ritter zurück.

linke Hand ruht auf dem Schwertgriff. Weiter hinten sind noch ein paar Gestalten zu sehen. Rechts erblickt man einen Dudelsackbläser, der in einer demütigen Haltung auf seinem Instrument spielt, als ob er vor den stolzen Männern Angst hätte. Auf der anderen Seite humpelt ein armseliger Krüppel davon. Er stützt sich auf zwei Krücken. Das eine Bein ist hoch an den Leib heraufgezogen, statt des anderen Beines hat er nur einen Holzstumpen. So geht er dahin und blickt schüchtern zu dem Ritter zurück.

- Welche Fassung hältst du für gelungen? Begründe deine Wahl.
- Vergleiche in beiden Fassungen die Verben und die Adjektive.
- Welche Reihenfolge haben die Schreiber gewählt? Unterteile die Texte in einzelne Abschnitte und suche Überschriften für die Abschnitte.

4 Inhaltsangaben schreiben

4.1 Merkmale der Inhaltsangabe

■ Oft sieht man sich vor die Aufgabe gestellt, anderen den Inhalt eines Textes, eines Briefes, eines Buches oder eines Films wiederzugeben. In der Schule ist die Inhaltsangabe ein wichtiger Bestandteil von Aufsätzen über literarische Texte. In ihr kann man sich des eigenen Textverständnisses vergewissern und die wesentlichen Aussagen des Textes zusammenfassen. Von der Nacherzählung unterscheidet sich die Inhaltsangabe im Wesentlichen durch die **Schreibhaltung.** Es kommt darauf an, über einen Text zu **informieren, nicht** darauf, ihn so lebendig und spannend wie möglich **nachempfinden** zu lassen.

Merkmale der Inhaltsangabe

- sachliche Sprache
- kurz und knapp, Beschränkung auf das Wesentliche
- 3. Person („Er/Sie"-Perspektive)
- mit eigenen Worten
- Tempus: Präsens

Arbeitsschritte

1. den Text in Sinnabschnitte gliedern
2. zu jedem Abschnitt eine Überschrift formulieren
3. überlegen, welche Informationen und Inhalte für das Gesamtverständnis wichtig sind; Unwesentliches nicht mit in die Inhaltsangabe aufnehmen
4. Einleitungssatz formulieren
5. abschnittweise (→ Überschriften) Informationen zusammenstellen und zu zusammenhängendem Text verbinden, dabei auf mögliche Beziehungen zeitlicher oder kausaler Art (Grund, Ursache – Wirkung) zwischen den Teilen achten

MERKE Die Reihenfolge der Vorlage muss nicht zwingend eingehalten werden, Vorausdeutungen und Rückblenden können aufgelöst werden. Der Ausgang der Handlung kann, wenn es sinnvoll erscheint, bereits am Anfang des Hauptteils mitgeteilt werden.

Aufbau/Gliederung

Einleitung (einleitender Satz): Textart, Titel, Autor/in, Entstehungsjahr (wenn bekannt), Thema

Hauptteil: Wiedergabe der wesentlichen Schritte

Schluss: Ein Schlussteil ist nicht zwingend erforderlich. Es ist aber möglich, ein Fazit zu ziehen.

FEHLERQUELLE

Keine wörtliche Rede! Keine Zitate in der Inhaltsangabe!

4.2 Indirekte Rede

■ In der Inhaltsangabe verwendet man keine wörtliche Rede. So kann man den sachlichen Gesamteindruck des Textes wahren. Man kann Dialoge entweder ganz weglassen und in Handlung auflösen oder, wenn man sie wichtig findet, knapp zusammenfassen. Das geschieht mit der **indirekten Rede.**

Beispiele: Michael sagt: „Wenn es regnet, kann ich nicht kommen."
Michael sagte, wenn es regne, könne er nicht kommen. (indirekte Rede/Aussagesatz)
Friederike fragt Karl: „Gibst du mir die Aufgaben von letzter Woche?"
Friederike fragte Karl, ob er ihr die Aufgaben von letzter Woche gebe. (indirekter Fragesatz)

■ Für die richtige **Bildung der indirekten Rede** muss man sich drei Regeln merken:

1 Zur Bildung der indirekten Rede verwendet man den Konjunktiv I. Er wird gebildet aus dem Stamm des Infinitivs und der jeweiligen Personalendung des Konjunktivs (➜ S. 59–61).
Beispiel: Infinitiv *schreiben*

Endungen	Konjunktiv I	zum Vergleich: Konjunktiv II
-e	ich schreib**e**	ich schrieb**e**
-(e)**st**	du schreib(e)**st**	du schrieb**est**
-e	er, sie, es schreib**e**	er, sie, es schrieb**e**
-en	wir schreib**en**	wir schrieb**en**
-(e)**t**	ihr schreib(e)**t**	ihr schrieb**et**
-en	sie schreib**en**	sie schrieb**en**

2 Häufig stimmt die 3. Person des Konjunktivs I mit der 1. Person des Indikativ Präsens (➜ S. 60) überein.
Beispiel: Sophie meint: „Wir haben genug Proviant eingepackt."
Sophie meint, sie haben genug Proviant eingepackt.
In diesem Fall kann man direkte und indirekte Rede nicht auseinander halten. Deshalb verwendet man hier für die indirekte Rede den **Konjunktiv II.** Er wird gebildet aus dem **Stamm des Präteritums** (oder auch der zweiten Stammform) plus **Personalendungen des Konjunktivs.**

Bei den Verben, deren Präteritumformen nicht mit dem Präsensstamm gebildet werden (starke Verben), verwendet man den Umlaut.
Beispiel: kommen – kamen → *er käme*, wachsen – wuchs → *sie wüchse*

3 Wenn die Inhaltsangabe zu umständlich klingt, weil man zu oft Konjunktiv II verwendet hat, kann man die Ersatzform mit *würde + Infinitiv* verwenden.

MERKE Die Form mit *würde* bietet sich umgangssprachlich (und sicherheitshalber) als leichtester Weg für die indirekte Rede an. Das gilt besonders für den mündlichen Sprachgebrauch. Darum muss aus Gründen des Stils darauf geachtet werden, dass die Form mit *würde* nicht zu oft auftaucht.

4.3 Erweiterte Inhaltsangabe: Textuntersuchung

■ Oft werden in der Schule, auch als Klassenarbeit, als Vorstufen zur Interpretation Textuntersuchungen geübt, manchmal spricht man auch von einer „Erweiterten Inhaltsangabe". Dabei sollen die Schülerinnen und Schüler zeigen, dass sie einen Text nicht nur seinem Inhalt nach verstanden haben, sondern auch Einzelheiten zur Gestaltung (Aufbau, Sprache) erkennen und im Zusammenhang mit der Aussage deuten können. Diese Aufgaben werden in den höheren Klassen immer wichtiger. Dann wird die Zusammenfassung des Inhalts nur noch einen kleinen Teil ausmachen, die Untersuchung des Textes aber den größeren Teil.

■ In der erweiterten Inhaltsangabe geht es darum, einige **über den bloßen Inhalt hinausgehende Gesichtspunkte zur Textgestaltung** zu erfassen.

■ Folgende Erschließungsfragen helfen bei der erweiterten Inhaltsangabe:
- Wie ist der Text **aufgebaut?**
- Ist ein **Höhepunkt** erkennbar? Wie ist er gestaltet? (Spannend, lang vorbereitet, erwartet, unerwartet, dramatisch usw.)
- Wird am **Schluss** eine entscheidende Aussage getroffen?

- Aus welcher **Sicht** (Erzählperspektive, → S. 11) wird erzählt?
- Was fällt bei der **Wortwahl** auf?
- Was fällt beim **Satzbau** auf? Gibt es viele einfache **Hauptsätze** bzw. Satzreihen oder herrschen **Satzgefüge** (Hauptsätze und abhängige Nebensätze) vor? Was kann damit zum Ausdruck gebracht werden?
- Wie ist die **Aussage** des Textes zu beurteilen? In welchem Verhältnis steht sie zu seiner Gestaltung bzw. zu einigen auffälligen Merkmalen?

Übung

■ **Berichtige den folgenden Ausschnitt aus der Inhaltsangabe einer Kurzgeschichte, die dir vielleicht auch bekannt ist.**

(...) Der Erzähler lernte Jenö kennen, als er Futter für seine Meerschweinchen suchte. Sofort war er von dem fremdartigen Jungen fasziniert. Wie konnte er mit ihm Freundschaft schließen? Er lädt ihn ein, fragte aber zuvor noch seinen Vater: „Kannst ihn ja mal mitbringen", hatte der gesagt, nachdem er aber zuvor etwas nachdenklich guckte. Jenö kam also zu Besuch, stellte sich beim Vater vor und aß für das Gefühl des Erzählers sehr viel Kuchen zum Kaffeetrinken. (...)

5 Schilderungen verfassen

■ Wenn man schildert, versucht man mit Wörtern zu „malen", mit Sprache ein **stimmungsvolles Bild** zu entwerfen. Im Unterschied zum nüchternen Beschreiben und zum Erzählen will das Schildern den Lesern etwas **eindringlich nahe bringen**, sie **in eine Handlung oder eine Situation „hineinziehen"**. Dabei wird in besonderer Weise die **Fantasie** angeregt. Schilderungen verbinden meist die Darstellung der Außenwelt mit den Gedanken und Empfindungen des Betrachters.

■ Grundlage für die Schilderung ist, dass man **Sinneswahrnehmungen** ganz genau aufnimmt:

Was ist zu sehen, hören, riechen, was empfindet man?

■ Zur Gestaltung der Eindrücke verwendet man einen besonderen Sprachstil. Dieser Stil wird geprägt durch anschaulich machende **Adjektive**, handlungsorientierte **Verben, Vergleiche** und **Metaphern. Ausdrucksstarke Wörter, sprachliche Bilder, Abwechslung im Satzbau** sollen einen anschaulichen Eindruck vermitteln. Erst mit diesen sprachlichen Mitteln wird die Schilderung lebendig.

FEHLERQUELLE

Zwar darf man bei der Schilderung seine Fantasie spielen lassen, doch muss man aufpassen, dass man nicht in eine klischeehafte, übertriebene oder unglaubwürdige Sprache abgleitet.

■ Entsprechend der Vielfalt von möglichen Eindrücken gibt es verschiedene Arten der Schilderung:

- die Momentaufnahme („Spotlight")
- die Landschafts- und Naturschilderung
- die schildernde Beschreibung einer Person
- die schildernde Darstellung eines Erlebnisses, einer bestimmten Situation

■ Zeitform der Schilderung ist das **Präsens.**

■ Eine wichtige Anforderung bei der Schilderung ist es, den Zusammenhang von einem äußeren Eindruck und dem dazugehörigen inneren Erleben zum Ausdruck zu bringen.

Beispiel: Also nicht: *„Im Urwald waren viele Töne zu hören"*, wenn man schreiben will, wie großartig das wirkt. Man soll das, was man erlebt oder sich vorstellt, mit den Gefühlen verbinden, die der Sinneseindruck auslöst: *„Die Töne, die aus allen Ecken des Waldes kamen, wirkten (auf mich) wie eine großartige Sinfonie."*

Noch besser ist es, wenn man seine eigene Person in der Schilderung etwas zurücknimmt: *„Die Töne, die aus allen Ecken des Waldes kamen, wurden zu einer wunderbaren Sinfonie."* Damit wird der **Schwerpunkt auf das Ereignis** selbst gelegt, und das, was man erlebt, wirkt **allgemeingültig.** Der Leser wird dann richtig in den Bann dessen gezogen, was man schildert.

■ Wie äußere Wahrnehmung und innere Eindrücke miteinander zusammenhängen und wie man das formulieren kann, zeigt das folgende **Beispiel:**

Äußerer Eindruck	Innerer Eindruck	Mögliche Formulierung
ein Gang durch den Wald	Ruhe, Einsamkeit, Beschwingtheit durch das Vogelgezwitscher	Schon nach kurzer Zeit greift die Ruhe des Waldes auf einen über. Wie in einem Dom bewegt man sich: Die Baumstämme gleichen den Säulen, die Baumkronen dem Gewölbe. Durch das Blätterdach fallen Sonnenstrahlen fein gefiltert. Fast nichts ist zu hören als ein paar Vogelstimmen, deren Urheber sich versteckt halten. Ab und zu das Knacken von Ästen, das fast zart wirkt. Andere Spaziergänger, die dort hinten ihren Weg durch die Ruhe gehen.
in einem Kaufhaus	Stress, Nervosität, Fluchtgedanke, Anziehung durch Warenberge	Sieht man nur die Menschen auf den Rolltreppen, man könnte glauben, es handle sich um einen Ort der Ruhe. „Kann ich mal vorbei?“ – Lautsprecher an: „Meine Damen und Herren, kaufen Sie heute besonders günstig …“ – „Frau Hartwig, bitte auf 28.“ Das vertraute Knistern von Tüten, die sachlichen Geräusche der digitalen Kassen, laute und leise Stimmen, aneinander vorbei. Dicht gestaffelte Warenberge, als ob sie mich erschlagen wollten. In der Luft der Duft von tausendundeinem Parfüm, aber auch der Schweiß des Alltags.

Übung

■ **Schreibe aus den Beispielschilderungen zu jedem der vier sprachlichen Mittel mindestens drei Formulierungen auf.**

Verben Adjektive Vergleiche Metaphern

Personifizierung

Dabei wird ein Gegenstand mit einer menschlichen Eigenschaft belegt. So würde man z. B. anstelle des sachlichen Eindrucks aus dem Kaufhaus: „Überall stehen große Mengen Waren aufgetürmt“, schreiben: *Dicht gestaffelte Warenberge, als ob sie mich erschlagen wollten.*
Personifiziert wird vor allem mit Verben, aber auch mit Adjektiven und Adverbien.

Beispiel: ***Quicklebendig** springen die Kassen auf und zu.*

> TIPP Um bei der Schilderung an Sicherheit in der Wortwahl zu gewinnen, kann man zu wichtigen Verben und Substantiven **Wortfelder** bilden. Dazu trägt man alle Verben und Substantive zusammen, die denselben oder einen ähnlichen Vorgang in anderen „Schattierungen“ wiedergeben.
> Beispiel: gehen – *schleichen, pirschen, sich vorwärts tasten, laufen, sich bewegen, vom Fleck kommen, spazieren, wandern, wandeln …*

Satzbau

Bei einer Schilderung hat man eine größere Freiheit in der Wortwahl wie auch im Satzbau. Diese Freiheit sollte man nutzen:

- auf Abwechslung in der **Satzlänge** achten
- die Reihung von Aussagesätzen ab und zu durch **Fragen** und **Ausrufe** unterbrechen
- ab und zu einen **ungrammatischen Satz** verwenden, besonders geeignet ist die **Ellipse** (Auslassung eines Satzglieds)

Beispiel: „Mit der Rolltreppe lautlos davongleiten. Sich über die Warenberge erheben.“

Checkliste: Wie man bei der Schilderung vorgeht

- intensiv beobachten, auch eine bekannte Situation genau vergegenwärtigen
- charakteristische Eindrücke stichwortartig festhalten
- sich die Wirkung der Eindrücke klar machen
- Eindrücke so ordnen, dass ein Gesamtbild entsteht, das der Situation und der beabsichtigten Wirkung entspricht
- auf eine zeitlich und räumlich begrenzte Situation achten

- die Schilderung ausarbeiten und dabei auf die charakteristischen sprachlichen Mittel achten
- den Text auf „schiefe Bilder“, Übertreibungen und Kitsch kritisch überprüfen

Übungen

1 Welche Ausdrucksfehler enthält der folgende Text? Mache Verbesserungsvorschläge.

2 Gestalte den Text zusammenhängend um, indem du die Hinweise zu Wortwahl und Satzbau (vgl. oben) beachtest.

3 Verfasse eine eigene Schilderung zum Thema „Im Regen durch die Stadt“.

Am Wasser

Er sitzt am Ufer und beobachtet das Wasser. Das Aufleuchten der glitzernden Punkte kommt ihm vor wie der Widerschein kleiner Goldstücke. Das Plätschern kleiner Wellen vor ihm beruhigt ihn. Der See liegt da, spiegelblank poliert. Am Ufer neigen die Bäume verträumt und vertraut ihre Köpfe gegeneinander. Was sie sich wohl zuflüstern? Aber ihr Rascheln ist so undurchdringlich dicht wie eine exotische Fremdsprache. Alles wirkt wie eine friedliche Vollversammlung der Natur. Draußen fahren Segelschiffe vorbei. Er freut sich darüber, zu sehen, wie sich die Segel stolz aufblasen. Ein Motorboot fährt schnell vorbei. Es wirkt, verglichen mit den Seglern und dem ruhigen Paddeln der Schwäne, nervös. Er fühlt sich gestört. Aber bald ist es vorüber und wird hoffentlich so bald nicht mehr zurückkommen. So kann er weiter am Wasser sitzen und träumen.

6 Ein Protokoll anfertigen

6.1 Merkmale des Protokolls

■ Das Protokollieren ist eine spezielle Art des Berichtens. In einem Protokoll werden die **Inhalte von Versammlungen oder besonderen Ereignissen** (z. B. Unfall, Experiment) festgehalten. Mit Hilfe eines Protokolls können sich andere, die bei der Zusammenkunft oder dem Ereignis nicht anwesend waren, über den Verlauf und das Ergebnis informieren. Besonders nützlich ist das Protokoll, wenn man sich nach längerer Zeit noch einmal über das Ereignis informieren will. Dann ist es eine Art „Gedächtnisstütze“. In amtlichen Angelegenheiten (Gerichtsverfahren, Parlamentssitzungen usw.) kommt dem Protokoll der Charakter eines Dokuments zu.

■ Das Protokoll ist kürzer als der Bericht und hat eine bestimmte äußere Form.

■ Es gibt drei verschiedene Arten des Protokolls:
- **Ergebnisprotokoll:** die kürzeste Form, in der nur die Ergebnisse festgehalten werden
- **Verlaufsprotokoll:** zeichnet den Verlauf eines Ereignisses oder einer Unterredung in den wichtigsten Zügen nach
- **Mischform** aus beidem: Nur die wichtigsten Gesprächsbeiträge und die Ergebnisse werden genannt.

■ Merkmale
- Bestimmte **äußere Form:**
  - Protokollkopf (Titel der Veranstaltung, Thema, Datum, Uhrzeit, Ort, Anwesende, Protokollant/in)
  - Gliederung des Hauptteils in Punkte, z. B. Tagesordnungspunkte (TOPs)
  - Datum und Unterschrift des/der Protokollierenden
- Genauigkeit, Objektivität
- Zeitform: Präsens (in Ausnahmefällen beim Verlaufsprotokoll auch Präteritum)
- Sprache: „Protokollstil“ (→ S. 32)

■ **Arbeitsschritte**

1 Während des Ereignisses sinnvoll **mitschreiben**
2 Inhalte **auswählen,** Wichtiges von Unwichtigem trennen
3 Inhalte **ordnen** (Tagesordnungspunkte [TOPs], sachliche Gesichtspunkte)
4 Protokoll **ausarbeiten,** dabei darauf achten, ob es sich um ein Verlaufs- oder Ergebnisprotokoll handelt oder um eine Mischung aus beidem

■ Für das Protokoll reicht es normalerweise aus, wenn die zentralen Inhalte erwähnt werden. Besonders **wichtige Beiträge** hält man in der **indirekten Rede** (→ S. 24) fest.

■ **Fragen zur Überprüfung des Protokolls**

- Ist der **„Kopf“** vollständig und korrekt?
- Stimmt die **Zeitform?**
- Wurde **„Protokollstil“** verwendet?
- Wurde die **indirekte Rede** korrekt angewendet?
- Enthält das Protokoll **abwechslungsreiche Redeeinleitungen** (nicht immer nur „sagte“)?
- Ist das Protokoll **verständlich formuliert?** Auch ein Unbeteiligter sollte den Sachverhalt nachvollziehen können.
- Wurde **sachlich** formuliert?
- Sind **gleichartige Äußerungen zusammengefasst** worden?
- Ist das Protokoll **datiert und unterschrieben?**

6.2 Protokollstil

■ Der Protokollstil zeichnet sich aus durch

- **knappen, sachlichen** Ausdruck,
- **Substantive** und **Nominalisierungen** (Nominalstil, siehe unten), die Genauigkeit bewirken,
- Verkürzung des Ausdrucks mit dem **Partizip I** (→ S. 33, 65),
- Wiedergabe besonders wichtiger Redebeiträge in **indirekter Rede** (→ S. 24).

Nominalstil

■ Substantive lassen einen Text sachlich und „feststellend“ erscheinen. Während der Nominalstil, also der überdurchschnittliche Einsatz von Substantiven, im Allgemeinen als „unschön“ gilt, ist er beim Protokoll erlaubt.

Beispiel: Also nicht: Das Schwimmbad wird in Zukunft so geöffnet, wie es das Wetter, das im Moment herrscht, nahe legt.
Sondern: *Die Öffnungszeiten des Schwimmbades werden den Witterungsbedingungen der Jahreszeit angepasst.*

■ **Deshalb: Prüfen, wo sich ein Sachverhalt durch Nominalisierung knapper und sachlicher ausdrücken lässt!**

Gebrauch des Partizips I

■ In der Alltagssprache wird das Partizip I (Mittelwort) selten verwendet. Manchmal wird es als Adjektiv gebraucht.

Beispiel: Die spielenden Kinder machten viel Lärm.

■ Das Partizip I ist einfach zu bilden: **Infinitiv + *d* + Personalendung,** je nach Genus, Kasus und Numerus des Substantivs (Nomens), auf das sich das Partizip bezieht.

Beispiel: Die Zuhörer spendeten dem redenden Abgeordneten Beifall.

■ Im Protokoll kann das Partizip I dienen

- zur Verknappung bei Sachverhalten, die sonst im Relativsatz ausgedrückt werden müssten,
- zur Verkürzung von Sachverhalten, die durch einen konjunktionalen Nebensatz (Subjekt-, Objekt-, Adverbialsatz) auszudrücken sind.

Beispiel: Das Bäderamt beschloss veränderte Öffnungszeiten, weil die Witterungsbedingungen sich verschlechterten.
→ *Wegen der schlechter werdenden Witterungsbedingungen beschloss das Bäderamt veränderte Öffnungszeiten.*

Adverbialsatz oder Präpositionalgruppe

- Adverbialsätze, die Gründe und Einschränkungen oder mögliche Gegengründe (Konzessivsätze, → S. 74) zum Inhalt haben, können durch eine **Präposition + Nominalisierung** ersetzt werden.

Beispiel: Obwohl schlechtes Wetter vorhergesagt war, wollten wir auf den geplanten Ausflug nicht verzichten.
Trotz der schlechten Wettervorhersage wollten wir auf den geplanten Ausflug nicht verzichten.

- So werden die Sätze durch Nominalisierungen oft kürzer, und der Nominalstil klingt sachlicher und hebt die wesentlichen Inhalte deutlicher hervor.

Übung

Konjunktionale Nebensätze können in einen Hauptsatz mit Präposition bzw. Konjunktion umgeändert werden. Das ist nicht viel kürzer, wirkt aber sachlicher.

Beispiel: Der Bürgermeister forderte, dass mehr Radwege gebaut werden sollten, damit mehr Touristen in die Stadt kämen.
→ *Der Bürgermeister forderte den Bau neuer Radwege zur Förderung des Tourismus.*

Forme nach ähnlichem Muster um:

- Ratsmitglied Maier gibt zu bedenken, dass der Bau von Radwegen wenig bringe, weil er sehr teuer sei.
- Ein Vertreter der Geschäftsleute sagte, man solle überlegen, ob man nicht die Fußgängerzone wieder abschaffen könne, damit die Kunden die Läden wieder mit dem Auto erreichen könnten.
- Dagegen wehrte sich Erhard Sinkwitz vom Umweltschutzverband, da man bei einer solchen Lösung nicht die Interessen der Rentner und kleinen Kinder berücksichtigen würde.
- Der Bürgermeister forderte, dass sich noch einmal Vertreter aller beteiligten Gruppen treffen sollten, da in vielen Bereichen noch einiges geklärt werden müsste.

7 Argumentieren

■ In zahlreichen Situationen im Alltag wird man vor die Notwendigkeit gestellt, seinen eigenen Standpunkt darzustellen und zu begründen. Es kann sich um die Begründung eines Antrags handeln oder um die Stellungnahme zu einem Sachverhalt, es kann auch um eine Auseinandersetzung gehen.

■ Beim **Argumentieren** verfolgt man ein bestimmtes Ziel: Man möchte jemanden **überzeugen.** Aus diesem Grund muss das argumentierende Schreiben sowohl subjektiv als auch objektiv sein. Es soll die **eigene Meinung** widerspiegeln, diese soll aber auch **sachlich nachvollziehbar begründet** werden.

■ Aufsatzformen, in denen das Argumentieren eine zentrale Rolle spielt, sind die **begründete Stellungnahme** und die **Erörterung.**

■ Merkmale

Ziel: jemanden überzeugen
Form: Kommentar, Brief, Leserbrief, (mündlich) Diskussion
Weg: Gründe für oder gegen einen Sachverhalt, eine Meinung oder ein Anliegen darlegen
sprachlich-formale Anforderungen:

- richtiger **Aufbau eines Arguments/gute Gliederung**
- Darlegung der **Zusammenhänge**
- **Anschaulichkeit** im Ausdruck

■ **Aufbau/Gliederung**

Einleitung: Umreißen des Themas, Einführung in die Fragestellung
Hauptteil: Darlegung der Argumente, dabei Unterteilung in Absätze
Schluss: Zusammenfassung, Ergebnis

■ **Ein Argument** setzt sich zusammen aus These und Begründung.

- Die **These** kann formuliert sein als Behauptung, Meinungsäußerung, Forderung.
- Deren **Begründung** kann wieder die Form einer These haben, also einer Behauptung. Als Begründung kann auch ein **Beleg** dienen: Beispiel, Statis-

tik, Zitat, eigene Erfahrung. Besonders stichhaltig und damit überzeugend sind natürlich statistische Angaben und andere rein sachliche Belege.

Beispiel: **These:** Im Namen der Geschäftsleute fordert Herr Maier ein Verbot für Inline-Skater in der Fußgängerzone.
Begründung: Immer wieder komme es zu Unfällen, sodass inzwischen die Kunden ausblieben.
Beleg: Allein in der letzten Woche sei es zu vier Zusammenstößen zwischen Inline-Skatern und älteren Mitbürgern gekommen, die nun so verunsichert seien, dass sie woanders einkauften.

■ Für eine begründete Stellungnahme müssen die einzelnen Argumente gut erkennbar sein. Dazu ist es sinnvoll, sie durch **Absätze** voneinander zu trennen.

■ Damit die Argumentation wirklich **schlüssig** formuliert ist, müssen die **Zusammenhänge** zwischen These und Begründung bzw. Beleg deutlich werden. Dazu verwendet man vor allem

- **konjunktionale Nebensätze** (Adverbialsätze ➔ S. 73–75),
- Hauptsätze, die durch eine **Konjunktion** eingeleitet werden.

7.1 Kausalsätze und Konzessivsätze

Kausalsatz

■ Beim Argumentieren ist der Kausalsatz, der Begründungen angibt, der am häufigsten verwendete Gliedsatz (Nebensatz). Man sollte aber seine **Begründungen nicht zu oft mit *weil* einleiten,** denn das wirkt schnell langweilig. Eine weitere Konjunktion für die Begründung ist ***da.*** Aber auch ein **Hauptsatz, der mit *denn* eingeleitet wird,** kann einen Sachverhalt begründen.

■ Aus Gründen der Abwechslung sollte man die Reihenfolge von Haupt- und Nebensatz öfter umdrehen.

Beispiel: Inline-Skater haben in der Fußgängerzone nichts zu suchen, *weil* sie die älteren Menschen stören und massiv behindern.
Da sie die älteren Menschen stören und massiv behindern, haben Inline-Skater in der Fußgängerzone nichts zu suchen.

Konzessivsatz

- Im Gegensatz zum Kausalsatz schränkt der Konzessivsatz eine Behauptung ein, widerlegt sie aber nicht.

Beispiel: *Obwohl* es verboten ist, fahren viele Inline-Skater in der Fußgängerzone.

- Als **Hauptsatz** wird die Einräumung durch **trotzdem** eingeleitet.

Beispiel: Inline-Skaten ist in der Fußgängerzone verboten. *Trotzdem* fahren dort viele Inline-Skater.

7.2 Weitere wichtige Gliedsätze

- **Finalsatz:** bringt einen **Zweck** oder eine **Absicht** zum Ausdruck

Beispiel: Wir beantragen eine Überwachung, *damit* das Verbot endlich durchgesetzt wird.

- **Konditionalsatz:** enthält eine **Bedingung**

Beispiel: *Wenn* alle Inline-Skater diszipliniert fahren, brauchen wir kein Verbot.

- **Konsekutivsatz:** drückt eine **Folge** aus

Beispiel: Vor meinem Geschäft kam es schon zu drei Unfällen, *sodass* einige Kunden weggeblieben sind.

> **TIPP** Für alle Satzgefüge aus Haupt- und Gliedsatz gilt, dass man die Reihenfolge zwischen beiden tauschen kann. Damit erreicht man Abwechslung.

7.3 Wirkungsvolle sprachliche Mittel

- **Appell:** Durch den Appell wird der **Zuhörer direkt angesprochen** und mit einbezogen.

Beispiele: So kann es nicht weitergehen!
Diese Verhältnisse müssen ein Ende haben!

■ **Rhetorische Frage:** Eine **Frage, auf die man eigentlich keine Antwort erwartet,** weil man die Antwort als selbstverständlich voraussetzt.

Beispiel: Würden Sie sich gern von einem Inline-Skater zuerst anfahren und dann noch beschimpfen lassen?

■ **Pointe:** Eine überraschende sprachliche Wendung, die die streng argumentierende Gestalt der begründeten Stellungnahme auflockern kann.

Beispiel: Wir sollten aus dem Problem eine Tugend machen und uns zur Inline-Skater-freundlichsten Stadt Deutschlands ausrufen lassen.

Übung

■ **Unter der Überschrift „Jugend raucht – eine deutsche Spitzenleistung" berichtete die Presse darüber, dass von den 12- bis 17-Jährigen inzwischen 40 Prozent zumindest gelegentlich rauchen. Das durchschnittliche Einstiegsalter liege in Deutschland bei 11,6 Jahren.**

Der Zeitungsartikel rief ein großes Echo hervor mit vielen Gedanken über mögliche Gründe für das frühe Einstiegsalter und mit Hinweisen, wie dem begegnet werden könne. Bei den folgenden vier Argumenten passen aber These und Begründung mit dem Beleg nicht zusammen. Setze die Argumente richtig zusammen.

These	Begründung mit Beleg
a Tabakwerbung soll verboten werden.	1 Vorbildwirkung (Statistik: Kinder von Rauchern werden zum Großteil selbst welche)
b In Schulen soll ein Rauchverbot verhängt werden.	2 Wirkt verführerisch (Ergebnis von Schülerbefragungen)
c Stärkere Aufklärung über die gesundheitlichen Risiken und Folgen würde helfen, den Trend zum Rauchen einzudämmen.	3 Nachahmung der „Großen" durch die „Kleinen" (Kinder und Jugendliche wollen „cool" sein – das bekommen sie auf Bildern und in Filmen vorgemacht)
d Es muss ein Appell an die erwachsenen Bezugspersonen gerichtet werden, das Rauchen zu unterlassen.	4 Abschreckende Beispiele zeigen Wirkung

8 Tipps für den Kurzvortrag

■ Zwar gehört der Kurzvortrag selbst zum mündlichen Sprachgebrauch, doch sind die wesentlichen Vorarbeiten schriftlich, und oft muss man nach dem Vortrag eine schriftliche Ausarbeitung abgeben.

■ Im Kurzvortrag soll man in **ca. 10–15** Minuten über ein Thema sprechen. Dabei kommt es nicht darauf an, dass man so viele Informationen wie möglich vermittelt. **Anschaulich und unterhaltsam** ist der Kurzvortrag, wenn er nicht nur „trockene" Informationen enthält, sondern auch **persönliche Erfahrungen und Eindrücke** der Referenten weitergibt.

■ **Arbeitsschritte**

1 Thema eingrenzen, Teilgebiete bestimmen und ordnen
2 Material beschaffen
3 Fachartikel auswerten
4 Gliederung und Stichwortzettel anfertigen
5 Hilfsmittel einplanen
6 Vortrag halten

1 Thema eingrenzen, Teilgebiete bestimmen und ordnen

In einem Kurzvortrag behandelt man **mehrere Gesichtspunkte** eines Themas. So wird er nicht langweilig, und man kann sein ganzes Wissen unter Beweis stellen. Umgekehrt sollte er aber nicht so überfrachtet sein, dass die Zuhörer die Übersicht verlieren.
Der erste Schritt ist daher die **Eingrenzung des Themas.** Dazu überlegt man sich möglichst viele **Fragen zum Thema** und bedenkt in einem zweiten Schritt, welche davon in einem Vortrag beantwortet werden könnten und welche nicht.

Beispiel: Thema *Auto*

- Wer hat das Auto erfunden?
- Wie funktioniert ein Motor?
- Auto und Umwelt?
- Zukunft des Autos?
- Fahrerlaubnis?
- Welche verschiedenen Wagentypen gibt es?
- Geschichte des Autorennsports?
- Das schnellste, teuerste, größte Auto usw.?
- Autofahren als Todesursache? Unfälle?
- Kfz-Steuer? Wer verdient am Auto?

Wenn man die Schwerpunkte herausgearbeitet hat, kann man eine **vorläufige erste Auswahl der Teilgebiete** vornehmen. Dabei geht man am besten **vom Allgemeinen zum Besonderen** oder **chronologisch** vor.

Beispiel für zwei Grobgliederungen zum Thema *Auto:*

1 Was ist ein Auto?
2 Geschichte des Autos, berühmte Ingenieure
3 Wie funktioniert ein Motor?
4 verschiedene Autotypen
5 Auto und Umwelt
6 Zukunft des Autos

*Diese Gliederung ist **chronologisch** angelegt, der Kurzvortrag berichtet über die Entstehung und die Entwicklung des Autos.*

1 Was ist ein Auto?
2 Rolle des Autos in unserer Gesellschaft
   a Mobilität
   b Transport
   c Sport
3 Das Auto als Wirtschaftsfaktor
4 Auto und Umwelt
5 Zukunft des Autos

*Diese Gliederung stellt die **Bedeutung** des Autos in den Mittelpunkt des Kurzvortrags.*

2 Material beschaffen

Wenn man nicht schon von Beginn an über sein Thema gut Bescheid weiß, sieht man sich zunächst einmal den entsprechenden Artikel in einer **Enzyklopädie** an; das ist ein umfangreiches Nachschlagewerk in mehreren Bänden oder auf CD-ROM.

TIPP So wertet man einen Lexikonartikel aus:
- Lexikonartikel fotokopieren oder ausdrucken
- unbekannte oder unklare Wörter und Zusammenhänge mit einem Fragezeichen am Rand markieren, Bedeutungen nachschlagen, Zusammenhänge erkunden
- unterstreichen, was einem wichtig erscheint
- inhaltliche Schwerpunkte am Rand mit Stichwort vermerken

Natürlich reicht es nicht aus, einen Kurzvortrag auf der Grundlage eines Lexikonartikels zu erarbeiten. Daher muss man sich weiteres Informationsmaterial beschaffen:

▸ Informationen aus dem Internet
Dazu gibt man das Referatsthema oder ein Teilthema als Suchwort in eine „Suchmaschine“ (z. B. *google* oder *metager*) ein. Diese inzwischen vermutlich häufigste Art der Informationsbeschaffung hat die Vorteile, dass sie sehr **einfach** ist und eine **große Trefferquote** bringt. Genau darin liegt aber auch ein Problem: Es können so viele Informationen zusammenkommen, dass man den Überblick verliert.

TIPP Nicht einfach alles ungeprüft ausdrucken, sondern die Artikel zunächst am Bildschirm orientierend lesen!

▸ Informationen aus der Bibliothek
Die meisten Bibliotheken verfügen über **Schlagwortkataloge.** Damit kann man auf mögliche Texte zum Thema selbst und auf **Bibliographien,** das sind Zusammenstellungen von Veröffentlichungen zu einem Thema, kommen. Auch die Kataloge vieler Bibliotheken sind *online* einsehbar.

▸ Informationen von Institutionen, Verbänden, Firmen
Für die meisten Themen gibt es Stellen, die zuständig sind, z. B.
▷ bei **Berufen:** Verbände, die sich um die Interessen des Berufsstandes kümmern, Gewerkschaften usw.,
▷ bei Themen, die die **Natur oder Tierwelt** betreffen: öffentliche Einrichtungen wie Zoos, Forschungseinrichtungen oder Umweltschutzverbände,
▷ bei **Sportarten:** Vereine und übergeordnete Verbände usw.

Beispiel: Für das Thema *Auto* könnte man sich an den Verband der Kraftfahrzeugindustrie, Verkehrsclubs, Autohersteller, Autohäuser am Ort, Umweltverbände usw. wenden.

Informationen von Institutionen, Verbänden und Firmen können von großem Interesse sein, da man von dort oft auch interessante **Materialien** bekommt, die man bei seinem Vortrag oder in der Ausarbeitung verwenden kann.

3 Fachartikel auswerten
Die Auswertung von Fachbuchartikeln o. Ä. erfolgt nach dem gleichen Prinzip wie die Auswertung der Lexikonartikel. Oft sind die Informationen aus Fachbüchern sehr speziell und für ein Referat zu schwierig. Deshalb muss man bei der Ausarbeitung des Materials darauf achten, dass

man einen **gut verständlichen Text** aus den Materialien macht, denn die Zuhörer sind schließlich keine Spezialisten.

> **MERKE**
> - Fremdwörter klären und die Bedeutung notieren
> - den Inhalt komplexer Zusammenhänge oder Satzgefüge zweifelsfrei klären, damit diese später nicht einfach vor der Klasse reproduziert werden, aber nicht erklärt werden können

4 Gliederung und Stichwortzettel anfertigen

Die Gliederung
- regelt den **Aufbau** des Vortrags und legt fest, wie die Zuhörer durch das Thema geführt werden,
- bildet für die Referenten, die ja nicht ablesen sollen, die Grundlage und den **„roten Faden“** des Vortrags.

Die Gliederung besteht, wie beim Aufsatz auch, aus Einleitung, Hauptteil und Schluss.

Einleitung: Einführung ins Thema, evtl. Begründung der Themenwahl, herausstellen, was das Thema interessant macht und worauf der Schwerpunkt des Vortrags liegen soll

Hauptteil: einzelne Schwerpunkte des Themas, nach einem der Gliederungsprinzipien geordnet,
- vom Allgemeinen zum Speziellen oder
- vom Bekannten zum Unbekannten oder
- vom Unwichtigen zum Wichtigen oder
- chronologisch/nach der zeitlichen Abfolge.

Schluss: Fazit, evtl. aktueller oder persönlicher Bezug zum Thema, evtl. Gedanken zur weiteren Beschäftigung mit dem Thema

5 Hilfsmittel einplanen

Mit Hilfsmitteln kann man seinen Vortrag **anschaulich** und interessant gestalten. Zu den Hilfsmitteln gehören **Übersichten** und **Schaubilder, Diagramme** (etwa bei geschichtlichen Themen), **Landkarten, Modelle** und vor allem **Bilder.** Bei **Ausschnitten aus Filmen** muss man darauf achten, dass sie im Verhältnis zum Vortrag **kurz** genug sind und genau **zum Thema passen.**

TIPP Man sollte vor dem Vortrag prüfen, welche technischen Geräte für die Hilfsmittel benötigt werden (Tageslicht- bzw. Diaprojektor, Video- bzw. DVD-Recorder), und rechtzeitig dafür sorgen, dass sie am Tag des Vortrags wirklich verfügbar sind. Ebenso sollte man sich überlegen, ob sich der technische Aufwand wirklich lohnt.

6 Tipps für den Vortrag

1 alle **Materialien** auf dem Tisch **übersichtlich bereitlegen,** den **Stichwortzettel** an eine zentrale Stelle legen und ihn **nicht immer in der Hand halten**

2 auf **Ruhe in der Klasse** warten

3 den Vortrag möglichst mit einem **persönlichen oder aktuellen Bezugspunkt** beginnen, um Interesse zu wecken

Beispiel: Mein Vater trinkt jeden Morgen drei Tassen Kaffee. Dazu braucht er ca. zehn Minuten. Natürlich macht er sich keine Gedanken darüber, wo der Kaffee herkommt, wie er wächst und verarbeitet wird. Höchstens über den Preis denkt er nach. Über das, was es mit dem Kaffee genau auf sich hat, werde ich euch im folgenden Referat informieren.

4 **Blickkontakt** zur Klasse, auch zu Einzelnen, halten – Kontakt schafft Aufmerksamkeit

5 **deutlich** und **nicht zu schnell** sprechen, im Zweifelsfall **fragen,** ob man zu verstehen ist

6 zwischen einzelnen Abschnitten **kurze Pausen** machen

7 **Überleitungsformeln** verwenden

Beispiele:

Nachdem ich über … berichtet habe, komme ich nun zu …
Im Anschluss an … möchte ich nun …

8 gelegentlich die **Zuhörer persönlich anreden**

9 am Ende einen deutlichen **Schlusspunkt** setzen

Beispiel: Ihr seht, Kaffee ist viel mehr als nur ein Getränk. Kaffee ist ein Stück Kultur, Geschichte und Wirtschaft. Wie die einzelnen Bereiche miteinander zusammenhängen, ist hoffentlich deutlich geworden.

9 Eigene Texte überarbeiten

Wenn man einen Text fertig geschrieben hat, im Falle einer Hausaufgabe ihn möglicherweise am PC ausgedruckt hat, ist man sich seiner Sache oft ganz sicher. Es steht ja da – schwarz auf weiß. Meistens sieht man eigene Fehler, ob nun im Inhalt, im Ausdruck, in der Grammatik oder in der Orthografie, nicht, weil einem die **Distanz zum eigenen Text fehlt.** Dennoch (oder gerade deshalb) ist es nötig, soweit es aus zeitlichen Gründen auch möglich ist (Klassenarbeit!), seinen Text noch einmal kritisch zu überprüfen oder überprüfen zu lassen.

■ Ideal ist dabei dieses Vorgehen:

1 Abstand zum Text gewinnen – **nicht sofort mit der Überarbeitung beginnen!**

2 Wenn möglich, **jemand anderen** (Mitschüler/in, Elternteil) **bitten, den Text kritisch zu lesen** und seine Eindrücke zu nennen. Diese/r andere hat aber nicht die Aufgabe, den Text zu verbessern!

3 In jedem Fall **selbst** den Text noch einmal **gründlich und distanziert** lesen!

■ **Inhaltlich** lautet einer der häufigsten Einwände: „Thema verfehlt!" Um das zu vermeiden, sollte man sich bei der Überprüfung und Überarbeitung fragen,

- ob sich der Text tatsächlich **voll auf das Thema bezieht**
- ob es **vereinzelte Abweichungen vom Thema** gibt und wie man diese überarbeiten kann (muss man sie **komplett streichen** oder können sie **direkter aufs Thema bezogen** werden?)
- ob der **Aufbau** stimmt und eine nachvollziehbare Gestalt hat
- ob der Text **inhaltlich nachvollziehbar** ist, ob z. B. bei einer Erzählung die Erzählschritte logisch sind oder ob z. B. bei einer begründeten Stellungnahme die Argumente und ihre Anordnung schlüssig sind
- ob die **gedankliche Gliederung** äußerlich erkennbar ist, z. B. an **Absätzen** (immer wieder gern vergessen) oder **Verknüpfungen,** z. B. durch Überleitungen, Konjunktionen usw.
- ob, und das ist inhaltlich die vielleicht wichtigste Frage, der Text **von jemandem verstanden werden kann, der mit dem Thema und/oder der Textsorte nicht vertraut ist**

■ Neben diesen inhaltlichen Fragen gehören **Ausdruck, Orthografie und Grammatik** auf den Prüfstand. Folgende Frageliste hilft hier weiter:

- Probleme mit der **Rechtschreibung und Zeichensetzung? Lexikon** befragen!
- **Wiederholungen beim Satzbau? Alternativen suchen!**
- Passen die **Satzverknüpfungen?** Sätze miteinander verbinden, um **Zusammenhänge** deutlich zu machen (**konjunktionale Nebensätze**), **schwer überschaubare Schachtelsätze auflösen!**
- Sätze mit **unüblicher Wortfolge?** Ist dieser Effekt z. B. aus Gründen des Stils beabsichtigt oder nicht?
- Passt die **Stilebene** zum Thema?
- Stimmt das **Tempus?** Wird es im Aufsatz beibehalten?
- Gibt es **Wortwiederholungen? Andere Wörter** verwenden!
- Kommt es zu langweiligen **Wiederholungen am Satzanfang?**

■ Ein geeignetes Mittel bei der Textüberarbeitung sind die **vier „Proben“:**

Umstellprobe: Man kann **Satzglieder umstellen** und damit **wichtige Informationen hervorheben,** indem sie an den Satzanfang oder an das Satzende gelegt werden.

Beispiel: Johannes bekam ein Motorrad zu Weihnachten geschenkt. → **Ein Motorrad** bekam Johannes zu Weihnachten geschenkt.

Erweiterungsprobe: Damit kann man **Sätze um Satzglieder** (Objekte/Adverbialien) und **Satzteile** (Attribute) erweitern, die die **Aussage präzisieren.**

Beispiel: Franziska war stolz auf ihr neues Fahrrad.
→ Franziska war **sehr** stolz auf ihr neues, **schnelles** und **robustes Mountainbike.**

Weglassprobe: Damit können **Sätze gestrafft** werden, indem man **prüfen** kann, **welche Satzglieder oder Satzteile** in einem vollständigen Satz unbedingt **notwendig oder** aber **überflüssig** sind.

Beispiel: Franziska wollte ihrer Freundin Linda sofort das Fahrrad vorführen. Deshalb fuhr sie voller Vorfreude und so schnell es ging zu ihr.
→ Deshalb fuhr sie zu ihr.

Ersatzprobe: Man kann **Satzglieder und Satzteile** durch andere Wörter oder Wortgruppen ersetzen, um **Gleichförmigkeit zu vermeiden.**

Beispiel: Deshalb setzte sich Franziska auf ihr Rad und fuhr zu Linda. → Deshalb setzte *sie* sich auf ihr Rad und fuhr zu *ihrer Freundin.*

Test

1 Bei dieser Montageanleitung eines Grills sind die Verben durcheinander geraten.

a Stativkappen auf Standstative und Radstativkappen *einsetzen*
b Stative mit Stativverstärkern mittels Schrauben und Unterlegscheiben an Feuerschüssel *schieben*
c Ablagetisch mit Schrauben und Muttern zwischen den Stativen *führen*
d Achse durch die Radstativkappen *montieren*
e Räder auf Enden der Achse schieben und mit Stoppmuttern *schrauben*
f Fahrgriff mit Schrauben und Muttern an die Feuerschüssel *fixieren*
g Windschutz-Teile mit Schrauben und Muttern an der Feuerschüssel *setzen*
h „Kalte Hände" (Griffe zum Anheben des Rosts) in die Vorrichtungen des Grillrosts *befestigen*
i Grillrost in die gewünschte Position des Windschutzes *festschrauben* und Warmhalterost auf Windschutz *klemmen*

- Ordne die Verben den Vorgängen richtig zu.
- Verfasse eine vollständig ausformulierte Anleitung zur Montage des Grills.

2 Forme die Meldung „Kran zerreißt Oberleitung" um in eine Reportage vom Ort des Geschehens.

Kran zerreißt Oberleitung

München-Haidhausen. Ein Kranunfall in Haidhausen hat am Dienstag den Verkehr nahe der Aschauer Straße für Stunden lahm gelegt. Ein Lastwagen mit Ladekran blieb am Morgen auf der Peterstraße mit seinem Kranarm an einer Bahnbrücke hängen und verhakte sich in der Oberleitung der Straßenbahn, teilte die Polizei mit. Dabei wurde die Leitung aus der Verankerung gerissen. Die Bergungsarbeiten und Reparaturen der Oberleitung dauerten bis zum Nachmittag an. Die Münchener Verkehrsbetriebe hatten für ihre Fahrgäste Schienenersatzverkehr eingerichtet. Am Mittag konnten die Autofahrer die Strecke eingeschränkt wieder nutzen.

Test

- Gehe in der Reportage ein auf
  - den Hergang des Unfalls
  - seine unmittelbaren Folgen
  - die umständlichen Bergungsarbeiten
  - die weiteren Folgen für Fahrgäste, Autofahrer und Anwohner
- Achte auf die Verwendung reportagetypischer Mittel!

3 Verbessere – auch ohne Kenntnis des betreffenden Bildes – den folgenden Auszug aus einer Bildbeschreibung und benutze dazu die auf der rechten Seite angebotenen Formulierungen. Verwende auch treffendere Verben und Adjektive.

Oben sieht man blauen Himmel. In der Mitte ist ein großes gelbes Kornfeld zu sehen. Mitten im Bild steht ein großer blauer Karren. Links in der Mitte ist ein Heuhaufen zu sehen, rechts befindet sich ein Haus. Unten sind zwei grüne Felder und ein Zaun. Ganz unten steht Korn. (…)

am oberen Bildrand
der Bildmittelpunkt
hinten rechts
im Hintergrund
in der unteren Bildhälfte
links davon
vorn links

4 Sicher bist du schon einmal in einem sehr vollen Bus mitgefahren und weißt, welche unangenehmen, aber auch welche interessanten Eindrücke man dabei sammeln kann. Verfasse eine kurze Schilderung zum Thema „In einem überfüllten Bus", indem du die folgenden Elemente zu Hilfe nimmst.

Fülle – Gedrängel – Rascheln von Einkaufstüten – Zischen beim Öffnen und Schließen der Türen – ruckartiges Anfahren – Gekreische und Geschrei von Schülern – genervter Fahrer – Durchsagen: „Nach hinten durchrücken!" – in der Kurve gegen den Nachbarn/Nächststehenden gedrückt – Hausaufgaben – Knistern von Verpackungen – schaukeln – wütende Rentner, die keinen Sitzplatz bekommen – Gerangel über die Sitze hinweg

Beachte: Es kommt nicht darauf an, die einzelnen Elemente lediglich miteinander zu verbinden. Das Wichtigste, die **Wirkung** dieses Geschehens auf dich, musst du dir selbst überlegen und sprachlich gestalten. Achte darauf, für eine Schilderung typische Mittel zu verwenden.

Test

5 Thema der Sitzung der Schülervertretung des Ratsgymnasiums ist die Organisation des kommenden Schulfests. Dabei werden verschiedene Meinungen geäußert. Michaela soll das Protokoll schreiben und hat dazu den Diskussionsverlauf in Stichworten schriftlich festgehalten.

Carla:	Motto oder nicht?
Sabine:	Motto besser, wirkt geschlossener
Stefan:	Motto „Mode-Schule“
Carla, Christina, Uwe:	kein gutes Motto, sicher nicht jede Klasse hat Ideen und Interesse, auch nicht zehn Modeschauen
Johannes:	anderer Vorschlag: „Beach Life“, passt gut zum Sommer, weckt positive Erwartungen und bietet vielseitige Möglichkeiten
Martin:	Was gehört denn alles dazu?
Johannes:	z. B. Sport, Essen, Trinken, Länder-Spiele, Urlaubsfotos
Judith:	Klasse 8 b könnte ein Beach-Volleyball-Turnier veranstalten
Martin:	Wie das? Schüler wollen doch das Fest besuchen?
Judith:	vorher fragen, wer mitmachen will, ein Spiel dauert keine Ewigkeit, bleibt genug Zeit für das Fest übrig
Carla:	aufpassen, dass nicht zu viele „Fress-Stände“
Johannes:	am besten offene Liste mit einigen Vorschlägen, aber auch eigene Vorschläge der Klassen möglich
Johannes:	Abstimmung

Abstimmungsergebnis: 11 dafür, 3 dagegen, 5 Enthaltungen

▶ Verfasse ein Protokoll (Mischform aus Verlaufs- und Ergebnisprotokoll) und beachte dabei die notwendigen Anforderungen.

Grammatik

1 Die Wortarten im Überblick

- Es gibt folgende elf Wortarten:

1	Substantiv/Nomen *(Haus, Häuser)*	flektierbar
2	Artikel *(der, des, eine, einer)*	
3	Adjektiv *(groß, größer, am größten)*	
4	Pronomen *(ich, meiner, dieser, dieses)*	
5	Numerale *(ein, eine, eins, der erste)*	
6	Verb *(fallen, fiel, gefallen)*	
7	Adverb *(hier, dort, gestern)*	nicht flektierbar
8	Präposition *(in, auf, um, mit)*	
9	Konjunktion *(und, aber, dass, weil)*	
10	Interjektion *(oh! ah! pfui)*	
11	Partikel *(nicht, kaum)*	

- Die Wörter, die zu den Wortarten 1 bis 6 gehören, sind flektierbar, das heißt, sie können verändert, gebeugt werden. Die Wörter, die zu den Wortarten 7 bis 11 gehören, sind nicht flektierbar, das heißt, sie können nicht verändert, nicht gebeugt werden.

2 Das Substantiv (Nomen, Hauptwort)

- Substantive können gebeugt werden. Ihre grammatische Form richtet sich nach ihrem Kasus (Fall: **Nominativ, Genitiv, Dativ, Akkusativ**), nach ihrem Genus (grammatisches Geschlecht: **Maskulinum, Femininum, Neutrum**) sowie nach ihrem Numerus (Zahl: **Singular** [Einzahl] oder **Plural** [Mehrzahl]).

- Man unterscheidet sie nach der Art der Deklination: starke Deklination (Genitiv Singular auf *[-e]s*, Nominativ Plural auf *-e, -er*), schwache Deklination (alle Kasus außer dem Nominativ Endung auf *-[e]n*) und nach der gemischten Deklination (Bildung des Singulars nach der starken, Bildung des Plurals nach der schwachen Deklination).

- Substantive, die **konkrete Gegenstände, Personen, Sachen** benennen, sind Konkreta.

Beispiele: Peter, Hund, Fleisch, Zentner, Brief, Schreibmaschine, Kollege

- Substantive, die **abstrakte Ideen, Begriffe, Gefühle usw.** benennen, **sind** Abstrakta.

Beispiele: Liebe, Freiheit, Gleichheit, Brüderlichkeit, Güte, Vernunft, Wert

Man kann sich verdeutlichen, was ein Abstraktum ist, wenn man sich fragt: Kann ich es anfassen, kann ich es abmalen? Ein **Haus** kann ich anfassen und ich kann es abmalen, ebenso ein **Glas,** ein **Kind** – aber **Freiheit, Güte, Vernunft?**

3 Der Artikel (Begleiter)

- Der Artikel ist der Begleiter des Substantivs (Nomens) und zeigt dessen grammatisches Geschlecht an. Man unterscheidet nach **bestimmtem Artikel** und **unbestimmtem Artikel.**

	Maskulinum	Femininum	Neutrum	Plural für alle Geschlechter
bestimmter Artikel	der	die	das	die
unbestimmter Artikel	ein	eine	ein	–

4 Das Adjektiv (Eigenschaftswort)

■ Das Adjektiv gibt Eigenschaften von Dingen, Lebewesen und Vorgängen an. Es gehört immer zu einem Substantiv (Nomen).
Beispiel: groß, klein, hoch, tief

■ Es gibt drei Formen des Gebrauchs beim Adjektiv:
▸ attributiv: der **alte** Baum, die **alten** Bäume, die **schöne** Frau, die **schönen** Frauen, das **hohe** Haus, die **hohen** Häuser
▸ prädikativ: der Baum ist **alt**
▸ adverbial: der Baum blüht **prächtig**
Nur attributiv gebrauchte Adjektive werden dekliniert.

■ Darüber hinaus kann das Adjektiv auch den **Grad** einer Eigenschaft oder eines Zustandes angeben, der dem dazugehörigen Substantiv zukommt. Zu diesem Zweck kann es **gesteigert** werden. Diese **Steigerungsstufen** werden auch als **Komparationsstufen** bezeichnet.

Steigerungsstufe	Positiv	Komparativ	Superlativ
regelmäßige Steigerung	schön schnell	schöner schneller	am schönsten am schnellsten
unregelmäßige Steigerung	gut hoch	besser höher	am besten am höchsten

■ Adjektive, die von sich aus den höchsten Grad bezeichnen, können nicht gesteigert werden.
Beispiele: *erster, letzter, **einziger***

5 Das Pronomen (Fürwort)

■ Das Pronomen steht, wie sein Name schon sagt, für ein Substantiv (Nomen). Man unterscheidet viele Untergruppen.

5.1 Personalpronomen

- Personalpronomen stehen für Lebewesen, Dinge, Gedachtes oder Gefühltes.

		Nominativ	Genitiv	Dativ	Akkusativ
Singular	1. Person	ich	meiner	mir	mich
	2. Person	du	deiner	dir	dich
	3. Person	er	seiner	ihm	ihn/sich
		sie	ihrer	ihr	sie/sich
		es	seiner	ihm	es/sich
Plural	1. Person	wir	unser	uns	uns
	2. Person	ihr	euer	euch	euch
	3. Person	sie	ihrer	ihnen	sie

5.2 Reflexivpronomen (rückbezügliches Fürwort)

- Es dient dazu, auf ein Substantiv (Nomen) oder Pronomen zurückzuverweisen. Es heißt ***sich*** und wird folgendermaßen gebeugt.

Beispiel: sich freuen: ich freue **mich**, du freust **dich**, er/sie/es freut **sich**,
wir freuen **uns**, ihr freut **euch**, sie freuen **sich**

5.3 Possessivpronomen (besitzanzeigendes Fürwort)

- Es zeigt Besitz und Zugehörigkeit an.

		Nominativ	Genitiv	Dativ	Akkusativ
Singular	1. Person	mein	meines	meinem	meinen
	2. Person	dein	deines	deinem	deinen
	3. Person	sein	seines	seinem	seinen
		ihr	ihres	ihrem	ihren
		sein	seines	seinem	seinen
Plural	1. Person	unser	unseres	unserem	unseren
	2. Person	euer	eures	eurem	euren
	3. Person	ihr	ihres	ihrem	ihren

5.4 Demonstrativpronomen (hinweisendes Fürwort)

■ Das Demonstrativpronomen weist auf einen Gegenstand oder Sachverhalt, der aus der Gesprächssituation heraus deutlich wird.

Beispiel: Das hat mir gar nicht gefallen.

Singular Maskulinum	Femininum	Neutrum	Plural für alle Geschlechter
der	die	das	die
dieser	diese	dieses (dies)	diese
solcher	solche	solches	solche
derselbe	dieselbe	dasselbe	dieselben
jener	jene	jenes	jene
derjenige	diejenige	dasjenige	diejenigen

5.5 Relativpronomen (Beziehungsfürwort)

■ Es dient dazu, Gliedsätze (Nebensätze) an ein Substantiv (Nomen) oder Pronomen anzuschließen.

Beispiel: Das Auto, **das** ich mir gekauft habe, ist rot.

Diese Gliedsätze heißen **Relativsätze**.

■ Es gibt die Relativpronomen *der, die, das* und *welcher, welche, welches.* Als Relativpronomen können auch *wer* und *was* verwendet werden.

Beispiele: *Wer* mitkommen will, ziehe seine Sachen an.
Was den Preis betrifft, können wir darüber noch verhandeln.

■ Das Relativpronomen richtet sich in Numerus (Zahl) und Genus (grammatisches Geschlecht) nach dem Bezugswort.

FEHLERQUELLE

Das Relativpronomen *das* kann mit dem Artikel *das* und dem Demonstrativpronomen *das* sowie mit der Konjunktion *dass* verwechselt werden!

5.6 Interrogativpronomen (Fragewort)

■ Interrogativpronomen leiten meistens, aber nicht immer, Fragen ein.
Mit *wer* fragt man nach Personen.
Mit *was* fragt man Sachen und Sachverhalten.
Mit *welcher, welche, welches* kann man Einzelnes aus einer Gesamtheit herausfragen.
Die Interrogativpronomina *woran, wozu, womit, wovon* fragen nur nach Sachen und Sachverhalten.

Beispiele: Welche CD gehört dir? Woran denkst du gerade? Wozu müssen wir das alles lernen? Womit kann ich sie am besten überzeugen? Wovon soll ich das bezahlen?

5.7 Indefinitpronomen (unbestimmtes Fürwort)

■ Es gibt eine unbestimmte Menge, Anzahl, Größe usw. an oder vertritt eine nicht näher bestimmte Person oder Sache.

■ Wichtige Indefinitpronomen sind:
alle, der eine – der andere, einer, einige, einzelne, etwas, irgendeiner, irgendetwas, irgendjemand, irgendwelcher, irgendwer, jeder, jeglicher, jemand, keine, keiner, man, mancher, nichts, niemand, viele, wenige

6 Das Verb (Tätigkeitswort)

■ Mit Verben werden Tätigkeiten bezeichnet, sie drücken Handlungen, Vorgänge und Zustände aus. Man unterscheidet dabei drei Personen im Singular und im Plural und in verschiedenen Zeitformen. Verben können sich außerdem im Modus unterscheiden (→ S. 58).

- **1., 2., 3. Person** → **Wer** tut etwas?
- **Singular** und **Plural** → **Wie viele** tun etwas?
- die **Zeitformen** → **Wann** wird etwas getan?

6.1 Zeitformen

Zeitform	Was wird damit ausgedrückt?	Wie wird es gebildet?
Präsens (Gegenwart)	gibt die Gegenwart an, kann aber auch auf Zukünftiges verweisen	Stamm des Infinitivs + Personalendung ich *kaufe*
Perfekt (vollendete Gegenwart)	verweist auf vergangenes Geschehen, v. a. wenn die Folgen des Ereignisses bis in die Gegenwart reichen oder der Sprecher am vergangenen Ereignis innerlich beteiligt ist	Personalform von *haben* oder *sein* + Partizip II des Vollverbs ich *habe eingekauft* du *bist gerannt*
Präteritum/ Imperfekt (Vergangenheit)	verweist auf vergangenes Geschehen und wird häufig in Erzählungen gebraucht	oft Präteritumstamm + Personalendung sie *suchten*
Plusquamperfekt (vollendete Vergangenheit; Vorvergangenheit)	kommt nur in Satzgefügen mit abgeschlossenen Zeitverhältnissen (➔ S. 60 f.) vor und bezeichnet einen Vorgang, der vom Standpunkt der Vergangenheit aus bereits abgeschlossen ist	Personalform von *haben* oder *sein* im Präteritum + Partizip II des Vollverbs sie *hatte gelesen* wir *waren losgefahren*
Futur I (Zukunft)	verweist auf eine in der Zukunft liegende Handlung	*werden* + Infinitiv ich *werde fahren*
Futur II (vollendete Zukunft)	wird nur selten gebraucht, ein zukünftiges Ereignis wird damit so betrachtet, als ob es bereits abgeschlossen sei	Personalform von *werden* + Partizip II + Infinitiv von *haben* oder *sein* wir *werden angekommen sein*

6.2 Zeitverhältnisse

■ Mit den Zeitformen (Tempora) können innerhalb eines Satzgefüges aus Haupt- und Gliedsatz (Nebensatz, → S. 74 f.) **Zeitfolgen** und **Zeitzusammenhänge** ausgedrückt werden. Dabei können zwei Sachverhalte, die sich zu unterschiedlichen Zeitpunkten abspielen, miteinander ins Verhältnis gesetzt werden.

Beispiel: Die Schüler verlassen den Raum, *nachdem es zur Pause geklingelt hat.*

Der Bezugspunkt ist die Gegenwart, der entsprechende Sachverhalt steht im **Präsens.**

Der im abhängigen Nebensatz (Temporalsatz, → S. 74) zum Ausdruck gebrachte Sachverhalt liegt dagegen **vor** dem Bezugspunkt. Daher bezeichnet man das Zeitverhältnis zwischen Nebensatz und Hauptsatz in diesem Fall als **Vorzeitigkeit.**

■ Das Zeitverhältnis, das zwischen einem Hauptsatz und einem temporalen Gliedsatz vorliegt, wird also durch die Tempusformen und die Konjunktionen (→ S. 67) wiedergegeben.

■ Es gibt **drei Zeitverhältnisse:** **Gleichzeitigkeit, Nachzeitigkeit, Vorzeitigkeit.**

1 Gleichzeitigkeit

Verläuft das Geschehen in Haupt- und Nebensatz gleichzeitig, so wird in den beiden Teilsätzen das gleiche Tempus verwendet.

Beispiele:

Sie **ging** einkaufen, während er den Rasen **mähte.** (Präteritum)

Solange du fern**siehst, lese** ich lieber. (Präsens)

MERKE In manchen Fällen kann die Gleichzeitigkeit auch durch unterschiedliche Tempora ausgedrückt werden, z. B. bei Präsens und Futur I sowie bei Präteritum und Perfekt.

Beispiele: Wenn du **kommst, werden** wir **spielen.**

Solange die Sonne **schien, hat** er draußen **gespielt.**

Liegt zwischen Haupt- und Nebensatz Gleichzeitigkeit vor, wird der Nebensatz durch folgende Konjunktionen eingeleitet: *als, während, indem, solange, sobald, sowie, sooft,* manchmal durch *seit, seitdem* und *wenn.*

Beispiel: Als die Milch überkochte, war ich gerade im Nebenzimmer.

2 Vorzeitigkeit

Wenn das Geschehen im Nebensatz vor dem Geschehen im Hauptsatz abläuft, gilt Folgendes für den Gebrauch der Tempora:

- Wenn im **Hauptsatz** das **Präsens** steht, steht im **Nebensatz** das **Perfekt.**
- Wenn im **Hauptsatz** das **Präteritum** steht, steht im **Nebensatz** das **Plusquamperfekt.**

Beispiele: Du **kommst** zu mir, nachdem du deine Aufgaben **erledigt hast.** (HS: Präsens, NS: Perfekt)

Ich **war** im Museum, nachdem ich den Bericht über die Ausstellung **gelesen hatte.** (HS: Präteritum, NS: Plusquamperfekt)

3 Nachzeitigkeit

Verläuft das Geschehen im Nebensatz **nach** dem Geschehen im Hauptsatz, verhält es sich umgekehrt wie bei der Vorzeitigkeit.

- Im **Hauptsatz** steht das **Perfekt,** während im **Nebensatz** das **Präsens** steht.
- Im **Hauptsatz** steht das **Plusquamperfekt,** während im **Nebensatz** das **Präteritum** steht.

Beispiele: Der Schiedsrichter **hatte** die Seiten **ausgelost,** bevor er das Spiel **anpfiff.**

Die Athleten **haben** viel **trainiert,** bevor sie bei den Olympischen Spielen **antreten.**

MERKE Nachzeitigkeit wird oft auch durch den Gebrauch der gleichen Tempusform ausdrückt.

Beispiele: Wir haben das Auto in die Werkstatt gebracht, bevor wir damit in den Urlaub gefahren sind.

Sie räumten die Wohnung auf, bevor die Eltern nach Hause kamen.

Übung

■ Bestimme in den folgenden Satzgefügen aus Hauptsatz und konjunktionalem Nebensatz das Zeitverhältnis.

a Die meisten möchten ihren Führerschein machen, bevor sie zwanzig werden.

b Mancher kauft, sobald er die Fahrerlaubnis hat, sofort ein Auto.

c Viele merken aber erst, nachdem sie damit fertig sind, wie teuer das Autofahren ist.

d Während der Preis für das Benzin steigt und steigt, bleibt der Energieaufwand für das Fahrradfahren stets gleich.

e Ehe sie aber wieder auf den Drahtesel umsteigen, muss bei vielen „Ebbe" in der Kasse sein.

f Sowie man aber mit dem Fahrrad fährt, merkt man, dass es einem gut tut.

6.3 Modus (Aussageweise)

■ Der Modus bezeichnet die Einschätzung eines Geschehens als **wirklich, möglich, wünschbar** oder **nicht wirklich.** Dazu dienen die Verbformen **Indikativ, Konjunktiv** und **Imperativ.**

Indikativ

■ Der **Indikativ** ist die **Wirklichkeitsform** des Verbs. Er drückt aus, dass das Gesagte bzw. Geschriebene als **wahrscheinlich, wirklich** oder **tatsächlich** gedacht wird.

Beispiele: Er **freut** sich, weil er ein schönes Geschenk **bekommen hat.**
Wenn du Lust **hast, gehen** wir (bestimmt) ins Schwimmbad.
Sie **ärgert** sich, weil sie das Spiel **verloren hat.**

■ Der Indikativ ist der meist gebrauchte Modus. Er kann auch bei nachdrücklichen Aufforderungen und beim Befehl anstelle des Imperativs (→ S. 61) stehen.

Beispiele: Du **kommst** jetzt mit!	statt	**Komm** mit!
Ihr **holt** jetzt eure Hefte raus!	statt	**Holt** eure Hefte raus.

Konjunktiv

■ Der **Konjunktiv** ist die Möglichkeitsform, er drückt Einschätzungen über die Möglichkeit, Wünschbarkeit, Unwirklichkeit eines Geschehens aus.

Beispiele: Ich **käme** gerne mit, wenn ich Zeit **hätte.**
Gegeben **sei** ein gleichseitiges Dreieck.

■ Beim Konjunktiv unterscheidet man den Konjunktiv I (Formen des Präsens) und den Konjunktiv II (Formen des Präteritums) sowie Umschreibungen mit *würde*.

Beispiel: Ich *würde kommen.*
Statt: Ich *käme.* (Konjunktiv II)

a) Konjunktiv I

■ Nur selten wird der Konjunktiv I – wie es sein deutscher Name eigentlich sagt – als Möglichkeitsform und Wunschform gebraucht.

Beispiele: Gegeben **sei** ein Winkel von 45°.
Wir brachten ihr Blumen und Pralinen mit, damit sie uns in guter Erinnerung **behalte.**
Er **lebe** hoch!

■ Häufiger ist der Konjunktiv I eine **Form des Aufforderns** im Sinne eines guten Rates.

Beispiel: Man **nehme** fünf Eier, $^1/_2$ Pfund Mehl, $^1/_4$ l Milch … und **verrühre** alles in einer Schüssel.

■ Der wichtigste Gebrauch des Konjunktivs I sind das **Zitieren** und die indirekte Rede (→ S. 24). Der Konjunktiv ist die Form, in der berichtet wird, was jemand gesagt, geschrieben, gemeint hat.

Beispiele: Der Bürgermeister sagte, mit dem Beginn des Baus neuer Radwege **sei** nicht vor Anfang des nächsten Jahres zu rechnen. Die Stadt **verfüge** zum gegenwärtigen Zeitpunkt nicht über ausreichende Mittel. Daher **suche** man auch Sponsoren, die sich an dieser Maßnahme beteiligen könnten …

b) **Der Konjunktiv II**

■ Der Konjunktiv II ist die **Unwirklichkeitsform** des Verbs und wird deshalb auch **Irrealis** genannt. Mit ihm wird ausgedrückt, dass etwas als **unwirklich, nicht wirklich,** als **nicht sicher erfüllbarer Wunsch,** als **Vorgestelltes, Erdachtes, Unmögliches,** als **Wunschtraum** angesehen wird.

Beispiele: **Hätten** wir lieber das Geld vergraben!
Wenn das Wörtchen wenn nicht **wär', wär'** mein Vater Millionär.
Könnte ich die Arbeit noch einmal schreiben, dann **würde** ich mich viel besser vorbereiten.
Beinahe **hätte** der Torwart den Elfmeter gehalten.
Man **könnte** meinen, du **hättest** heute noch keinen Bissen gegessen.

c) **Zur Bildung des Konjunktivs**

■ So wird der **Konjunktiv I** gebildet:
Präsensstamm + Personalendung *-e, -(e)st, -e, -en, (e)t, -en*

■ Der **Konjunktiv II** ist vom Stamm des Präteritums abzuleiten.

Beispiel: wachsen, ich wachse, ich wuchs (Präteritum) → ich wüchse (Konkunktiv II)

Überblick: Indikativ und Konjunktiv

	Indikativ	Konjunktiv I	Konjunktiv II
Präsens	ich gebe	ich gebe	ich gäbe (ich würde geben)
	du gibst	du gebest	du gäbest (du würdest geben)
	sie gibt	sie gebe	sie gäbe (er/sie/es würde geben)
	es ist	*es sei*	*es wäre (es würde sein)*
	er hat	*er habe*	*er hätte (er würde haben)*
Perfekt	ich habe gegeben	ich habe gegeben	ich hätte gegeben
	du hast gegeben	du habest gegeben	du hättest gegeben
	sie hat gegeben	sie habe gegeben	sie hätte gegeben
	es ist gewesen	*es sei gewesen*	*es wäre gewesen*
	er hat gehabt	*er habe gehabt*	*er hätte gehabt*

Präteritum	ich gab du gabst sie gab *es war* *er hatte*	–	–
Plusquam-perfekt	ich hatte gegeben du hattest gegeben sie hatte gegeben *es war gewesen* *er hatte gehabt*	–	–
Futur I	ich werde geben du wirst geben sie wird geben *es wird sein* *er wird haben*	ich werde geben du werdest geben sie werde geben *es werde sein* *er werde haben*	ich würde geben du würdest geben sie würde geben *es würde sein* *er würde haben*
Futur II	ich werde gegeben haben du wirst gegeben haben sie wird gegeben haben *es wird gewesen sein* *er wird gehabt haben*	ich werde gegeben haben du werdest gegeben haben sie werde gegeben haben *es werde gewesen sein* *er werde gehabt haben*	ich würde gegeben haben du würdest gegeben haben sie würde gegeben haben *es würde gewesen sein* *er würde gehabt haben*

Imperativ (Befehlsform)

■ Der Imperativ dient zum Auffordern im weitesten Sinne, also zum Befehlen, zum Bitten, Wünschen usw. Diese Form kommt nur in der 2. Person (Singular und Plural) vor.

Beispiele: Komm her! Lasst das sein! Lassen Sie das!

Übungen

1 Forme den folgenden Text in die indirekte Rede um.
(Hilfen zur indirekten Rede → S. 24 f.)
Die Schulleiterin zu den Kollegen: „Ich freue mich auf das Schulfest, das wir in vier Wochen feiern wollen. Die letzte Veranstaltung war ja eine rundum gelungene Sache. Ich bin mir sicher, dass auch diesmal die vielen Stände mit künstlerischen Angeboten eine Attraktion sind. Viele Schülerinnen und Schüler interessieren sich für die Angebote ‚Masken'. Auch das Fotografieren zieht immer viele an. Bestimmt wird es auch wieder viele Spezialitäten zu essen geben. Es bleibt nur zu hoffen, dass wir gutes Wetter bekommen."

2 Indirekte Rede mit dem Konjunktiv I: Ergänze in der folgenden Zusammenstellung die fehlenden Konjunktivformen.

Indikativ	Konjunktiv I	Konjunktiv II als Ersatzform	Umschreibung mit *würde*
er geht		(nicht nötig)	*er würde gehen*
er läuft		–	
sie laufen	–		
sie kommen	–		
sie essen	–		
er ruft		–	
sie merken	–		
sie haben gegessen	–		–

6.4 Aktiv und Passiv

- **Aktiv** oder **Passiv** → Wird die Tätigkeit **ausgeübt** (Aktiv) oder **erlitten/hingenommen** (Passiv)?

In der deutschen Sprache unterscheidet man zwei Handlungsarten für das Verb: **Aktiv** („Tatform") und **Passiv** („Leideform"). Die deutschen Bezeichnungen „Tatform" und „Leideform" sind noch gebräuchlich, aber sie verdeutlichen nicht immer den Sachverhalt.

Beispiele: Er lebt in Leipzig. („Tatform", doch keine Tätigkeit)
Tina wird gelobt. („Leideform", doch kein Leiden)

■ Das Aktiv stellt die **Handelnden,** die Urheber, die, die die Handlung ausführen, in den Vordergrund. Es handelt sich um eine „täter-“bezogene Sicht der Darstellung.

Beispiel: Jakob **fährt** in die Stadt.

■ Im Passiv wird das Geschehen aus der **Sicht der „Betroffenen“** dargestellt.

Beispiel: **Tina wird** (von Jakob) in die Stadt **gefahren.**

Der „Täter“ (im Beispielsatz Jakob) kann erwähnt werden, aber auch wegfallen. Man spricht im zweiten Fall von einem **„täterabgewandten Passiv“** bzw. von einem **„täterlosen Passiv“.**

■ Darüber hinaus unterscheidet man beim Passiv zwei Formen:

▸ Vorgangspassiv

Hierbei wird der Vorgang oder Ablauf hervorgehoben. Das Vorgangspassiv wird mit einer Form von ***werden*** + Partizip gebildet.

Beispiel: Das Auto **wird** repariert.

▸ Zustandspassiv

Hierbei wird der Zustand betont. Das Zustandspassiv wird mit einer Form von ***sein*** + Partizip gebildet.

Beispiel: Das Auto **ist** repariert.

Beide Passivarten sind immer zusammengesetzte Verbformen.

Bildung von Aktiv und Passiv

	Aktiv	Passiv
Präsens	ich rufe du rufst	ich werde gerufen du wirst gerufen
Perfekt	ich habe gerufen du hast gerufen	ich bin gerufen worden du bist gerufen worden
Präteritum	ich rief du riefst	ich wurde gerufen du wurdest gerufen
Plusquam-perfekt	ich hatte gerufen du hattest gerufen	ich war gerufen worden du warst gerufen worden
Futur I	ich werde rufen du wirst rufen	ich werde gerufen werden du wirst gerufen werden

Futur II	ich werde gerufen haben	ich werde gerufen worden sein
	du wirst gerufen haben	du wirst gerufen worden sein

■ Verben, die ein Akkusativobjekt bei sich haben, mit dem ein Passiv gebildet werden kann, bezeichnet man als **transitive Verben**.

Beispiele: Ich **miete** das Auto (das Auto = Akkusativobjekt). Das Auto wird von mir gemietet.
Die Kinder essen die Pfannkuchen. Die Pfannkuchen werden von den Kindern gegessen.

■ Verben, die kein Passiv bilden und die keinen Akkusativ bei sich haben können, bezeichnet man als **intransitive Verben**.

Beispiele: Ich **begegne** meinem Freund.
Hermann **läuft.**

Intransitive Verben können nur das **unpersönliche Passiv** bilden (3. Person Singular Neutrum)

Beispiele: Es wird gesagt. Morgen wird gelaufen.

Übungen

1 Bilde die entsprechenden Passivformen.

a er zerbrach das Glas
b ich finde das Buch
c sie hat die Sandburg zerstört
d sie hatte einen Fehler entdeckt
e er hat den Täter gesehen

2 Formuliere die folgenden täterlosen Passivsätze in Aktivsätze um. Erfinde einen Täter oder nenne einen unbekannten Täter, zum Beispiel: jemand, man, niemand, ein Unbekannter, unbekannte Täter, die meisten.

a Eine alte Frau ist auf dem Friedhof bestohlen worden.
b Gestern wurde die Fassade der neu erbauten Brüder-Grimm-Schule mit politischen Parolen beschmiert.
c Das strikte Rauchverbot wird nicht eingehalten.

7 Das Partizip (Mittelwort)

■ Das Partizip ist ein Wort, das „zwischen“ Verb und Adjektiv steht. Es handelt sich dabei um zwei **Formen des Verbs:**

1 das Partizip Präsens (Partizip I, Mittelwort der Gegenwart), gebildet mit *-end* (→ S. 33).

Beispiele: ein wink**endes** Mädchen, ein lauf**ender** Motor (hier Verwendung als Adjektiv)

2 das Partizip Perfekt (Partizip II, Mittelwort der vollendeten Gegenwart), von dem es drei Typen gibt:

- **ge**hör**t**, **ge**schenk**t** (bei schwachen Verben)
- **ge**sung**en**, **ge**schrieb**en** (bei starken Verben)
- **ohne ge-** (bei Wörtern, die bereits eine Vorsilbe haben, wie *verloren, befragt*)

■ Die beiden Partizipien können **als Adjektive gebraucht** werden.

Beispiele: die **brennende** Sonne (Partizip Präsens)
der **verbrannte** Rasen (Partizip Perfekt)

■ Mit Partizipien kann man auch **Teilsätze** bilden, die meistens an der Stelle von Adverbialsätzen (→ S. 74) stehen. Solche erweiterten Partizipien nennt man auch **satzwertige Partizipien** oder Partizipialsätze.

Beispiele: **Von der Sonne gebräunt**(,) kamen wir vom Segeln zurück.
Durch langes Üben gut vorbereitet(,) ging er froh an die Arbeit.
Die Zeitung auf den Tisch legend(,) wandte er sich mir zu.

8 Das Numerale (Zahlwort)

■ Bei den Zahlwörtern unterscheidet man drei Arten.

Kardinalzahlen (Grundzahlen), die auf die Frage **„Wie viel?“** antworten.

Beispiele: Er hat **drei** Stifte gekauft. Hier sind nur **60** km/h erlaubt.

Ordinalzahlen (Ordnungszahlen), die auf die Frage **„Der Wievielte?“** antworten.

Beispiele: Er kam als **Zweiter** ins Ziel. Dies ist meine **erste** eigene Wohnung.

Unbestimmte Zahlwörter: *alle, sämtliche, einzige, einige, etliche, manche, mehrere, viele, genug, ein paar, etwas.*

Beispiele: Wie kennen **alle** Geschäfte in der Umgebung. In **manchen** kann man gut einkaufen.

9 Das Adverb (Umstandswort)

- Das Adverb bestimmt die Umstände eines Geschehens näher.

- Man unterscheidet:

Adverbien des Ortes (lokal)	Adverbien der Zeit (temporal)	Adverbien der Art und Weise (modal)	Adverbien des Grundes (kausal)
da, draußen, dort, drinnen, daheim, hier, oben, unten, inmitten … hierher, hierhin, daher, dahin, heimwärts, vorwärts, rückwärts …	jetzt, neulich, stets, vorhin, demnächst, bald, damals … lange, zeitlebens, immer	so, anders, gern, sehr, glücklicherweise, möglicherweise, vielleicht …	darum, daher, deshalb, folglich, trotzdem …

- Das Adverb kann sich auf das Prädikat (Satzaussage) oder auf den ganzen Satz beziehen.

Beispiele: Ich gehe **jetzt** los. **Vielleicht** komme ich noch pünktlich an.

- Adverbien können außerdem andere Adverbien oder Adjektive näher bestimmen.

Beispiele: Das **möglicherweise** beste Hotel ist ausgebucht. Es ist **sehr** beliebt.

10 Die Präposition (Verhältniswort)

■ Präpositionen bringen zum Ausdruck, in welchem Verhältnis Personen, Sachen oder Vorgänge zueinander stehen. Diese Verhältnisse können **räumlicher** und **zeitlicher** Art sein, aber auch **logische Zusammenhänge** herstellen.

■ Viele Präpositionen fordern einen bestimmten **Fall:**

Akkusativ	Dativ	Akkusativ oder Dativ	Genitiv
durch, für, ohne, um, gegen, wider	aus, bei, von, nah, nächst, nebst, außer, zu, seit, mit, entgegen, samt, gegenüber, zuwider	an, auf, hinter, vor, in, über, unter, neben, zwischen	diesseits, jenseits, infolge, innerhalb, kraft, mittels, während, um … willen, unweit, halber, wegen

11 Die Konjunktion (Bindewort)

■ Konjunktionen verbinden Wörter, Wortgruppen und Sätze und geben zugleich an, in welchem logischen Verhältnis sich das so Verbundene befindet. Daher unterscheidet man

a **koordinierende** (nebenordnende) Konjunktionen wie *und, auch, oder, weder … noch, nicht nur … sondern auch*

b **subordinierende** (unterordnende) Konjunktionen wie *dass, damit, als, nachdem, bevor, bis, ehe, während, sodass, obwohl, trotzdem, anstatt dass, da, weil, zumal.*

12 Die Interjektion (Ausrufewort)

■ Es gibt eine Anzahl von Wörtern, die besonders beim Sprechen als Ausrufe gebraucht werden. Meist drückt man damit Empfindungen aus.

Beispiele: *Au! – Oh! – Oha! – Ha! – Pfui! – Huch!*

13 Die Partikel (Teilchen)

■ Als Partikeln bezeichnet man die kleinen Wörter, die nicht dekliniert (gebeugt) werden können. Es handelt sich insbesondere um die Präpositionen und die Konjunktionen; häufig werden Adverbien hinzugezählt, weil sie nicht flektierbar sind.

Beispiele: und, weil, über, unter, vor, zwischen, sehr, falls, gern

14 Satzlehre

14.1 Satzarten

■ Man unterscheidet drei Satzarten:

▸ **Aussagesatz**

Mit dem Aussagesatz wird etwas ausgesagt, festgestellt oder mitgeteilt. Am Ende steht immer ein Punkt.

▸ **Aufforderungssatz, Ausrufesatz, Wunschsatz**

Mit den Aufforderungssätzen wird eine Aufforderung, Anweisung, Bitte, ein Befehl oder Wunsch mitgeteilt. Am Ende steht ein Ausrufezeichen.

▸ **Fragesatz**

Am Ende steht ein Fragezeichen.

Man unterscheidet:

- ▹ **Entscheidungsfrage:** Das Verb steht am Anfang und die Frage zielt auf die Antwort „Ja“ oder „Nein“.
- ▹ **Ergänzungsfrage:** Sie wird durch ein Fragewort eingeleitet und die Antwort bezieht sich genau auf das Satzglied, das durch das Fragewort eingenommen wird.

Beispiele: Hast du dir das Buch gekauft? (Entscheidungsfrage)
Wie hat dir das Buch gefallen? (Ergänzungsfrage)

14.2 Satzglieder

■ Satzglieder sind die eigentlichen Bausteine der Sätze. **Zusammenhängende Wortgruppen** oder **einzelne Wörter, die man im Satz umstellen kann,** nennt man Satzglieder.

Subjekt

■ Das Subjekt ist das Satzglied im **1. Fall (Nominativ).** Es antwortet auf die Frage *Wer* oder *Was?* Das Subjekt ist entweder ein Substantiv (Nomen), ein Pronomen, ein substantiviertes Wort oder ein Subjektsatz (→ S. 69 unten und S. 70).

Beispiele:

Der Tischler restauriert die Kommode. (Substantiv als Subjekt)
Er arbeitet an seinem dritten Roman. (Pronomen als Subjekt)
Das Arbeiten fällt mir nicht schwer. (Substantiviertes Verb als Subjekt)
Dass ich viel Geld verdiene, ist mir wichtig. (Subjektsatz als Subjekt)

Prädikat

■ Mit dem Prädikat wird eine Aussage über das Subjekt gemacht. Es antwortet auf die Frage *Was tut* bzw. *was* oder *wie ist* (das Subjekt)? Das Prädikat ist immer ein **Verb** oder eine **Wortgruppe mit einem Hilfsverb.**

Beispiele: Karl **fährt** mit dem Bus. Wir **haben** vier Stunden **gelesen.**

Objekt

■ Das Objekt ist eine **Ergänzung des Verbs.** Es ist die Person oder Sache, auf welche sich die Tätigkeit bezieht. Man unterscheidet:

- das **Genitivobjekt** auf die Frage „wessen?"
- das **Dativobjekt** auf die Frage „wem?"
- das **Akkusativobjekt** auf die Frage „wen oder was?"
- das **präpositionale Objekt**, zu dem eine Präposition gehört

Beispiel: Ich stehe **zu meiner Meinung.**

Oft hat ein Verb mehrere Objekte bei sich.

Subjektsatz und Objektsatz

Subjekt und Objekt können auch durch **Gliedsätze** ersetzt werden.

■ Ein **Subjektsatz** ist ein Gliedsatz, und zwar ein ***dass*-Satz,** der an der Stelle eines Subjekts steht.

Beispiel: **Dass du kommst,** freut mich.

Wer oder was freut mich? Dass du kommst.

Der Subjektsatz kann meist in ein Subjekt aufgelöst werden.

Beispiel: **Dein Kommen** freut mich.

Wenn Subjektsätze hinter den Hauptsatz gestellt werden, werden sie im Hauptsatz durch ein **„es"** vertreten.

Beispiel: Es freut mich, **dass du kommst.**

Dieses *es* nennt man Vertreterelement.

- Ein **Objektsatz** ist ein *dass*-Satz, der an der Stelle eines Objekts steht.

Beispiel: Der Wetterbericht sagt voraus, **dass die Sonne scheinen wird.** *Wen oder was sagt der Wetterbericht voraus?* Dass die Sonne scheinen wird.

Der Objektsatz kann in ein Objekt aufgelöst werden.

Beispiel: Der Wetterbericht sagt **den Sonnenschein** (wörtlich: das Scheinen der Sonne) voraus.

Wenn ein Gliedsatz für ein präpositionales Objekt steht, wird die Präposition durch ein **da**- erweitert und kündigt im übergeordneten Satz an, dass ein Gliedsatz folgt.

Beispiel: Wir warten **auf das Aufhören** des Regens. → Wir warten **darauf, dass der Regen aufhört.**

Die Objektsätze können durch **erweiterte Infinitive** ausgedrückt werden.

Beispiel: Wir hoffen, **dass wir den Zug erreichen.** → Wir hoffen(,) den Zug zu erreichen.

Attribut

- Das Attribut ist eine Erweiterung des Substantivs (Nomens), es bestimmt dieses näher.

- Man unterscheidet verschiedene Arten:

Adjektivattribut	Adverb als Attribut	Genitivattribut	Apposition
der **schöne** Morgen, das **schnelle** Auto	der Mann **dort**, das Glas **hier**	das Buch **des Freundes**	der Zug, **ein Intercity**, verbindet Schwerin und Hamburg

Apposition

■ Die Apposition ist ein **nachgestelltes Satzglied im gleichen Fall.** Sie enthält stets ein Substantiv (Nomen), folgt dem Bezugswort und steht im gleichen Kasus wie dieses. Sie ist durch ein Komma danach und davor abgegrenzt.

Beispiel: Mein Freund Joachim, **ein Arzt,** hat viel zu tun. (Nominativ)
Die Praxis meines Freundes, **eines Arztes,** ist stets überfüllt. (Genitiv)
Das Auto gehört meinem Freund, **einem Arzt.** (Dativ)
Heute besuche ich meinen Freund Joachim, **einen Arzt.** (Akkusativ)

Attributsätze

■ Zu den Attributen gehören auch die Attributsätze. Attributsätze sind Gliedsätze (Nebensätze), die ein Nomen (Substantiv) näher bestimmen. Es gibt zwei Formen: **Relativsatz** und **Parenthese.**

▸ **Relativsatz:** wird mit der, die, das bzw. welcher, welche, welches eingeleitet

Beispiel: Das Auto, **das/welches am Berg im Schnee stecken blieb,** brauchte Schneeketten.

Das **Relativpronomen** richtet sich in **Genus** (grammatisches Geschlecht) und **Numerus** (Zahl) nach dem Bezugsnomen im Hauptsatz, im **Kasus** (Fall) dagegen nach seiner Funktion im Gliedsatz.

Beispiel:

Die Musiker, { **die** heute spielen (Nominativ), / **deren** Musik wir gern hören (Gen.), / **denen** wir gern zuhören (Dativ), / **die** wir gut kennen (Akkusativ), } kommen aus Deutschland.

> **MERKE** Das Relativpronomen bezieht sich auf das **nächstmögliche vorhergehende Nomen.** Daher muss man beim Gebrauch von Relativsätzen auf Eindeutigkeit achten, damit es nicht zu Missverständnissen kommt.
>
> Beispiel: Sie stellte die frischen Blumen in die Vase, **die** er ihr mitgebracht hatte.
>
> → Im Satz steht, genau genommen, dass er ihr die Vase mitgebracht hat. **Stattdessen:** Sie stellte die frischen Blumen, **die** er ihr mitgebracht hatte, in die Vase.

Als Relativpronomen kann auch *welcher, welche, welches* gebraucht werden, insbesondere nach den Demonstrativpronomen *derjenige (welcher), diejenige (welche), dasjenige (welches).* Außerdem wird es oft verwendet, wenn ein gleicher Artikel folgt.

Beispiel: Das Kleid, **das** das Mädchen sich aussuchen durfte, war rot.
welches das Mädchen sich aussuchen durfte,

- **Eingeschobener Hauptsatz/Parenthese** (Einschub)

Beispiel: Das Auto, **es blieb am Berg im Schnee stecken,** brauchte Schneeketten.

> **MERKE** Der Einschub wird oft durch Gedankenstriche statt durch Kommas gekennzeichnet.
> Beispiel: Das Auto – **es blieb am Berg im Schnee stecken** – brauchte Schneeketten.

Adverbial (adverbiale Bestimmung)

- Das Adverbial ist ein Satzglied, das die **Umstände** eines Geschehens näher bestimmt:

1 Raum und Ort → Wo? *Ich sitze* **im Büro.**
2 Zeit → Wann? Wie lange? *Ich komme* **um 8.00 Uhr.**
3 Art und Weise → Wie? *Sie tippt den Brief* **mit Sorgfalt.**
4 Ursachen und Folgen → Warum? **Aus Wut** *zerriss er den Brief.*

1 Raum-, Orts- und Richtungsangaben (lokale Bestimmungen)

Beispiele: Beates Brief ist **hier** eingetroffen. Ortsbestimmung: **Wo?**
Der Kellner trägt das Tablett **in den Garten.** Richtungsbestimmung: **Wohin?**

2 Angaben über Zeitpunkt und Dauer (temporale Bestimmungen):

Beispiele: Jana arbeitete **zwei Stunden lang** an ihren Hausaufgaben. *Dauer:* **Wie lange?**
Beates Brief ist **heute** eingetroffen. *Zeitpunkt:* **Wann?**

3 **Angaben über Art und Weise (modale Bestimmung)**

Beispiele: Er mäht den Rasen **ungern.**

Wie? Unter welchen Umständen?

Beates Brief ist **per Express** zugestellt worden.

Wie? Auf welche Weise?

4 **Angaben über Ursachen und Folgen (Kausalbestimmungen)**

Beispiele: Beates Brief ist **wegen der unvollständigen Adresse** zurückgeschickt worden. *Ursache:* **Weshalb? Warum?**

Der Polizist stoppt den Kraftfahrer **zur Feststellung der Personalien.** *Zweck, Folge:* **Wozu?**

■ Adverbiale (adverbiale Bestimmungen) können gebildet sein aus

- einem **Adjektiv:** *Er lief* ***schnell*** *weg.*
- einem **Adverb:** *Wir führen* ***morgens*** *unseren Hund aus.*
- einer **Nominalgruppe mit Präposition:** *Wir sehen uns* ***am Abend.***

FEHLERQUELLE

Wenn mit einem Adverbial Attribute (Beifügungen) näher bestimmt werden, wird dieses Adverbial häufig übersehen.

Beispiel: Jörn hat **sehr** großen Hunger. (Adverbial mit Adjektiv)

Der Pfannkuchen hat ihm **über alle Maßen** gut geschmeckt. (Adverbial bei Adjektiv)

Der Hund hielt ihm sein Maul **weit** geöffnet entgegen. (Adverbial bei Partizip)

Weil die Pfannkuchen noch **sehr** heiß waren, hat er sich den Mund verbrannt. (Adverbial bei Adverb)

Adverbialsätze

■ An der Stelle eines Adverbials kann auch ein Gliedsatz stehen, der **Adverbialsatz.**

Beispiel: **Wegen des starken Verkehrs** zu Ferienbeginn kam es zu langen Staus. (Kausalbestimmung)

→ ***Weil zu Ferienbeginn großer Verkehr herrschte,*** kam es zu langen Staus. (Kausalsatz)

■ Adverbialsätze werden durch eine unterordnende Konjunktion (Bindewort, ➔ S. 67) eingeleitet, weshalb sie auch **Konjunktionalsätze** genannt werden.

■ Da Adverbialsätze an der Stelle adverbialer Bestimmungen stehen, kann man mit ihnen dieselben Umstände ausdrücken.

Art des Gliedsatzes	einleitende Konjunktion	Beispiel
Temporalsatz	*Gleichzeitigkeit:* während, indem, als, solange, sowie, sobald, sooft, *manchmal* seit, seitdem *und* wenn; *Vorzeitigkeit:* als, wenn, nachdem, sobald, sowie; *Nachzeitigkeit:* bis, bevor, ehe	***Als* die Ferien begannen,** wollten wir in den Urlaub fahren.
Kausalsatz	weil, da	Wir konnten aber nicht losfahren, ***weil* das Auto nicht ansprang.**
Konzessivsatz	obwohl, obgleich, trotzdem, *auch* obzwar, obschon, wiewohl, wenngleich	Der Motor war nicht in Ordnung, ***obwohl* der Wagen erst vor kurzem bei der Inspektion gewesen war.**
Konditionalsatz	wenn, falls, sofern	***Wenn* wir ihn nicht repariert bekämen,** würde unsere Fahrt wohl ausfallen.

Konsekutivsatz	so dass	Die Werkstatt arbeitete aber zügig, ***so dass*** **wir das Auto noch am Abend abholen konnten.**
Finalsatz	damit, dass	Der Mechaniker gab uns noch einen Satz Zündkerzen, ***damit*** **wir beruhigt abfahren konnten.**
Modalsatz	indem, dass, ohne dass	***Indem*** **er den Wagen startete,** prüfte mein Vater, ob er repariert war.
Adversativsatz	anstatt dass	***Anstatt dass*** **wir sofort losfuhren,** warteten wir noch einen Tag.

Stellung der Adverbialsätze im Satzgefüge

- Konjunktionale Gliedsätze werden meistens **vor** oder **hinter den Hauptsatz** gestellt. Seltener werden sie dazwischengeschoben.

Beispiel: **Weil die Ferien begonnen hatten,** bildeten sich große Staus auf den Autobahnen. (Gliedsatz + Hauptsatz)
Große Staus bildeten sich auf den Autobahnen, **weil die Ferien begonnen hatten.** (Hauptsatz + Gliedsatz)
Der Fahrer verlor, **weil er übermüdet war,** die Kontrolle über sein Fahrzeug. (Hauptsatz, erster Teil + Gliedsatz + Hauptsatz, zweiter Teil)

Test

1 Entscheide, welche Konjunktion zur Bestimmung des angegebenen Zeitverhältnisses passt.

a *(Vorzeitigkeit)* ____ sie den Zweiten Weltkrieg noch als Verbündete gewonnen hatten, wurden die USA und die frühere Sowjetunion bald Rivalen.
nachdem, bis, solange, als, sobald, bevor

b *(Gleichzeitigkeit)* ____ die Amerikaner noch an antriebsstarken Raketen arbeiteten, schickten die Russen bereits den ersten Satelliten, den Sputnik, ins Weltall.
sowie, seit, bevor, während, ehe

c *(Vorzeitigkeit)* ____ die Amerikaner aufgeholt hatten, schickte die UdSSR mit Juri Gagarin den ersten Menschen ins All.
bevor, während, sobald, bis, nachdem

d *(Gleichzeitigkeit)* In den 70-er Jahren gab es eine Krise in der Weltraumfahrt; ____ in den USA eine Trägerrakete mit drei Astronauten abstürzte, verbrannten in Kasachstan drei russische Kosmonauten beim Start ihrer Rakete.
als, wenn, während, solange

e *(Nachzeitigkeit)* Die Amerikaner führten 1969 die erste bemannte Mondlandung durch, ____ die „Konkurrenz" dies tat.
als, solange, nachdem bevor

f *(Vorzeitigkeit)* ____ die hohen Kosten nicht mehr zu bezahlen waren, stellten auch die Amerikaner die Mondflüge ein.
ehe, nachdem, als, seitdem

g *(Gleichzeitigkeit)* Heute arbeiten beide im Rahmen der Raumstation ISS eng zusammen; ____ die Russen ihre Trägerrakete zur Verfügung stellen, wird der Flug der Station von Cape Canaveral aus überwacht.
während, bis, sooft, nachdem

2 Formuliere jeweils in Aktiv oder in Passiv um.

a Dem kleinen Patienten wird bestimmt gleich von dem Arzt geholfen werden.

b Mehmet wurde von einem vorbeifahrenden Fahrradfahrer gestreift und unsanft an die Seite gedrängt.

c Ein freundlicher Polizist zeigt Sara in der fremden Stadt den Weg zur Jugendherberge.

Test

d Du wirst von deinen Eltern zu Hause erwartet.
e Die Mannschaft hat mit ihrer Leistung einen großen Erfolg erzielt.
f Der Lehrer hatte vorgeschlagen, die Straßenbahn zu nehmen.

3 Setze ein: Konjunktiv I, Konjunktiv II oder die Umschreibung mit *würde*. (Verben: 2 x *können*, 2 x *haben*, *finden*, *sein*, *kommen*)

a Er sagte, er ____ das Buch zur Zeit nicht entbehren.
b Die Schülerinnen behaupten, sie ____ das alles schon.
c Der Deutschlehrer meinte, bis morgen ____ er die Arbeit schon korrigiert.
d Ute erzählte in der Klasse, sie ____ ihren neuen Tanzpartner ganz toll.
e Kirsten und Lara glaubten, sie ____ in Mathe über den Berg.
f Sie versprachen, sie ____ morgen pünktlich ____.
g Die beiden erzählten, sie ____ einen Computer geschenkt bekommen.

4 Setze in die indirekte Rede. Beachte, dass du manche Redeeinleitungen selbst erfinden musst.

„Trinkt euren Tee, Kinder“, sagte die alte Frau Scheffler noch einmal. „Ihr könnt noch mehr Milch und Zucker haben, falls ich nicht genug hineingetan habe.“
„Ich trinke keinen Tee“, sagte Till schüchtern.
Frau Scheffler warf ihm einen Blick zu und fragte ungläubig: „Was soll das heißen, du trinkst keinen Tee?“
„Ich meine, ich trinke nie welchen.“
„Du willst sagen, du hast noch nie im Leben Tee probiert?“
„Nein“, gestand Till und sah etwas ängstlich aus.
Clara beobachtete Frau Scheffler, denn diese setzte ihr „Zitaten-Gesicht“ auf.
„Es gibt im Leben nur wenige Stunden, die angenehmer sind als die Stunde, die man der Zeremonie widmet, die man Nachmittagstee nennt“, sagte Frau Scheffler gelassen und warf Till einen zufriedenen Blick zu. Till schaute völlig verständnislos drein.
„Von Henry James, 1843 bis 1916, aus ‚Porträt einer Dame‘“, fügte Frau Scheffler hinzu.

Test

5 Bestimme vollständig die Personalformen (finiten Formen) der folgenden Verben:

a sie werden gefangen worden sein
b du hättest gelesen
c er komme
d ihr hättet bekommen
e ich wäre überrascht worden

6 Bestimme die Satzglieder. Mache die Ersatzprobe, um festzustellen, ob es sich wirklich um ein Satzglied handelt.

a Vanessa besucht ihre beste Freundin.
b Hans gibt seinem Nachbarn die Hausaufgaben.
c Das Fahrrad ihrer Klassenkameradin steht vor Joanas Haus.
d Kai-Philipp streitet sich mit Katharina.
e Claudia sucht in Hannahs Schultasche nach einem Stift.

7 Handelt es sich um einen Subjektsatz oder um einen Objektsatz? Formuliere die entsprechenden Fragen.

Beispiel: Ich denke, dass er die Prüfung schafft. *Wen oder was denke ich?* Dass er die Prüfung schafft → Objektsatz

a Dass heute noch keine Post da ist, macht mich unruhig.
b Er hätte es nicht für möglich gehalten, dass er den Zuschlag bei der Auktion erhielt.
c Dass sie wieder einmal zu spät kamen, ärgerte uns.
d Dass er so viel arbeitete, glaubte sie ihm nicht.

8 Forme die unterstrichenen Satzglieder in *dass*-Sätze um und bestimme, ob es sich um Subjekt- oder Objektsätze handelt.

Beispiel: Sein Schwindeln gefiel ihr nicht.
Ihr gefiel nicht, dass er schwindelte. → Subjektsatz

a Er hoffte auf ein erfolgreiches Bestehen der Fahrprüfung.
b Das gute Wachstum der Blume erfreute sie.
c Ich bereue das Übertreten der Höchstgeschwindigkeit.
d Das Gewinnen des Turniers durch unsere Mannschaft war eine Überraschung.
e So viel Arbeit im Garten hätte er nicht erwartet.

Test

9 Füge in den Text die folgenden adverbialen Bestimmungen ein, so dass ein sinnvoller Bericht entsteht.

schon Wochen vorher – bei der Kontrolle – in unverantwortlicher Weise – in München – auf der Autobahn – bereitwillig – bald – diesmal Pech gehabt

Ein Drängler ist (wo?) (wo?) an den Falschen geraten. Der Fahrer bedrängte (wie?) ein vorausfahrendes Auto. (wie?) machte der bedrängte Wagen Platz. Die Insassen gaben sich aber (wann?) als Zivilstreife zu erkennen. Es erwies sich (wann?), dass der Drängler betrunken war. Den Führerschein konnten die Beamten (wann?) nicht kassieren. Das hatten ihre Kollegen (wann?) getan.

10 Ersetze in den folgenden Sätzen die unterstrichenen Satzglieder durch einen Adverbialsatz. Gib an, welche Bedeutung die Satzglieder und Gliedsätze in der Rolle der adverbialen Bestimmung haben.

a Während des Lesens kam ihr plötzlich ein Gedanke.
b Nach dem Ende der Stunde atmeten alle erleichtert auf.
c Wegen einer starken Erkältung konnte Malena nicht am Wandertag teilnehmen.
d Trotz des schlechten Wetters fand das Fußballspiel statt.
e Vor dem Anpfiff wurden die Nationalhymnen gesungen.
f Aufgrund der schlechten Leistung des Sturms nahm der Trainer Auswechslungen vor.

11 Schreibe aus den unterstrichenen Satzgliedern jeweils die Attribute heraus. Bestimme ihre Form: Adjektiv, Genitiv, Apposition, mit Präposition, Relativsatz.

Die Mädchen und Jungen der Klasse 7c verstehen sich ausgezeichnet. Aysche, die zur Klassensprecherin gewählt worden ist, hat in der Klasse gute Freundinnen und Freunde. Frau Andersen, die Klassenlehrerin, unterrichtet gern in dieser freundlichen Klasse. Tim und Sara arbeiten in der neuen Theater-AG mit. Sie proben heute zum ersten Mal auf der Bühne der Aula.

Test

12 **Schreibe mit den folgenden Satzgruppen einen zusammenhängenden Text. Dabei kannst du**
- **mit Hilfe von Relativsätzen als Attribute Satzgefüge bilden,**
- **mit Hilfe von Adjektiv-Attributen aus zwei Sätzen einen machen.**

Wenn du den neuen Text am PC schreibst, kannst du ihn wiederholt überarbeiten. Beachte die Kommasetzung. Gib deiner Darstellung eine Überschrift.

Beispiel: Magellan war der Sohn eines armen portugiesischen Edelmannes. Magellan umsegelte als Erster die Welt.
→ Magellan, der als Erster die Welt umsegelte, war der Sohn eines armen portugiesischen Edelmannes.

a Am 20. September segelte seine kleine Flotte von Spanien aus los.
Seine Flotte bestand aus mehreren Schiffen und über 200 Mann Besatzung.

b Der hereinbrechende Winter zwang die Flotte zu einem Aufenthalt in Südamerika.
Der Aufenthalt löste eine Meuterei aus.
Der Kapitän unterdrückte die Meuterei mit eiserner Strenge.

c Magellan erkundete zunächst die Westküste Südamerikas.
Magellan hatte bereits wertvolle Schiffe verloren.

d Danach segelte die Mannschaft viele Tage über den Stillen Ozean.
Die Mannschaft war sehr ermattet.

e Das Trinkwasser wurde zunehmend ungenießbar.
Das Trinkwasser war schon lange knapp geworden.

f In der Südsee fand der Entdecker schließlich bei einem Kampf mit Eingeborenen den Tod.
Der Entdecker war wagemutig und tapfer.

g Nur das Schiff Victoria erreichte am 6. September 1522 das heimatliche Sevilla.
Das Schiff Victoria war leck und von Stürmen angeschlagen.

Rechtschreibung und Zeichensetzung

1 Die wichtigsten Rechtschreibregeln

1.1 Doppelkonsonanten

■ Nach betonten kurzen Vokalen wird ein **Konsonant verdoppelt.**

Beispiele: doppelt, nummerieren, bellen

■ Allerdings gibt es **Sonderfälle:**

▸ Statt verdoppeltem *k* schreibt man *ck.*

Beispiele: blicken, Zucker, lecker

▸ Statt verdoppeltem *z* schreibt man *tz.*

Beispiele: Platz, putzen, flitzen

> **MERKE** Nach ***l, m, r*** – das merke ja – steht nie ***tz*** und nie ***ck.***

1.2 Der s-Laut

■ Für die Schreibung des s-Lautes von Bedeutung ist die Unterscheidung zwischen stimmhaftem s (= gesummtes *s* wie in *Wiese, Hase, Bluse*) und stimmlosem s (= scharf gesprochenes *s* wie in *Ruß, Bus*).

▸ Auf einen **betonten kurzen Vokal** folgt *ss.*

Beispiele: Masse, Risse, Nuss

▸ Nach **langem** Vokal oder Diphthong (Doppellaut) kann man *s* oder *ß* schreiben.

■ Mit der **Verlängerungsprobe** kann man entscheiden, welche Schreibung nach langem Vokal oder Diphthong am **Wortende** die richtige ist.

▸ Wird in der Verlängerung der s-Laut **stimmhaft,** endet das Wort auf *-s.*

Beispiele: Gras – Gräser, Glas – Gläser

▸ Bleibt der s-Laut **stimmlos,** steht *ß.*

Beispiele: Spaß – Späße, Fuß – Füße

1.3 Groß- und Kleinschreibung

■ Großgeschrieben werden:

▸ **Satzanfänge**

▸ **Substantive** (Nomen) und **Substantivierungen** (Nominalisierungen)

Beispiele: das Auto, das Fahren

▸ **Ableitungen von Eigennamen mit Apostroph**

Beispiele: die Beethoven'schen Klavierkonzerte, Schiller'sche Lyrik

▸ **Höflichkeitsformen der Anrede**

Beispiel: Ich kann Ihre Meinung nicht teilen.

▸ **Tageszeiten** und **Wochentage,** wenn sie als Substantive (Nomen) gebraucht werden

Beispiele: Der Freitag ist mein Lieblingstag. Am frühen Morgen habe ich Schwierigkeiten mit dem Aufstehen.

> **MERKE** Bei kombinierten Tageszeitangaben schreibt man die **Adverbien klein** und die **Substantive** (Nomen) groß.
>
> Beispiele: morgen **N**achmittag, heute **M**orgen

▸ **Geografische Bezeichnungen,** sofern es sich nicht um Herkunftsbezeichnungen mit Ableitungen auf -isch handelt

Beispiel: das Berliner Parlament, **aber:** das **h**essische Fulda

■ Kleingeschrieben werden

▸ **Denominalisierungen,** d. h. Wörter, die von einem Substantiv (Nomen) abgeleitet werden, nun aber zu einer anderen Wortart gehören, z. B.

▹ Adverbien: *anfangs, rechtens, morgens, mittags, sonntags, montags, kreuz und quer*

▹ Präpositionen und Teile von Präpositionalgruppen: *dank, kraft, laut, seitens, namens, um … willen*

▹ unbestimmte Pronomen und Zahlwörter: *ein paar, ein bisschen*

▹ bestimmte Adjektive, wenn sie mit *sein, bleiben* oder *werden* verbunden sind.

Beispiele: Er ist es **l**eid. Sie ist schuld an der Misere. Mir ist **a**ngst und **b**ange. Er ist ihr **g**ram. Das ist recht so. Die Firma ist **p**leite.

▸ **Tageszeiten und Wochentage,** wenn sie **Adverbien** sind

Beispiele: *montags, dienstags, mittags, nachmittags, werktags*

MERKE **Bei kombinierten Tageszeitangaben** schreibt man die **Adverbien klein** und die **Nomen groß.**
Beispiele: Ich komme morgen Nachmittag zu dir. Er hat vorgestern Vormittag den entscheidenden Anruf bekommen.

- **Herkunftsbezeichnungen** mit **Ableitungen auf** *-(i)sch*

Beispiele: die englische Königin, der französische Urlaubsort

- die **vertrauliche Anrede** in Briefen: ***du, dir, dein, eure*** usw.

Beispiele: Wir danken **euch** für **eure** guten Wünsche. Das Buch kannst **du dir** mitnehmen.

1.4 Getrenntschreibung

■ Man schreibt getrennt:

- Wortgruppen mit dem Wort ***sein***

Beispiele: krank sein, da sein

- Wortgruppen aus **mehreren Verben**

Beispiele: kennen lernen, verloren gegangen, als ich spazieren ging

- die meisten Wortgruppen aus **Substantiv (Nomen) und Verb**

Beispiele: Klavier spielen, Rad fahren

- die meisten Wortgruppen aus **Adjektiv und Verb**

Beispiele: schnell rennen, klein machen, groß tun

- die meisten Wortgruppen aus **Adverb und Verb**

Beispiele: beiseite stehen, zugute halten

1.5 Zusammenschreibung

■ Man schreibt zusammen:

- **untrennbare Wortgruppen**

Beispiele: fernsehen, überqueren, widersprechen

- **trennbare** Verbindungen von **Adjektiv und Verb,** in denen man das Adjektiv **nicht** steigern kann bzw. die Wortgruppe nicht erweitern kann

Beispiele: hellsehen, schwarzarbeiten, den Beschuldigten freisprechen (**aber:** *frei sprechen,* z. B. beim Referat)

- **Nominalisierungen** von Wortgruppen

Beispiele: das Radfahren, das Durchqueren

1.6 Eindeutschung von Fremdwörtern

■ Manche Fremdwörter, die allgemein gebräuchlich sind, werden der deutschen Schreibweise angepasst. Dadurch entfallen ungewöhnliche Buchstabenkombinationen.

Beispiele:

Photographie	→ Fotografie	Phantasie	→ Fantasie
Joghurt	→ Jogurt	Spaghetti	→ Spagetti
Mayonnaise	→ Majonäse	Portemonnaie	→ Portmone
Club	→ Klub	Discothek	→ Diskothek
chic	→ schick	Charme	→ Scharm

Die fremdsprachige Schreibung bleibt gleichzeitig bestehen.

> MERKE Bei Fremdwörtern sollte man auf jeden Fall im **Rechtschreibwörterbuch** oder im **Fremdwörterbuch** nachschlagen.

1.7 Trennen nach Sprechsilben

■ Getrennt wird nach Sprechsilben. Eine Silbe kann auch nur aus einem einzigen Buchstaben bestehen *(A-bend)*, und es darf auch st getrennt werden *(Fens-ter)*.

2 Zeichensetzung

2.1 Der Punkt

■ Der Punkt steht:
- am Ende eines Aussagesatzes
- bei Abkürzungen

> MERKE Währungen, Maße, Gewichte u. Ä. haben in der Abkürzung keinen Punkt.
> Beispiele: 20 m, 10 kg

2.2 Das Semikolon (Strichpunkt)

■ Das Semikolon steht:

▸ anstelle eine Punktes zwischen zwei Hauptsätzen, die gedanklich eng zusammengehören. Oft steht es vor *denn, nämlich, doch* und *deshalb.*

Beispiel: Ich unterstütze dich, so gut ich kann; deshalb bringe ich dir das Buch.

▸ in Satzgefügen vor dem Gliedsatz, wenn dieser lose eingefügt ist

Beispiel: Ich bin nachts schon oft durch den Wald gegangen; doch nie ohne Begleitung.

▸ als „Komma über dem Komma" in Aufzählungen mit Untergruppen

Beispiel: *Ich gehe, du gehst, er/sie/es geht; wir gehen, ihr geht, sie gehen* lauten die Präsens-Formen. (Semikolon, um Singular- von Pluralformen zu trennen.)

2.3 Das Komma

Das Komma in Satzreihe und Satzgefüge

■ Das Komma steht zwischen angereihten, vollständigen **Hauptsätzen.** Wenn diese durch die Konjunktion (Bindewort) *und* bzw. *oder* verbunden sind, darf ein Komma stehen, muss aber nicht.

Beispiele: Das Spiel war aus, die Zuschauer gingen nach Hause.
Das Spiel war aus(,) und die Zuschauer gingen nach Hause.

■ Das Komma umschließt den **eingeschobenen Hauptsatz** (Parenthese); hier können auch Gedankenstriche stehen.

Beispiele: Er machte mit Mirjam, sie waren befreundet, eine Radtour.
Er machte mit Mirjam – sie waren befreundet – eine Radtour.

■ Das Komma trennt **Haupt- und Gliedsatz** (Nebensatz) voneinander.

Beispiel: Als er mit der Arbeit fertig war, verließ er das Haus.
Er verließ das Haus, als er mit der Arbeit fertig war.

■ Das Komma trennt Gliedsätze (Nebensätze) von **übergeordneten Gliedsätzen.**

Beispiel: Er fand, dass sein Bruder, während er selbst schon packte, etwas Ordnung machen könnte.

■ Das Komma trennt **aneinander gereihte Gliedsätze** gleicher Ordnung, wenn sie nicht durch *und* bzw. *oder* verbunden sind.

Beispiel: Wir freuen uns, dass ihr kommt, dass es euch gut geht und dass wir uns bald wiedersehen.

Das Komma zwischen Satzgliedern

■ Das Komma trennt **aufgezählte, gleichartige Satzglieder,** sofern sie nicht durch *und* bzw. *oder* verbunden sind.

Beispiele: Hans, Peter und Meike hatten eine Eins in der Arbeit.
Georg, Johannes oder Thorsten – einer von euch wischt die Tafel!

Zweifelsfälle und Sonderregelungen

1 Werden Adjektive (Eigenschaftswörter) vor einem Nomen (Substantiv) angereiht, wird kein Komma gesetzt, wenn das letzte Adjektiv mit dem Nomen eine begriffliche Einheit bildet.

Vergleiche: *ein Haken schlagender, schlauer alter Hase* ohne Komma zwischen *schlauer* und *alter,* hier ist der Begriff „alter Hase" gemeint; aber: *ein Haken schlagender, schlauer, alter Hase* mit Komma zwischen *schlauer* und *alter,* weil es sich um einen Hasen handelt, der alt ist

2 Bei **mit Konjunktion verbundenen Aufzählungen** bestimmt die Konjunktion, ob ein Komma gesetzt wird oder nicht.

- Wenn ein Gegensatz ausgedrückt wird oder die Anbindung nur locker ist, steht ein Komma: *ein sonniger, aber kalter Tag*
- Ein Komma steht vor *aber, allein, denn* (hier manchmal Semikolon), *sondern, vielmehr, bald, bald, einerseits … andererseits, ob … ob, teils … teils*

Beispiel: Ich stehe nicht auf, denn es ist mir zu kalt.

- Wenn die Konjunktion die Teile eng zusammenbindet, steht kein Komma.

Beispiel: ein sonniger und warmer Tag

- Kein Komma steht bei Anschlüssen mit *als, sowie, sowohl … als auch, weder … noch.*

> **MERKE** Hier sind einfache **Aufzählungen** gemeint, keine Haupt- oder Gliedsätze (Nebensätze). Wird ein Gliedsatz angeschlossen, steht natürlich ein Komma.
>
> **Beispiel:** Ich fror, **als** ich nach draußen kam.

3 **Infinitivgruppen** und **Partizipialgruppen** können durch Komma abgetrennt werden, sie können aber auch ohne Komma stehen.

Beispiele: Peter hat vergessen das Papageienfutter mitzubringen.
Ohne Futter für die Tiere heimkommend traut sich Peter nicht in die Wohnung.
Um Petras Papagei nicht hungern zu lassen geht er Papageienfutter bei der Nachbarin borgen. Er versichert ihr es morgen doppelt und dreifach zu ersetzen.

Man darf das Komma setzen, und man sollte es tun, wenn man kompliziertere Sätze schreibt, denn die Kommas gliedern den Text für das Lesen.

Beispiel: Um den Papagei nicht hungern zu lassen, geht er Papageienfutter bei der Nachbarin borgen, ihr dabei versichernd, es morgen doppelt und dreifach zu ersetzen.

Infinitivsätze können eingeleitet werden mit *um, ohne, anstatt.*

4 **Anreden, Ausrufe, Herausstellungen, Einschübe, Zusätze und Nachträge** werden durch Komma abgetrennt.

Beispiele: Liebe Petra, füttere bitte den Hasen! Bello, lass das! Denkst du, liebe Petra, bitte an das Hasenfutter.

Ausrufe, die betont sind, trennt man durch Komma.

Beispiele: Pfui, das darfst du nicht. Das tut, aua, ganz schön weh.

Wenn Ausrufe nicht hervorgehoben werden, kann man ohne Komma schreiben.

Beispiel: Ach lass mich doch in Ruhe!

Betonte Bejahungen, Verneinungen, Bitten trennt man mit Komma ab.

Beispiele: Ja, das hast du gut gemacht. Bring doch, bitte, Papageienfutter mit!

Ohne Hervorhebung setzt man kein Komma.

Beispiele: Ach komm doch einfach vorbei. Aber komm bitte einmal pünktlich!

Einschübe schließt man gewöhnlich durch Komma ein.

Beispiele: Petras Papagei, ein schöner Ara, schwätzt oft laut drauflos. (grammatisch: Apposition)
Jetzt endlich, nach einem halben Jahr, haben sich die Tiere aneinander gewöhnt.
Peter hatte, trotz aller guten Vorsätze, mal wieder das Papageienfutter vergessen.

Kein Komma steht, wenn der Einschub dicht angeschlossen ist. Das gilt zum Beispiel bei Beinamen: Karl der Kahle, Elisabeth die Zweite

Beispiele: Die ganze Familie einschließlich Rosa und ihrer Freundin machte einen Sonntagsausflug.

Nachträge werden durch Komma abgetrennt.

Beispiele: Es gab für alle Weihnachtsgeschenke, sogar für die Tiere.
Alle freuten sich, vor allem David.

> **MERKE** Man sollte sich wichtige **Einleitewörter** für solche Nachträge merken: *also, besonders, das heißt (d. h.), genauer, insbesondere, nämlich, sogar, und zwar, vor allem, zum Beispiel (z. B.).*

2.4 Der Doppelpunkt

- Der Doppelpunkt kündigt die **direkte Rede** an.

Beispiel: Er sagte: „Wir treffen uns um fünf."

- Er kündigt eine **Aufzählung** an.

Beispiel: Es gibt im Deutschen vier Kasus: Nominativ, Genitiv, Dativ und Akkusativ.

- Er kündigt eine **Schlussfolgerung** an, wenn mehrere Äußerungen zusammengefasst werden.

Beispiel: Es war kalt, es regnete, es war windig: Das Wetter war schlecht.

MERKE Während die direkte Rede in Anführungszeichen immer mit Großschreibung beginnt, kann die Schreibung in allen anderen Fällen Probleme bereiten. Es ist aber ganz einfach: Folgt nach dem Doppelpunkt ein vollständiger Satz, wird der erste Buchstabe großgeschrieben, ansonsten wird nach dem Doppelpunkt kleingeschrieben.

Beispiele: Sie meinte: „Ja, doch." (Großschreibung wegen der direkten Rede)

Sie war sich sicher: Sie wollte noch ein zweites Steak. (Großschreibung bei vollständigem Satz)

Sie war sich sicher: nie wieder so ein Stück Fleisch. (Kleinschreibung, kein vollständiger Satz)

2.5 Der Gedankenstrich

■ Der Gedankenstrich zeigt eine Unterbrechung im Redefluss an. Er wird üblicherweise gesetzt, um etwas zu betonen, beispielsweise:

- bei Einschüben

Beispiel: Wir – und wir sind ja alle gut trainiert – werden das Spiel gewinnen.

- bei Aufstellungen und Gegenüberstellungen

Beispiel: Hier wird gearbeitet – dort legt man die Hände in des Schoß.

- bei einem unterbrochenen oder in unerwarteter Weise fortgeführten Satz

Beispiel: Doch nun – aber was war das: Es wurde dunkel.

- an der Stelle des schlussfolgernden Doppelpunktes (➔ S. 88)

2.6 Der Bindestrich

■ Der Bindestrich zeigt **Zusammengehörigkeit** an. Er wird ohne Lücke an die Wörter angeschlossen, die er miteinander verbindet.

Beispiel: Frage-und-Antwort-Spiel

■ Er kann als **Ergänzungsbindestrich** auch anzeigen, dass ein Teilwort weggelassen wurde.

Beispiel: der Fußball- und Golfspezialist

■ Im Einzelnen gelten folgende Regeln:

1 Der Bindestrich wird gesetzt in **Zusammensetzungen** mit
- Einzelbuchstaben: *A-Dur, a-Moll, T-Shirt*
- Abkürzungen: *dpa-Meldung, UV-bestrahlt, Abt.-Leiter*
- Ziffern: *3-Tonner, 50-jährig*

2 Bei **Endungen** (Suffixen) setzt man nur dann einen Bindestrich, wenn nur **ein Buchstabe davorsteht:** *x-te,* aber: *Vwler, 68er*

3 Falls eine Zusammensetzung eine **Ziffer,** eine **Endung** (Suffix) und ein **weiteres Wort** enthält, wird der Bindestrich nach der Endung gesetzt: *die 80er-Jahre, eine 25er-Gruppe, ein 100stel-Millimeter* (auch möglich: *80er Jahre,* ohne Bindestrich)

4 Bei **substantivisch gebrauchten Aufzählungen** steht der Bindestrich: *das Entweder-oder, das Walkie-Talkie, das Auf-die-lange-Bank-Schieben*

5 Man **kann** den Bindestrich setzen
- zur besseren Gliederung unübersichtlicher Zusammensetzungen: *Arbeiter-Unfallversicherungsgesetz, Software-Angebotsmesse, Midlife-Crisis*
- zur Vermeidung von Missverständnissen: *Druck-Erzeugnis,* aber: *Drucker-Zeugnis*
- zur Hervorhebung einzelner Bestandteile: *das Nach-Denken, die Soll-Stärke, die Kann-Bestimmung*
- beim Zusammentreffen von drei gleichen Buchstaben: *Hawaii-Inseln, Schiff-Fahrt, Nass-Schnee, Bett-Tuch*

6 Bindestriche stehen bei **Doppelnamen** und bei **Zusammensetzungen, die einen Eigennamen** enthalten: *Müller-Mallersen, Karl-Heinz* (bei Vornamen auch *Karlheinz* oder *Karl Heinz*), *Foto-Müller, Möbel-Schmidt, Baden-Württemberg, Flughafen Köln-Bonn, Theodor-Heuss-Gymnasium, Heinrich-Heine-Platz*

7 Man **kann** einen Bindestrich setzen, wenn in einer Zusammensetzung ein Eigenname am Anfang steht: *Goethe-Ausgabe/Goetheausgabe, Mekong-Delta/Mekongdelta*

8 **Straßennamen mit einem Eigennamen** stehen gewöhnlich **ohne** Bindestrich: *Schillerplatz, Goetheallee*

2.7 Der Apostroph (Auslassungszeichen)

■ Wenn ein Laut fortgelassen wird, setzt man beim Schreiben das Auslassungszeichen.

Beispiele: Das war's. (anstatt: Das war es.)
Hans' Motorrad (anstatt Hans's Motorrad bzw. Hansens Motorrad)

■ Wird in einer Verbindung mit abgeleiteten Eigennamen der Apostroph gesetzt, wird dieser großgeschrieben.

Beispiel: Goethe'sche Werke, aber homerische Epen

FEHLERQUELLE

Das **Genitiv-*s*** wird **nicht** durch Apostroph abgetrennt.

Beispiele: Picassos Meisterwerke, Mannis Kneipe

2.8 Das Ausrufezeichen

■ Das Ausrufezeichen steht

- nach Ausrufen,
- nach dringenden Aufforderungen und Befehlssätzen,
- nach nachdrücklichen Feststellungen,
- nach der Anrede anstelle eines Kommas.

2.9 Das Fragezeichen

■ Das Fragezeichen kennzeichnet einen Fragesatz oder eine sonstige Frageäußerung.

Beispiele: Wo wohnst du? Wo? Wohin?

Test

1 Zur Großschreibung von Nomen (Substantiven): Korrigiere den Text, indem du ihn abschreibst und bei allen Nomen den Anfangsbuchstaben großschreibst.

Die falsche schätzung (nach Johann Peter Hebel)

Reiche und vornehme leute haben manchmal das glück, wenigstens von ihren bedienten die wahrheit zu hören, die ihnen nicht leicht ein anderer sagt. Einer, der sich viel auf seine person und nicht wenig auf seine kleidung einbildete, als er sich eben zu einer hochzeit angezogen hatte und sich mit seinen fetten, roten backen im spiegel beschaute, drehte sich vor seinem spiegel um und fragte seinen kammerdiener, der ihn von der seite wohlgefällig beschaute: „Nun, Thadde", fragte er ihn, „wie viel mag ich wohl wert sein, wie ich da stehe?" Der diener machte ein gesicht, als wenn er ein halbes königreich zu schätzen hätte, und drehte lang die rechte hand mit ausgestreckten fingern hin und her. „Bestimmt fünfhundertfünfzig gulden", sagte er endlich, „weil doch heutzutage alles teurer ist als früher." Da sagt der herr: „Du dummer kerl, glaubst du nicht, dass mein gewand, das ich anhabe, allein seine fünfhundert gulden wert ist?" Da trat der kammerdiener ein paar schritte zur stubentüre zurück und sagte: „Verzeiht mir meinen irrtum, ich hab's etwas höher angeschlagen, sonst hätt' ich nicht so viel herausgebracht."

2 Suche den richtigen Anfangsbuchstaben. Groß oder klein?

a Das M/mitführen von Hunden ist untersagt. – Die Besucher werden gebeten, keine Hunde m/Mitzuführen.

b Während der Fahrt ist das ö/Öffnen der Fenster nicht erlaubt. – Bitte nicht das Fenster ö/Öffnen.

c Die Kunden werden gebeten, das b/Berühren der Lebensmittel zu unterlassen. – Bitte die Lebensmittel nicht b/Berühren.

d Privatbesitz! Rudern, s/Schwimmen und a/Angeln verboten! – Privatbesitz! Es ist hier nicht erlaubt zu r/Rudern, zu s/Schwimmen oder zu a/Angeln.

e Konferenzraum. Bitte das r/Rauchen unterlassen! – Konferenzraum. Die Kollegen werden gebeten, hier nicht zu r/Rauchen.

f Hier darf man r/Rauchen. – Zum r/Rauchen bitte das Raucherzimmer im ersten Stock aufsuchen.

Test

3 Forme um und bilde dabei Nomen (Substantive).

Beispiel: Was **schön** ist, schätzen wir. → **Das Schöne** schätzen wir.

a Wer beständig ist, hat oft Erfolg.
b Wir bevorzugen, was wertvoll ist.
c Dem, der müde ist, sollte man eine Liegekur empfehlen.
d Wer fröhlich ist, singt oft.
e Wer klug ist, bereitet sich auf eine Prüfung frühzeitig vor.
f Dem, der fleißig ist, gehört die Welt.

4 Einmal Zusammensetzung (zusammengeschrieben), einmal Wortgruppe (getrennt geschrieben). Betone richtig, mache dir die Bedeutung klar und entscheide, ob zusammen- oder getrennt geschrieben wird. Schreibe die Sätze ab.

(zu/machen) – Hier ist heute nichts (____).
– Könntest du wohl das Fenster (____).
(zu/stimmen) – Würden Sie dieser Meinung (____)?
– Das braucht doch nicht unbedingt (____).
(zu/hören) – Von dem Krach war im Nebenzimmer nichts (____).
– Er könnte ruhig mal ein wenig genauer (____).
(zu/lassen) – Werdet ihr das wirklich (____)?
– Es ist gemein, ihn nicht mitspielen (____).

5 Bilde sechs Sätze mit erweitertem Infinitiv. (Das Komma kannst du wahlweise setzen oder weglassen.) Nutze die Formulierungen rechts und wähle dazu einen passenden Satzanfang.

Es ist sinnvoll …	… einen Besuch **ankündigen**
Ich habe Lust …	… eine Verabredung **einhalten**
Es ist schwierig …	… vor einer Schwierigkeit **weglaufen**
Es fällt mir schwer …	… den Gesprächspartner beim Sprechen **ansehen**
	… manchmal den Fernseher **ausschalten**
	… sich nach anstrengender Arbeit **ausruhen**
	… einen Irrtum **zulassen**
	… dem anderen **zuhören**

Beispiel: Es ist sinnvoll, einen Besuch **anzukündigen.**
Oder: **Einen Besuch anzukündigen,** ist sinnvoll.

Test

6 **Bei den folgenden Ausdrücken kommt es darauf an, ob du sie als Zusammensetzung formulierst oder als Wortgruppe. Bei Zusammensetzungen werden die Bestandteile zusammengeschrieben, bei Wortgruppen schreibst du die einzelnen Bestandteile getrennt. Bilde mit jeder Zusammensetzung und mit jeder Wortgruppe einen Satz.**

Zusammensetzung	**Wortgruppe**
diesmal	*dieses eine Mal* ______
furchterregend	große F______
f______	vor Freude strahlend
angsterfüllt	mit ______
stundenlang	mehrere ______
______	mehrere Meter hoch
hitzebeständig	gegen ______
______	irgend so einer
keinesfalls	______

7 **Folgende Verbindungen mit Verben schreibt man getrennt:**

Adverb + Verb	Infinitiv + Verb	Partizip + Verb
Abverbien	**Infinitive**	**Partizipien**
abwärts aneinander aufwärts barfuß	kennen liegen sitzen spazieren	gefangen geschenkt getrennt verloren

Verben

bekommen gehen lernen	bleiben hören nehmen	denken lassen schreiben

Bilde jeweils neue **Wortgruppen** mit Verben wie *abwärts gehen, sitzen bleiben, geschenkt bekommen.* Bilde danach **Sätze** mit den einzelnen Wortgruppen. Überprüfe im Zweifelsfall die Schreibweise in einem Rechtschreib-Wörterbuch.

Test

8 **Bilde mindestens sechs Sätze, in denen eine Verbindung des Verbs *sein* mit den folgenden Wörtern vorkommt: *da, freundlich, pleite, zusammen, bekannt, reich*.**

9 ***dass* oder *das?* Schreibe die folgenden Sätze ab und entscheide, ob *das* oder *dass* eingesetzt wird. Notiere am Ende des Satzes auch, zu welcher *Wortart* es gehört: Artikel, Relativpronomen, Demonstrativpronomen oder Konjunktion.**

a Er fiel hin, so ____ er sich ____ Knie verletzte.
b Er kauft sich ____ interessante Buch.
c Sie hat ____ überhaupt nicht bemerkt.
d ____ Marlene nicht gekommen war, enttäuschte Felix sehr.
e ____ so etwas möglich ist, hätte ich nicht gedacht.
f ____ Jeanskleid, ____ sie im Schaufenster sah, war ihr einfach zu teuer.

10 **Verknüpfe die zwei gegenüberstehenden Sätze durch die Konjunktion *dass*. Der *dass*-Satz soll mal vorn und mal hinten stehen. Schreibe die Sätze auf.**

Janis kritisierte bei der Diskussion in der Klasse	Alle wollten sich vor einer Aufgabe beim Schulfest drücken.
Der kleine Junge hofft	Sein Vater geht mit ihm zur Kirmes.
Jens warf seinem Freund Ole vor	Er ist manchmal ungerecht und unfair.
Der Torwart erwartet	Er spielt auch weiterhin in der Mannschaft mit.
Katrin findet es nicht gut	Ihr Freund Dirk ist absichtlich nicht zu dem Treffen gekommen.
Anne glaubt	Man muss die weitere Entwicklung abwarten.

Test

11 Appositionen (→ S. 71) werden durch ein Komma vom übrigen Satz abgetrennt. Bilde Appositionen und setze dabei die Kommas wie im Beispiel. Schreibe die Sätze auf. Achte beim Einbau auf die richtige Fallsetzung.

Beispiel: Das Publikum hörte dem Pianisten, *einem noch sehr jungen Virtuosen,* begeistert zu. (Apposition im Dativ)

der große Physiker	Der Tennisstar konnte das Match nicht für sich entscheiden.
er war eine geniale Persönlichkeit	Die Zuschauer sahen der Kunstturnerin gebannt zu.
eine Spezialistin in Kurzstrecken	Die Läuferin rannte ihrer Konkurrenz davon.
ein noch sehr junges Mädchen	Dem Fußballspieler gelang fast jede Aktion.
ein „Import" aus Italien	Otto Hahn entdeckte die Kernspaltung.
ein ausgesprochener Rasenspieler	Kolumbus entdeckte einen neuen Kontinent.

12 Verbinde die Sätze mit Hilfe der angegebenen Konjunktionen. Schreibe sie auf. Setze jeweils das Komma. Achte darauf, dass sich im Satzgefüge die Stellung des Verbs ändern kann. Variiere auch in der Stellung von Hauptsatz und Nebensatz.

(weil) Johanna lädt alle ihre Freunde zu einer Fete ein. Sie will ihren 14. Geburtstag ganz groß feiern.

(während) Theresa rührt einige Saucen für die Chips an. Carina stellt die Gläser auf den Tisch.

(bevor) Die Fete geht los. Johanna muss noch schnell einen Kasten mit Getränken aus der Garage holen.

(damit) Die Jugendlichen sind unter sich. Die Eltern verlassen den Partykeller.

(obwohl) Sarah, Tim und Boris sind nicht gekommen. Die Stimmung ist super.

Literatur und Sachtexte

Im Folgenden werden Textsorten aufgeführt, die in der 7. und 8. Klasse behandelt werden. Dabei können, damit dies ein kurzer Überblick bleibt, nur die wichtigsten Merkmale genannt werden. Willst du mehr wissen, lies weiter in Sprachbüchern und Literaturlexika.

1 Formen erzählenden Schreibens

1.1 Die Kurzgeschichte

Der Name Kurzgeschichte ist eine Übersetzung des amerikanischen Begriffs „Short Story". Die meisten deutschen Kurzgeschichten entstanden nach dem Zweiten Weltkrieg und behandeln Themen der Kriegs- und Nachkriegszeit. Obwohl die Kurzgeschichten in Form und Darstellungsweise beträchtlich variieren, kann man gemeinsame Tendenzen feststellen: offener Anfang, offenes Ende, Kürze, Konzentration auf einen Geschehensausschnitt, Wechsel zwischen Erzählerbericht und Figurenrede, Nähe zur Alltagssprache, Mehrdeutigkeit, Helden meist Außenseiter der Gesellschaft.

1.2 Die Novelle

Auch hier handelt es sich um eine zumeist kurze Erzählform, allerdings kann die Länge erheblich variieren und sich auf bis zu 200 Seiten erstrecken (z. B. Günter Grass, *Im Krebsgang*). Es geht vor allem um psychologische und gesellschaftliche Problematiken. Die Hauptfigur wird Teil einer „unerhörten Begebenheit", die in ihr eine innere Entwicklung auslöst. Dieser Vorgang soll auch den Leser zu einer „sittlichen Entscheidung" bringen (Th. Storm).

Merkmale:

- krisenhafter Vorfall („unerhörte Begebenheit")
- schicksalhafte Verflechtung von Vorfall und Charakteren

- Dingsymbol (symbolischer Gegenstand, der für die Handlung eine entscheidende Rolle spielt)
- Wendepunkt
- Ausschnitt aus einem Leben, einer langen Entwicklung

1.3 Der Roman

Die heute am weitesten verbreitete Form erzählenden Schreibens ist der Roman. Erstes Kriterium ist sein Umfang: Zwar gibt es auch kurze Romane, aber normalerweise ist ein Roman mehrere hundert Seiten lang. Dieser Umfang ermöglicht ihm eine **große inhaltliche und formale Vielfalt.** Inhaltlich entfalten Romane zumeist ein **komplexes Geschehen** aus **mehreren Handlungssträngen.** Meist kommen in Romanen **viele Figuren** vor. Er kann die übrigen Gattungen (→ Lyrik, Dramatik) einbauen und benutzen. Somit stehen ihm eine Fülle verschiedener **Erzähltechniken** zur Verfügung.

1.4 Die Sage

Bei der Sage handelt es sich um eine oder mehrere zunächst **mündlich überlieferte Geschichten,** die als **wahr** angesehen oder für eine im Kern wahre Erzählung gehalten wurden. Im Verlaufe der schriftlichen Weitergabe wurden die Sagen immer weiter ausgeschmückt und ausgebaut. Es gibt **Natur-, Geschlechter- und Heldensagen.** Letztere schmücken die **Abenteuer eines großen Helden** aus und erzählen von seinem Kampf für Gerechtigkeit und gegen scheinbar übermächtige Widerstände.

Beispiele: Nibelungensage, Odyssee

1.5 Die Satire

Die Satire ist eine Literaturform, die gesellschaftliche Missstände oder bestimmte Anschauungen lächerlich machen will. Es handelt sich also um **literarische Zeitkritik.** Satiren sind nicht immer, aber meistens erzählende Texte. Stilmittel sind die Übertreibung, die Verzerrung ins Lächerliche, die Überbetonung negativer Aspekte und auch die Nachahmung von Personen mit der Absicht der Bloßstellung eines Sachverhalts.

2 Merkmale der Lyrik

- Alle Formen von **Gedichten** werden als Lyrik bezeichnet.

- Verschiedene **Formen** des Gedichts (Strophenformen) sind

▷ die **Ballade:** Die Ballade ist ein langes Gedicht, das meistens gereimt ist und einem festen Metrum (→ S. 100) folgt. Sie gibt eine oft ereignisreiche Handlung wieder und kann auch wörtliche Rede enthalten. So kommen in ihr Elemente aus der Erzählung (Handlung), dem Drama (wörtliche Rede) und dem Gedicht (Strophen, Metrum, Reim) vor.
▷ das **Sonett:** Das Sonett ist ein Gedicht, das eine feste Form hat und daran leicht zu erkennen ist. Es besteht aus zwei Strophen zu vier Versen („Quartette") und zwei Strophen zu je drei Versen („Terzette") und ist oft gereimt nach dem Schema *abba abba cdc dcd.* Nach den Quartetten oder aber vor dem letzten Terzett findet sich meist ein gedanklicher Einschnitt.
▷ das **Volkslied:** Das Volkslied hat eine einfache, aber nicht kunstlose Form. Die Strophen haben meist vier Verse, sind gereimt und haben vier oder drei Hebungen, die auch abwechselnd auftreten können.

- Zur Beschreibung und Untersuchung von Lyrik benötigt man einige Fachbegriffe.

▶ **Vers = Gedichtzeile:** In traditionell gebauten Gedichten ist der Vers eine rhythmische Einheit, dem ein Takt (→ Metrum, S. 100) zugrunde liegt.

▶ **Strophe:** Gedichtabschnitt, der sich aus mehreren Versen zusammensetzt und durch einen Absatz (Leerzeile) von der nächsten bzw. der vorhergehenden Strophe getrennt ist. Eine Strophe kann mehrere Verszeilen von gleichem Bau oder von metrisch verschiedenem Bau zusammenfassen.

▶ **Reim:** In manchen Gedichten werden die einzelnen Verse durch einen Endreim miteinander verbunden. Zwei Wörter reimen sich, wenn sie vom letzten betonten Vokal an gleich klingen, z. B. erhellend – schwellend.
Die regelmäßige Abfolge von Endreimen ergibt verschiedene Reimschemata:
▷ Paarreim (aabb)
▷ Kreuzreim (abab)

▷ umarmender oder umschließender Reim (abba)
▷ Schweifreim (aabccb)

Vom Endreim zu unterscheiden ist der **Binnenreim,** bei dem sich zwei Wörter innerhalb ein und desselben Verses reimen.

Beispiel: „Wenn die **Meise leise** weint" (James Krüss).

Als **unreinen** Reim bezeichnet man den annähernden Gleichklang von Lauten, besonders von Vokalen.

Beispiel: gerissen – küssen

▶ **Metrum:** Vom Sprechrhythmus her sind die Verse eines Gedichts häufig nach einem Metrum, auch Versmaß genannt, gegliedert. Es geht dabei darum, dass die Abfolge der betonten und unbetonten Silben einem bestimmten Schema folgt. In Anlehnung an die antike Metrik lassen sich verschiedene Versmaße erkennen:

x´x x´x (betonte Silbe, unbetonte Silbe) → **Trochäus** (z. B. Bítte)
xx´xx´ (unbetonte Silbe, betonte Silbe) → **Jambus** (z. B. Gebét)
x´xx x´xx (eine betonte Silbe, zwei unbetonte Silben) → **Daktylus** (z. B. ´Schülerin, ´Daktylus)
xxx´xxx´ (zwei unbetonte Silben, eine betonte Silbe) → **Anapäst** (z. B. Medizín, Ana´päst)

▶ **lyrisches Ich:** Sprecher/Sprecherin des Gedichts, nicht zu verwechseln mit dem Autor oder der Autorin

▶ **sprachliches Bild:** Formen des bildlichen Sprechens werden verwendet, um Gedanken, Empfindungen, Stimmungen zu veranschaulichen oder in ihrer Wirkung zu verstärken. Die vier häufigsten Formen des bildlichen Sprechens sind:

▷ der **Vergleich:** Zwei Lebewesen oder Gegenstände werden miteinander verglichen, um eine Eigenschaft, die beiden gemeinsam ist, hervorzuheben. Man erkennt den Vergleich durch die **Signalwörter** *wie, gleich, als ob.*

Beispiel: Er wirkte auf uns *wie ein Riese.* (Er erschien uns sehr groß.)

▷ die **Metapher:** Dabei wird ein Wort in einer **übertragenen Bedeutung** verwendet, z. B. *Baumkrone* → keine wirkliche Krone, aber der obere Teil des Baums, der auf dem Stamm „sitzt"; Veranschaulichung des „höchsten Punktes" beim Baum

▷ die **Personifikation:** Gegenstände oder Empfindungen werden mit **menschlichen (manchmal auch tierischen) Eigenschaften ausgestattet** → „Verlebendigung“, wirkt anschaulicher

Beispiel: *der Kran stöhnt unter der Last* → es ist für den Kran eine schwere Last

▷ das **Symbol:** Ein konkreter Gegenstand steht für einen abstrakten Sachverhalt oder eine Empfindung → Umschreibung, manchmal poetisch

Beispiel: *Mein Herz gehört dir.* → Ich liebe dich.

Zeilenstil: Satzende und Versgrenze fallen zusammen → oft Eindruck von etwas Feststehendem, Geordnetem

Zeilensprung (Enjambement): Der Satz überschreitet eine oder mehrere Versgrenzen → oft Eindruck von Unruhe, auch von größeren, übergreifenden Zusammenhängen

3 Merkmale des Dramas

■ Ein Drama ist die unmittelbare **Darstellung** der äußeren und inneren Handlung durch Wort und Spiel auf der Bühne. Im Drama handeln die Figuren durch Sprechen, die wesentlichen Elemente sind also die **Figurenrede und -gegenrede** in Form von Dialogen und Monologen.
Ein Drama gliedert sich in **Akte** (Aufzüge, so benannt nach dem Hoch- und Herunterziehen des Vorhangs vor und nach einem Akt); ein Akt besteht meist aus mehreren Szenen (Auftritte, benannt nach dem Hinzukommen neuer Figuren). In modernen Dramen ist diese Einteilung oft aufgehoben. Dann spricht man nur noch von Szenen oder auch von Bildern.

■ Das Drama gibt es in drei **Grundformen:**

▸ als **Schauspiel:** Es endet mit dem Sieg des tragischen Helden.

▸ als **Tragödie:** Sie endet mit der Niederlage des tragischen Helden.

▸ als **Komödie:** Hier gibt es nach mannigfachen Verwicklungen und Verwechslungen am Ende eine **Auflösung** und ein **heiteres Ende.**

▸ Eine Mischform ist die **Tragikomödie:** Auch hier kommt es meist zu einem Scheitern des tragischen Helden, jedoch erscheint dieser mit menschlichen, oft liebenswerten Schwächen, die mit seiner Niederlage versöhnen.

■ Einige Fachbegriffe aus dem Drama:
- **Figuren:** Die Handlungsträger im Drama bezeichnet man als **Figuren** oder **Personen;** ihre Charakterzüge ergeben sich aus dem **Verhalten gegenüber anderen Figuren** oder **zur Handlung.**
Zentrale Figur eines Dramas ist der **tragische Held** (übrigens nicht immer ein Mann).
- **Figurenkonstellation:** das **Beziehungsgeflecht aller Figuren** (oder der Hauptfiguren) eines Dramas; um einen Überblick zu gewinnen, kann man sich die Figurenkonstellation in Form einer Skizze aufzeichnen.
- **Dialog:** Wechselrede von zwei oder mehr Figuren
- **Monolog:** „innerer Dialog", eine Figur spricht zu sich selbst oder zum Publikum, das Publikum erhält so die Möglichkeit, an den Gedanken der betreffenden Person teilzuhaben.
- **dramatischer Konflikt:** Aufeinandertreffen unterschiedlicher Ziele verschiedener Figuren im Drama, es kann sich auch um den Konflikt einer Figur mit der Gesellschaft handeln. Der dramatische Konflikt steht im Mittelpunkt des Geschehens und treibt die Handlung voran.

4 Die Zeitung

4.1 Merkmale des Mediums

■ Man unterscheidet verschiedene **Zeitungstypen** voneinander:
- die **regionalen Tageszeitungen** und die **überregionalen Tageszeitungen**
- die **Abonnement-** und **Boulevardzeitungen**

Die regionalen Tageszeitungen sind auf eine bestimmte Region, meist auf einen oder einige wenige Landkreise, beschränkt. Sie bieten aktuelle Berichterstattung und verfügen darüber hinaus über einen **umfangreichen Lokalteil** (→ Ressorts, S. 103). Auch die überregionalen Tageszeitungen (z. B. Frankfurter Allgemeine Zeitung, Süddeutsche Zeitung, Die Welt, die tageszeitung) stellen die aktuelle Berichterstattung in den Mittelpunkt,

doch ist der überregionale Politik-Teil umfangreicher und der Lokalteil ist im Verhältnis zum gesamten Umfang geringer.
Regionale und überregionale Tageszeitungen werden im Abonnement angeboten, daher heißen sie Abonnementzeitungen.
Davon unterscheiden sich die **Boulevardzeitungen** (überregional: BILD, regional: BZ, Berliner Kurier [Berlin], tz [München], Express [Köln] u. a.). Sie erscheinen ebenfalls täglich und enthalten auch Artikel aus allen Sparten. Jedoch ist die traditionelle Einteilung in Ressorts aufgehoben, und die Artikel sind anders aufgemacht (größere Schlagzeile, kürzerer Inhalt). Oft steht der **Unterhaltungs- und Sensationswert** vor dem Informationsgehalt der Nachricht im Mittelpunkt, und die Artikel sollen das **Gefühl** der Leser ansprechen. Besonders wichtig ist die Titelseite (große Überschriften). Typisch für die Boulevardzeitungen ist auch ein hoher Anteil des Sportteils und der Klatsch-Nachrichten, d. h. der Meldungen über Prominente.

■ Eine Zeitung enthält verschiedene „Abteilungen“, die **Ressorts**:
- **Politik:** internationale und nationale Politik
- **Wirtschaft:** Nachrichten aus der Welt der Unternehmen, von der Börse usw.
- **Feuilleton:** Nachrichten aus der Welt der Kultur, Besprechungen von Theater- und Opernaufführungen, Buchrezensionen, Kinofilme, Medienseite (Zeitung, Rundfunk, Computer)
- **Wissenschaft:** Neuigkeiten aus der Forschung (meist nicht täglich)
- **Sport**
- **Lokales:** Neuigkeiten aus der Region

■ Die Abonnementzeitungen enthalten zudem einen, zumindest am Wochenende, recht großen **Kleinanzeigenteil.**

■ Jede Zeitung muss ein **Impressum** haben, in dem die für die Ressorts verantwortlichen Redakteure stehen, aber auch Anschrift, Telefon und Internetadresse der Zeitung verzeichnet sind.

4.2 Textsorten der Zeitung

- Die **Meldung** oder **Nachricht** informiert in kurzer, sachlicher Form über ein aktuelles Ereignis, die beteiligten Personen, Zeit, Ort und Umstände des Geschehens (→ W-Fragen, S. 13). In ihrer Kurzform ist die Nachricht drei bis fünf Sätze lang.

- Längere Nachrichten sind in Gestaltung und Aufbau nach einem bestimmten Prinzip, dem **„Lead-Stil“**, aufgebaut. Nach einer **Dachzeile** (die aber nicht immer vorhanden ist), einer **Schlagzeile** (Fettdruck) und einem **Untertitel** folgt der **Vorspann,** den man auch als „Lead“ bezeichnet. Er enthält die wichtigsten Informationen und entspricht der Kurzmeldung.
Der eigentliche **Nachrichtentext,** der „body“, geht vom **Wichtigen zum Unwichtigen** vor. Das entspricht den Lesegewohnheiten, und bei Platzbedarf kann der Artikel von hinten her gekürzt werden.

- Der **Bericht** ist ebenso aktuell wie die Nachricht, aber er ist ausführlicher. Er geht auch auf die W-Fragen ein, informiert aber ausführlich über **Hintergründe.**

- Zu den ausführlichen Textsorten gehört auch die **Reportage.** Eine größere Rolle als die objektive Berichterstattung spielen die **Atmosphäre** und die **Hintergrundinformationen.** Die Reportage soll nicht nur informieren, sondern **auch unterhalten.** Beim Schreiben einer Reportage spielen die Mittel der **Schilderung** (→ S. 26–30) eine große Rolle.

- Der **Kommentar nimmt kritisch** zu aktuellen Ereignissen und Auffassungen **Stellung.** Er arbeitet mit sachlichen Argumenten und geht auf Hintergründe und nähere Umstände eines Geschehens ein. Er will den Leser von seiner Ansicht überzeugen, daher gehört er zu den **appellierenden Texten.** Da es sich um eine persönliche Meinungsäußerung handelt, ist der Kommentar mit dem Namen des Verfassers bzw. mit seinen Initialen gekennzeichnet.

- Beim **Leitartikel** handelt es sich um einen längeren Bericht mit vielen Hintergrundinformationen, der stellenweise auch kommentierenden

Charakter hat. Allerdings ist der Appell-Charakter nicht so stark wie beim Kommentar. Leitartikel behandeln gewöhnlich ein politisches Thema.

■ Die **Glosse** ist ein kurzer, zugespitzter Kommentar. Wesentliches Stilmittel ist die **Ironie,** mit der Ereignisse, Zeiterscheinungen oder Missstände angegriffen werden. Die Glosse will sowohl informieren (→ auf Missstände aufmerksam machen) als auch appellieren (→ Meinung des Kommentierenden zum Ausdruck bringen) als auch unterhalten (→ geistreich-witzige Schreibweise). Einige Stilmittel der Glosse sind

- witzig-originelle **Pointe** am Schluss,
- **Wortneubildungen, Wortspiele, Stilbrüche,**
- **rhetorische Figuren:** Metaphern, Vergleiche, Anaphern, Wortspiele, Hyperbeln, Ironie.

■ Eine Art „gezeichnete Glosse“ ist die **Karikatur.** Es handelt sich um die Zuspitzung eines Themas in einer Zeichnung. Diese ist übertrieben-verzerrt, um das Kritisierte zu verspotten und lächerlich zu machen. Eine Karikatur kann humorvoll, sie kann aber auch beißend-sarkastisch sein.

■ Bei einem **Interview** wird eine Persönlichkeit zu einem bestimmten Sachverhalt befragt. Das Interview wird entweder als vollständiger Text im Wechsel von Frage und Antwort wiedergegeben, oder Äußerungen aus dem Interview sind als Text in einen Artikel eingebaut. Das wird über ein **Zitat,** als **indirekte Rede** (→ S. 24) oder als **umschreibende Zusammenfassung** gemacht.

■ Eine Form des Kommentars ist der **Leserbrief.** Dort können Leser einer Zeitung ihre Meinung zur einem Artikel oder zu seinem Sachverhalt abgeben. Die Auswahl der abgedruckten Leserbriefe trifft die Redaktion. Zu lange Leserbriefe werden häufig gekürzt.

■ Eine Textsorte, die sich nur im **Feuilleton** findet, ist die **Kritik.** Sie **berichtet** über eine Konzert- oder Theateraufführung, über eine Lesung, über Neuerscheinungen auf dem Bücher- und Tonträgermarkt und **bewertet sie.** Der persönliche Charakter der Kritik macht sie (und die Kritiker) häufig zum Gegenstand von Auseinandersetzungen. Neben der Bewertung hat die Kritik die Aufgabe, **Interesse** für ein Werk zu **wecken.**

Film und Fernsehen

1 Der Film

Ein Film ist ein komplexes **Gefüge aus Bild, Ton und Sprache.** Es gibt verschiedene Typen des Films, so den Dokumentarfilm, den Kurzfilm, den Tierfilm usw. Die am häufigsten vorkommende Form aber ist der Spielfilm. Einige Grundbegriffe können helfen, typische Gestaltungsmittel zu erschließen und so zu durchschauen, wie ein Film „funktioniert", wie er seine Wirkung entfaltet.

Vorarbeiten zum Film

Das **Exposé** enthält in Kurzfassung die Haupthandlung, den **Plot** des Films; es handelt sich um eine Art „Inhaltsangabe" des geplanten Filmprojekts.
Auf der Basis des Exposés entsteht das **Drehbuch,** das, wie der Name schon sagt, die Grundlage für die eigentlichen Dreharbeiten ist. Das Drehbuch enthält die einzelnen **Szenen,** die **Handlungsabläufe,** die **Dialoge** sowie manchmal auch Angaben zu **Musik** und **Geräuschen.** Auch die **Kameraeinstellungen** sind im Drehbuch festgelegt.

Aufbau des Films

Eine Handlungseinheit, die durch Ortswechsel oder Wechsel in der Figurenkonstellation abgegrenzt ist, bezeichnet man als **Sequenz.** Die Abgrenzung entspricht ungefähr der einer Szene im Drama.
Auch der **Handlungsverlauf entspricht im Grundmuster dem von klassischen Dramen: Exposition (Einleitung), Konfliktaufbau, Höhepunkt, Retardierung** (Verzögerung des Schlusses), **Schluss** (Happy End, offenes Ende, tragisches Ende). Allerdings weicht der Film mit seinen großen technischen Möglichkeiten oft von diesem Grundmuster ab.

Kameraeinstellungen

Im Film tritt die Kamera an die Stelle des Erzählers, indem sie die Zuschauer durch den Film führt. Daher ist die **Kameraeinstellung** von besonderer Bedeutung, mit ihr wird festgelegt, welcher Ausschnitt im Bild zu sehen ist. Mit den Einstellungen verbinden sich mögliche Wirkungen:

Einstellung	im Bild zu sehen	mögliche Wirkung
Weit	Landschaft	Distanz, Grenzenlosigkeit, Überlegenheit, monumentale Wirkung
Totale	Person mit Großteil des Handlungsraums	räumliche Orientierung, Überblick über das Geschehen
Halbtotale	Person in geringer Raumtiefe	stärkere Aufmerksamkeit auf Handlungen und Körpersprache
Halbnah	Person bildfüllend oder unten leicht angeschnitten	Mimik und Gestik der Figuren werden gut erfasst
Américaine	Person bis zur Gürtel oder „bis zum Colt“	
Nah	Brustbild Mimik	Konzentration auf eine Figur
Groß	wie ein Ausweisfoto, der Kopf kann aber angeschnitten sein	Darstellung von inneren Regungen, leichtere Identifikation der Zuschauer mit der Figur
Detail	nur Teile eines Gesichts; bedeutungstragende Einzelheit	übergroße Darstellung eines Ausschnittes, Spannungssteigerung

■ Wenn die Einstellungsgröße **während einer Einstellung wechselt,** nennt man das **Zoom.**

■ Neben den Kameraeinstellungen sind auch die **Kamerabewegungen** für die Wahrnehmung eines Films von großer Bedeutung. Die Kamera kann hektisch wackeln, wie es oft bei der **Handkamera** oder der **subjekti-**

ven Kamera der Fall ist, oder sie sie bewegt sich so wenig wie möglich, was distanziert wirkt.
Die häufigste Kamerabewegung ist der **Schwenk:** Dabei steht die Kamera still, aber durch Drehen wird der Winkel zum abgefilmten Gegenstand oder zur Person verändert.
Als **Kamerafahrt** bezeichnet man es, wenn die laufende Kamera ihren Standpunkt verändert. Wenn sie einen Gegenstand oder eine Figur umrundet, wirkt das, als betrachte sie ihn von allen Seiten, kreise ihn ein. Wenn die Kamera mit einer Person ‚mitfährt', wirkt das, als bleibe sie am Geschehen dran. Kamerafahrten werden entweder auf Schienen oder auf speziellen Wagen gemacht.
Eine **Kamerafahrt in die Höhe** kann man mit einem Kran machen.

■ Filmtechnische Mittel

Es gibt eine Anzahl von Mitteln, mit denen der Film über das „normale" Abfotografieren hinaus die Wiedergabe verfremden und bestimmte Wirkungen erzielen kann.
- **Zeichentrick:** Filme, in denen durch eine schnelle Abfolge von Einzelbildaufnahmen die Bewegung von Bildern simuliert wird. Dazu werden verschiedene Phasen oder Zustände in Einzelbildern aufgenommen. Die Schnelligkeit der Projektion täuscht die Belebung des aufgenommenen Objektes vor *(Animation)*. Verwendet werden Puppen oder andere Figuren, Scherenschnitte oder Zeichnungen (Zeichentrickfilm). Diese Techniken werden allmählich durch die Computer-Animation abgelöst.
- **Schwarzweiß/Farbe:** Üblicherweise werden Filme in Farbe gedreht, manche Regisseure nutzen jedoch gern den Schwarzweißfilm, um eine bestimmte Atmosphäre zu erzeugen. Dunkle, gespenstische Stimmungen lassen sich durch einen Schwarzweißfilm gut wiedergeben.
- **Zeitlupe:** Eine Handlung wird stark **verlangsamt** wiedergegeben. Das hat zwei Effekte: Einerseits können die Zuschauer das Geschehen sehr **detailliert** betrachten, andererseits wirken stark verlangsamte Bewegungen oft **leicht** und **schwerelos.**
- **Zeitraffer:** Eine Handlung wird stark **beschleunigt** wiedergegeben. Das ermöglicht den Zuschauern, einen raschen **Überblick** über die Handlungsabläufe zu bekommen. Darüber hinaus wird mit der beschleunigten Wiedergabe, vor allem von menschlichen Bewegungen, ein **komischer Effekt** erzielt, da natürliche Abläufe verzerrt erscheinen.

▸ **Unschärfe:** Oft wird das Bild unscharf, wenn die **Realitätsebene wechselt**, z. B. von der Realität in den Traum.

■ Musik

Musik hat im Film eine wichtige Funktion. Sie wird oft dazu eingesetzt, das Geschehen zu **kommentieren,** sie kann **Spannung** signalisieren oder ein **Leitmotiv** sein. Musik kann eigens für einen Film komponiert werden (**Filmmusik**), sie kann aber auch als **Soundtrack** aus bereits aufgenommenen Titeln, auch von verschiedenen Interpreten, zusammengestellt werden. Zu zahlreichen Filmen wird inzwischen auch der Soundtrack vermarktet.

2 Das Fernsehen

■ Sendeanstalten und Sendeformen

Allgemein unterscheidet man zwischen **Pay-TV** (Bezahlfernsehen) und **Free-TV.** Während man beim Pay-TV für einzelne Programme und Programmpakete bezahlt, ist das beim Free-TV nicht der Fall. Dort unterscheidet man zwischen den **öffentlich-rechtlichen Rundfunkanstalten** und den **privaten** oder **kommerziellen Sendern.** Während die öffentlich-rechtlichen Sender durch die Rundfunkgebühren und durch Einnahmen aus der Werbung finanziert werden, erhalten die kommerziellen Sender Einnahmen nur aus der Werbung.
Werbung gibt es nicht nur in Form von kurzen Werbespots. Sie kann auch auf indirektem Wege erfolgen, durch Sponsoring (ein Unternehmen präsentiert einen Spielfilm, ein Sportereignis usw.) oder Schleichwerbung (*product placement:* Produkte eines Unternehmens werden auffällig ins Bild gerückt und gezeigt).

■ Programmformate

So wie es Texte gibt, die nach einem ähnlichen Muster aufgebaut sind, gibt es auch Fernsehprogramme, die sich im Prinzip ähneln. Man bezeichnet sie als Programmformate; für die Programmgestalter macht diese Einteilung die Programmvielfalt übersichtlicher.
Einige Programmformate sind: **Nachrichten, politisches Magazin, Talk-Show, Show, Soap-Opera, Doku-Soap, Sport, Spielfilm.**

Lösungen

S. 16 Übungen

1 *Beispiel für einen Bericht:*

Kind lebensgefährlich verletzt

Berlin-Kreuzberg. Beim Sturz in einen Teich des Kinderbauernhofes in Berlin-Kreuzberg hat sich am Abend des 10. Juni ein Kind lebensgefährlich verletzt. Während die Eltern in einem nahe gelegenen Park ein Picknick machten, entfernte sich der eineinhalbjährige Junge unbemerkt in Richtung Kinderbauernhof. Dort fiel er in den Teich und konnte in letzter Minute herausgezogen werden. Die herbeigerufene Feuerwehr musste ihn wiederbeleben. Anschließend wurde der Junge in eine Kinderklinik eingeliefert.

Gegen die Eltern hat die Polizei Anzeige wegen fahrlässiger Körperverletzung und Verletzung der Aufsichtspflicht erstattet.

2 Die erste Reportage listet nur auf, was der Reporter gesehen hat, enthält keine Hintergründe und ist stilistisch langweilig geschrieben.

Die zweite Reportage ist dagegen wesentlich lebendiger und interessanter. Zudem enthält sie Hintergrundinformationen und Eindrücke Betroffener.

- situativer Einstieg: Urlaubsfoto aus der Karibik, ohne dort gewesen zu sein
- direkte Äußerungen von Teilnehmern/Besuchern: Meinungen vom Direktor, Herrn Schramm, und Mark
- dramatische, spannende Erzählweise: hier nicht so ausgeprägt, da nicht zum Thema passend
- Hintergrundinformationen: Anzahl der Stände, Angebote, Zusammenstellung der Volleyball-Mannschaften
- Stimmungsbeschreibung: Fülle der Eindrücke
- Meinungen und Gefühle des Autors: „Trotzdem – es war ein tolles Fest."
- Pointe: trotz Motto „Beach Life" findet die Bratwurst größeren Absatz als der Hawaii-Toast

Vielleicht hast du auch noch andere Beispiele gefunden.

S. 21 Übung

- Die rechte Fassung ist gelungen. Die Verben sind abwechslungsreicher (nicht so viel „ist" und „sind" wie in der linken Fassung), eine Reihe von Adjektiven macht die Beschreibung anschaulicher, man kann sich das Bild dadurch besser vorstellen.
- *Verben links:* ist, sind, sitzen, hat, ist, man sieht, befinden sich, ist, hat … an, hat, ist, hat, hat, sind, sieht man, spielt, Angst hätte, ist, stützt sich, ist herangezogen, ist, geht, blickt.

Verben rechts: erhebt sich, ragen, sitzen, ist überragt, steht, man sieht, stehen, ist, erkennt, trägt, ist, steckt, ruht, sind zu sehen, erblickt, spielt, Angst hätte,

humpelt, stützt sich, ist heraufgezogen, hat, geht, blickt. Man erkennt sofort die größere Abwechslung bei den Verben der rechten Fassung.
Adjektive: Die rechte Fassung enthält deutlich mehr Adjektive (z. B. „Steil", „kleine", „ganze"). Die rechten Adjektive sind oft ausdrucksstärker (z. B. links „hat einen großen, viereckigen Turm", rechts „ist überragt von einem massigen, viereckigen Turm" – das Adjektiv „massig" deutet sofort auf die Steinmassen des Turms hin, während „groß" kein deutliches Bild schafft).

- Mögliche Abschnitte, in die der Text unterteilt werden kann:
  - Hintergrund (Ritterburg und Bauernhaus)
  - Vordergrund (zwei Männer im Gespräch)
  - Mitte (noch ein paar Gestalten weiter hinten)
  - Rechts (Dudelsackbläser)
  - Links (auf der anderen Seite, Krüppel)

S. 26 Übung

Der Erzähler lernt (Tempusform Präsens) Jenö kennen, als er Futter für seine Meerschweinchen sucht. Sofort ist er von dem fremdartigen Jungen fasziniert. (Ein Satz gestrichen.) Er lädt ihn ein, nachdem er seinen Vater gefragt hat (Inhalt zusammengefasst). Schließlich kommt Jenö zu Besuch, stellt sich vor und isst auffallend viel Kuchen.

S. 28 Übung

- Verben: z. B. greift über, gleichen, fallen, wirkt, erschlagen
- Adjektive: z. B. gefiltert, zart, vertraute, sachlichen, laute, leise, dicht gestaffelte
- Vergleiche: wie in einem Dom, gleichen den Säulen, man könnte glauben, es handle sich, als ob sie mich erschlagen wollten
- Metaphern: Baumkronen, Blätterdach, Warenberge, Schweiß des Alltags

S. 30 Übungen

1 *Ausdrucksfehler und Verbesserungsvorschläge*

- „neigen die Bäume verträumt und vertraut ihre Köpfe gegeneinander": übertrieben, etwas kitschig („bewegen sich leicht im Wind", „wiegen sich im Wind")
- „Was sie sich wohl zuflüstern?": übertrieben („sich in das Gespräch/Flüstern einmischen")
- „so undurchdringlich dicht wie eine exotische Fremdsprache": übertrieben („das Rascheln ähnelt einem unverständlichen Flüstern")
- „wie eine friedliche Vollversammlung der Natur": „schiefer" Vergleich, unpassendes Bild („die Stimmung ist friedlich")
- „wie sich die Segel stolz aufblasen": übertrieben, passt eher zum Eindruck einer Flotte in voller Fahrt als zur ruhigen Atmosphäre (Segel als „kleine weiße Punkte")

2 *Beispiel für eine verbesserte Schilderung*

Am Wasser

Er sitzt am Ufer und beobachtet das Wasser. Glitzernde Punkte leuchten an der Oberfläche auf wie der Widerschein kleiner Goldstücke. Die kleinen Wellen plätschern gleichmäßig, ruhig. Der See liegt da, spiegelblank poliert. Die Baumkronen ringsherum bewegen sich leicht im Wind, ihr Rascheln ähnelt einem unverständlichen Flüstern. Gern würde er sich in das Geflüster einmischen. Nur wenn der Wind hineinfährt, wird das Rascheln aufgeregter. Aber die Stimmung ist friedlich. Weiße Punkte, Segel, kreuzen langsam und gleichmäßig auf der Wasserfläche hin und her. Da wird die Ruhe von einem hellen, aufdringlichen Ton unterbrochen. Wie eine Wespe, durchaus angriffslustig.
Es kommt von einem Motorboot, das, auf der Seeoberfläche tanzend, schnell passiert. Etwas Nervöses, Hektisches geht von ihm aus. Aber schnell ist es vorüber und wird hoffentlich so bald nicht mehr zurückkehren. So kann er weiter am Wasser sitzen und träumen.

3 Um die Wirkung deiner eigenen Schilderung zum Thema „Im Regen durch die Stadt" zu überprüfen, könntest du sie anderen Menschen vorlesen.

S. 34 Übung

- Ratsmitglied Maier gab gegen den Bau von Radwegen die hohen Kosten zu bedenken.
- Ein Vertreter der Geschäftsleute schlug für eine bessere Erreichbarkeit der Geschäfte mit dem Auto die Abschaffung der Fußgängerzone vor.
- Dagegen wehrte sich Erhard Sinkwitz vom Umweltschutzverband wegen der mangelnden Berücksichtigung der Interessen von Rentnern und kleinen Kindern.
- Der Bürgermeister forderte ein nochmaliges Treffen aller Beteiligten zur Klärung offener Fragen in vielen Bereichen.

S. 38 Übung

a + 2　　b + 3　　c + 4　　d + 1

S. 46 ff. Test

1

a	schieben	d	führen	g	montieren
b	festschrauben	e	fixieren	h	klemmen
c	befestigen	f	schrauben	i	hängen

Beispiel für eine Montageanleitung

Schieben Sie zunächst die Stativkappen auf die Standstative und die Radstativkappen. Schrauben Sie dann die Stative mit den Stativverstärkern mittels Schrauben und Unterlegscheiben an der Feuerschüssel fest. Als nächstes befestigen Sie den Ablagetisch mit Schrauben und Muttern zwischen den Stativen. Nun führen Sie die Achse durch die Radstativkappen. Daraufhin schieben Sie die Räder auf die Enden der Achse und fixieren sie mit Stoppmuttern, damit sie sich nicht von der Achse lösen können. Schrauben Sie nun den Fahrgriff mit Schrauben und Muttern an die Feuerschüssel. Dort montieren sie auch die Windschutz-Teile mit Schrauben und Muttern. Damit Sie den Rost beim Grillen anheben können, ohne sich die Hände zu verbrennen, klemmen Sie nun die „Kalten Hände“ in die Vorrichtung des Grillrosts. Setzen Sie abschließend den Grillrost in die gewünschte Position des Windschutzes ein und hängen den Warmhalterost auf den Windschutz.

2 *Die Aufstellung auf Seite 15 hilft dir, deine Reportage zu überprüfen. Hast du alle dort genannten Punkte beachtet?*

3 *Beispiel für die Verbesserung einer Bildbeschreibung*
Am oberen Bildrand sieht man blauen Himmel. Im Hintergrund liegt ein großes gelbes Kornfeld. Den Bildmittelpunkt bildet ein großer blauer Karren. Links davon ist ein Heuhaufen zu sehen, rechts befindet sich ein Haus. In der unteren Bildhälfte sind zwei grüne Felder und ein Zaun abgebildet. Vorn links steht Korn.

4 *Beispiel für eine Schilderung zum Thema „In einem überfüllten Bus“*
Gedränge. Lärm. Wir stehen an der Haltestelle und warten auf den Bus. Da kommt er. Das Rennen kann beginnen. Der Fahrer sieht schon genervt aus, bevor überhaupt ein Fahrgast eingestiegen ist. Mit einem Zischen öffnen sich die Türen. Schülermassen strömen hinein. Gehorsam wie Soldaten zeigen sie ihre Fahrausweise vor. Wo ist noch ein freier Platz? Gekreische und Geschrei. Besetzt! Gibt's nicht! Hier sitzt Eva! Nils, komm her! Aber Nils ist noch gar nicht drin. …
(Usw. Prüfe, ob du für deine Schilderung die auf den Seiten 26–30 genannten Merkmale beachtet hast.)

5 *Beispiel für ein Protokoll*
Protokoll der SV-Sitzung vom 23.5.2004
Veranstaltungsort: Ratsgymnasium Diensdorf
Teilnehmer: Klassensprecher der Klassen 5–13, vollzählig
Beginn: 12.30 Uhr
Ende: 13.00 Uhr
Thema: Gestaltung des Schulfestes
– Carla (7 a) fragt, ob das Schulfest unter einem bestimmten Motto stehen soll oder nicht. Sabine aus der 9 d findet ein Motto besser, da das Fest dann geschlossener wirke. Stefan (8 a) schlägt „Mode-Schule“ als Thema vor, was aber bei Verschiedenen auf Ablehnung stößt. Nicht jede Klasse habe dazu eine Idee oder Interesse daran, es könnten auch nicht zehn Modeschauen aufgeführt werden.
– Johannes aus der 9 d macht den Vorschlag „Beach Life“ und begründet, dass das gut zum Sommer passt, allgemein positiv wirkt und vielseitige Gestaltungsmöglichkeiten bietet. Auf Nachfrage nennt er die Möglichkeiten Sport, Essen, Trinken, Länder-Spiele, Urlaubsfotos.
– Judith bietet für die 8 b an, ein Beach-Volleyball-Turnier zu organisieren.

Es würden sich genug Teilnehmer finden, da ein Spiel ja nicht lang dauere und man noch genug andere Angebote sehen könne.
– Carla gibt zu bedenken, dass es zu viele Essens-Stände geben könne. Johannes schlägt vor, eine offene Liste mit einigen Vorschlägen aufzustellen, zu der aber auch eigene Projekte der Klassen hinzugefügt werden könnten.
Der Vorschlag „Beach Life“ wird mit 11 Ja-Stimmen bei 3 Ablehnungen und 2 Enthaltungen angenommen.
Protokoll: Michaela Menze (11 b)

S. 58 Übung

a Nachzeitigkeit
b Gleichzeitigkeit
c Vorzeitigkeit
d Gleichzeitigkeit
e Nachzeitigkeit
f Gleichzeitigkeit

S. 62 Übungen

1 Die Schulleiterin sagte zu den Kollegen, sie freue sich auf das Schulfest, dass sie in vier Wochen feiern wollten. Die letzte Veranstaltung sei ja eine rundum gelungene Sache gewesen. Sie sei sich sicher, dass auch diesmal die vielen Stände mit künstlerischen Angeboten eine Attraktion seien. Viele Schülerinnen und Schüler würden sich für die Angebote „Schminken“ und „Masken“ interessieren. (Umschreibung mit *würde*, weil der Konjunktiv II – interessierten – mit dem Präteritum/Imperfekt verwechselt werden kann.) Auch das Fotografieren ziehe immer viele an. Bestimmt werde es auch wieder viele Spezialitäten zu essen geben. Es bleibe nur zu hoffen, dass sie gutes Wetter bekämen.

2

Indikativ	Konjunktiv I	Konjunktiv II	mit *würde*
er geht	er gehe	–	er würde gehen
er läuft	er laufe	–	er würde laufen
sie laufen	–	sie liefen	sie würden laufen
sie kommen	–	sie kämen	sie würden kommen
sie essen	–	sie äßen	sie würden essen
er ruft	er rufe	–	er würde rufen
sie merken	–	sie merkten	sie würden merken
sie haben gegessen	–	sie hätten gegessen	–

S. 64 Übungen

1 a das Glas wurde (von ihm) zerbrochen (Präteritum/Imperfekt)
b das Buch wird (von mir) gefunden (Präsens)
c die Sandburg ist (von ihr) zerstört worden (Perfekt)
d ein Fehler war (von ihr) entdeckt worden (Plusquamperfekt!)
e der Täter ist (von ihm) gesehen worden (Perfekt)

2 *Beispiele:*

a Ein Unbekannter hat eine alte Frau auf dem Friedhof bestohlen.

b Unbekannte Täter beschmierten die Fassade der neu erbauten Brüder-Grimm-Schule mit politischen Parolen.

c Niemand hält das strikte Rauchverbot ein.

S. 76 ff. Test

1 a nachdem, b während, c sobald, d während , e bevor, f nachdem (auch: als), g während

2 a Der Arzt wird dem kleinen Patienten bestimmt gleich helfen.

b Ein vorbeifahrender Fahrradfahrer streifte Mehmet und drängte ihn unsanft an die Seite.

c Sara wird in der fremden Stadt von einem freundlichen Polizisten der Weg zur Jugendherberge gezeigt.

d Deine Eltern erwarten dich zu Hause.

e Von der Mannschaft wurde mit ihrer Leistung ein großer Erfolg erzielt.

f Vom Lehrer war vorgeschlagen worden, die Straßenbahn zu nehmen.

3 a Er sagte, er könne das Buch zur Zeit nicht entbehren.

b Die Schülerinnen behaupten, sie könnten das alles schon.

c Der Deutschlehrer meinte, bis morgen habe er …

d Ute erzählte in der Klasse, sie finde …

e Kirsten und Lara glaubten, sie seien in Mathe über den Berg.

f Sie versprachen, sie würden morgen pünktlich sein.

g Die beiden erzählten, sie hätten …

4 Die Kinder sollten ihren Tee trinken, sagte die alte Frau Scheffler noch einmal. Sie könnten noch mehr Milch und Zucker haben, falls sie nicht genug hineingetan habe. Er trinke keinen Tee, sagte Till schüchtern. Frau Scheffler warf ihm einen Blick zu und fragte ungläubig, was das heißen solle, er trinke keinen Tee. Till antwortete, er trinke nie welchen. Er wolle sagen, er habe noch nie im Leben Tee probiert, fragte Frau Scheffler. Nein, gestand Till und sah etwas ängstlich aus. Clara beobachtete Frau Scheffler, denn diese setzte ihr „Zitaten-Gesicht" auf. Es gebe im Leben nur wenige Stunden, die angenehmer seien als die Stunde, die man der Zeremonie widme, die man Nachmittagstee nenne, sagte Frau Scheffler gelassen und warf Till einen zufriedenen Blick zu. Till schaute völlig verständnislos drein. Das sei ein Zitat von (Oder nur: Von) Henry James, 1843 bis 1916, aus „Porträt einer Dame", fügte Frau Scheffler hinzu.

5 a sie werden gefangen worden sein: 3. Person Plural Futur II Passiv

b du hättest gelesen: 2. Person Singular Konjunktiv II Aktiv

c er komme: 3. Pers. Sg. Konj. I Aktiv

d ihr hättet bekommen: 2. Pers. Sg. Konj. II Aktiv

e ich wäre überrascht worden: 1. Pers. Sg. Konj. II Passiv

6 a Vanessa (Subjekt), besucht (Prädikat), ihre beste Freundin (Akkusativobjekt)

b Hans (Subjekt), gibt (Prädikat), seinem Nachbarn (Dativobjekt), die Hausaufgaben (Akkusativobjekt)

c das Fahrrad (Subjekt), ihrer Klassenkameradin (Genitivobjekt), steht (Prädikat), vor Joanas Haus (Präpositionalobjekt)

d Kai-Philipp (Subjekt), streitet sich (Prädikat), mit Katharina (Präpositionalobjekt)

e Claudia (Subjekt), sucht (Prädikat), in Hannahs Schultasche (adverbiale Bestimmung des Orts), nach einem Stift (Präpositionalobjekt)

7 a Dass heute noch keine Post da ist, macht mich unruhig. Wer oder was macht mich unruhig? Dass heute noch keine Post da ist.
→ Subjektsatz

b Er hätte es nicht für möglich gehalten, dass er den Zuschlag bei der Auktion erhielt. Wen oder was hätte er nicht für möglich gehalten? Dass er den Zuschlag bei der Auktion erhielt. → Objektsatz

c Dass sie wieder einmal zu spät kamen, ärgerte uns. Wer oder was ärgerte uns? Dass sie wieder einmal zu spät kamen. → Subjektsatz

d Dass er so viel arbeitete, glaubte sie ihm nicht. Wen oder was glaubte sie ihm nicht? Dass er so viel arbeitete. → Objektsatz

8 a Er hoffte, dass er die Fahrprüfung erfolgreich bestehen würde.
→ Objektsatz

b Dass die Blume gut wuchs, erfreute sie. → Subjektsatz

c Ich bereue, dass ich die Höchstgeschwindigkeit übertreten habe.
→ Objektsatz

d Dass unsere Mannschaft das Turnier gewonnen hat, war eine Überraschung. → Subjektsatz

e Dass er so viel Arbeit im Garten hat, hätte er nicht erwartet. → Objektsatz

9 *Beispiel für einen Bericht*

Ein Drängler ist in München auf der Autobahn an den Falschen geraten. Der Fahrer bedrängte in unverantwortlicher Weise ein vorausfahrendes Auto. Bereitwillig machte der bedrängte Wagen Platz. Die Insassen gaben sich aber diesmal als Zivilstreife zu erkennen. Es erwies sich bald, dass der Drängler betrunken war. Den Führerschein konnten die Beamten bei der Kontrolle nicht kassieren. Das hatte ihre Kollegen schon Wochen vorher getan.

10 a Während sie las (oder: Als sie las), kam ihr plötzlich ein Gedanke. (temporal/Zeit)

b Als die Stunde (oder: Nachdem die Stunde) zu Ende war, atmeten alle erleichtert auf. (temporal/Zeit)

c Weil sie eine starke Erkältung hatte, konnte Malena nicht am Wandertag teilnehmen. (kausal/Grund)

d Obwohl schlechtes Wetter war (oder: Obwohl das Wetter schlecht war), fand das Fußballspiel statt. (adversativ/Gegengrund)

- e Bevor (das Spiel) angepfiffen wurde, wurden die Nationalhymnen gesungen. (temporal/Zeit)
- f Weil der Sturm eine schlechte Leistung geboten (oder: gebracht) hatte, nahm der Trainer Auswechslungen vor. (kausal/Grund)

11 der Klasse 7 c: Genitivattribut
die zur Klassensprecherin gewählt worden ist: Relativsatz
gute: Adjektivattribut
die Klassenlehrerin: Apposition
freundlichen: Adjektivattribut
neuen: Adjektivattribut
der Aula: Genitivatrribut

12 *Beispieltext*
- a Magellan, der als Erster die Welt umsegelte, war der Sohn eines armen portugiesischen Edelmannes. Am 20. September segelte seine kleine Flotte, die aus mehreren Schiffen und über 200 Mann Besatzung bestand, von Spanien aus los.
- b Der hereinbrechende Winter zwang die Flotte zu einem Aufenthalt in Südamerika, der eine Meuterei auslöste eine Meuterei aus, die der Kapitän mit eiserner Strenge unterdrückte.
- c Magellan, der bereits wertvolle Schiffe verloren hatte, erkundete zunächst die Westküste Südamerikas.
- d Danach segelte die sehr ermattete Mannschaft viele Tage über den Stillen Ozean.
- e Das schon lange knappe Trinkwasser wurde zunehmend ungenießbar.
- f In der Südsee fand der wagemutige und tapfere Entdecker schließlich bei einem Kampf mit Eingeborenen den Tod.
- g Nur das Schiff Victoria, das leck und von Stürmen angeschlagen war, erreichte am 6. September 1522 das heimatliche Sevilla.

S. 92 ff. Test

1 Die falsche Schätzung

Reiche und vornehme Leute haben manchmal das Glück, wenigstens von ihren Bedienten die Wahrheit zu hören, die ihnen nicht leicht ein anderer sagt. Einer, der sich viel auf seine Person und nicht wenig auf seine Kleidung einbildete, als er sich eben zu einer Hochzeit angezogen hatte und sich mit seinen fetten, roten Backen im Spiegel beschaute, drehte sich vor seinem Spiegel um und fragte seinen Kammerdiener, der ihn von der Seite wohlgefällig beschaute: „Nun, Thadde“, fragte er ihn, „wie viel mag ich wohl wert sein, sie ich da stehe?“ Der Diener machte ein Gesicht, als wenn er ein halbes Königreich zu schätzen hätte, und drehte lang die rechte Hand mit ausgestreckten Fingern hin und her. „Bestimmt fünfhundertfünfzig Gulden“, sagte er endlich, „weil doch heutzutage alles teurer ist als früher.“ Da sagte der Herr: „Du dummer Kerl, glaubst du nicht, dass mein Gewand, das ich anhabe, allein seine fünfhundert Gulden wert ist?“ Da trat der Kammerdiener ein paar Schritte zur Stubentüre zurück und sagte: „Verzeiht mir meinen Irrtum, ich hab's etwas höher angeschlagen, sonst hätt' ich nicht so viel herausgebracht.“

2 a Das Mitführen von Hunden ist untersagt. – Die Besucher werden gebeten, keine Hunde mitzuführen.
b Während der Fahrt ist das Öffnen der Fenster nicht erlaubt. – Bitte nicht das Fenster öffnen.
c Die Kunden werden gebeten, das Berühren der Lebensmittel zu unterlassen. – Bitte die Lebensmittel nicht berühren.
d Privatbesitz! Rudern, Schwimmen und Angeln verboten! – Privatbesitz! Es ist hier nicht erlaubt zu rudern, zu schwimmen oder zu angeln.
e Konferenzraum. Bitte das Rauchen unterlassen! – Konferenzraum. Die Kollegen werden gebeten, hier nicht zu rauchen.
f Hier darf man rauchen. – Zum Rauchen bitte das Raucherzimmer im ersten Stock aufsuchen.

3 a Der Beständige hat oft Erfolg.
b Wir bevorzugen das Wertvolle.
c Dem Müden sollte man eine Liegekur empfehlen.
d Der Fröhliche singt oft. (Auch: Die Fröhlichen singen oft.)
e Der Kluge bereitet sich auf eine Prüfung frühzeitig vor. (Oder: Kluge bereiten sich auf eine Prüfung frühzeitig vor.)
f Dem Fleißigen gehört die Welt.

4 Hier ist heute nichts zu machen. – Könntest du wohl das Fenster zumachen.
Würden Sie dieser Meinung zustimmen? – Das braucht doch nicht unbedingt zu stimmen.
Von dem Krach war im Nebenzimmer nichts zu hören. – Er könnte ruhig mal ein wenig genauer zuhören.
Werdet ihr das wirklich zulassen? – Es ist gemein, ihn nicht mitspielen zu lassen.

5 *Sechs mögliche Kombinationen (neben anderen Möglichkeiten):*
Es ist sinnvoll, einen Besuch anzukündigen. Es fällt mir schwer, eine Verabredung einzuhalten. Ich habe Lust, vor einer Schwierigkeit wegzulaufen. Es fällt mir schwer, den Gesprächspartner beim Sprechen anzusehen. Es ist sinnvoll, manchmal den Fernseher auszuschalten.
Es ist schwierig, einen Irrtum zuzulassen.

6 furchterregend – große Furcht erregend, freudestrahlend – vor Freude strahlend, angsterfüllt – mit Angst erfüllt, stundenlang – mehrere Stunden lang, meterhoch – mehrere Meter hoch, hitzebeständig – gegen Hitze beständig, irgendeiner – irgend so einer, keinesfalls – auf keinen Fall

7 *Mögliche weitere Wortgruppen:* barfuß gehen, aneinander denken, kennen lernen, liegen lassen, gefangen nehmen, getrennt schreiben
Beispielsätze mit diesen Wortgruppen: Es ist warm, daher können wir barfuß gehen. Sie wollten immer aneinander denken. Ich würde gern einen netten Menschen kennen lernen. Du sollst nicht immer alles liegen lassen. Sie konn-

ten den Anführer der Gegner gefangen nehmen. Nach der neuen Rechtschreibung muss man mehr Verben als früher getrennt schreiben.

8 *Beispielsätze:* Wir wollen um zehn Uhr da sein. Ich kann nicht jedem gegenüber freundlich sein. Die Firma soll pleite sein. Ich freue mich, wenn wir zusammen sein können. Fast jeder möchte bekannt sein. Möchtest du lieber gesund oder lieber reich sein?

9 a Er fiel hin, so dass er sich das Knie verletzte. (Konjunktion, Artikel)
b Er kauft sich das interessante Buch. (Artikel)
c Sie hat das überhaupt nicht bemerkt. (Artikel bzw. Demonstrativpronomen)
d Dass Marlene nicht gekommen war, enttäuschte Felix sehr. (Konjunktion)
e Dass so etwas möglich ist, hätte ich nicht gedacht. (Konjunktion)
f Das Jeanskleid, das sie im Schaufenster sah, war ihr einfach zu teuer. (Artikel, Relativpronomen)

10 Janis kritisierte bei der Diskussion in der Klasse, dass sich alle vor einer Aufgabe beim Schulfest drücken wollten. Der kleine Junge hofft, dass sein Vater mit ihm zur Kirmes geht. Dass er manchmal ungerecht und unfair sei (Konjunktiv I für die indirekte Rede), warf Jens seinem Freund Ole vor. Der Torwart erwartet, dass er auch weiterhin in der Mannschaft mitspielt. Dass ihr Freund Dirk absichtlich nicht zu dem Treffen gekommen ist, findet Katrin nicht gut. Anne glaubt, dass man die weitere Entwicklung abwarten muss.

11 Der Tennisstar, ein ausgesprochener Rasenspieler, konnte das Match nicht für sich entscheiden. Die Zuschauer sahen der Kunstturnerin, einem noch sehr jungen Mädchen, gebannt zu. (Apposition im Dativ)
Die Läuferin, eine Spezialistin in Kurzstrecken, rannte ihrer Konkurrenz davon. Dem Fußballspieler, einem „Import" aus Italien, gelang fast jede Aktion. Otto Hahn, der große Physiker, entdeckte die Kernspaltung. (Apposition im Nominativ) Kolumbus, er war eine geniale Persönlichkeit, entdeckte einen neuen Kontinent.

12 Weil Johanna ihren 14. Geburtstag ganz groß feiern will, lädt sie alle ihre Freunde zu einer Fete ein. Theresa rührt einige Saucen für die Chips an, während Carina die Gläser auf den Tisch stellt. Johanna muss, bevor die Fete losgeht, noch schnell einen Kasten mit Getränken aus der Garage holen. Die Eltern verlassen den Partykeller, damit die Jugendlichen unter sich sind. Obwohl Sarah, Tim und Boris nicht gekommen sind, ist die Stimmung super. (Die Haupt- und Nebensätze können auch anders zusammengestellt werden. Beispiel: Die Stimmung ist super, obwohl Sarah, Tim und Boris nicht gekommen sind.)

Mathematik

7./8. Klasse

Inhaltsverzeichnis

Vierecke

Einführung in die Raumgeometrie

Stochastik

Prozent- und Zinsrechnung

1 Prozentrechnung

Das Wort Prozent kommt vom italienischen „*per cento*“ und heißt „je Hundert“ oder „Hundertstel“. Die Abkürzung für Prozent ist %, manchmal auch „v. H.“.

Beispiel: Du hast 350 € auf deinem Sparbuch und bekommst jährlich 3 % Zinsen. Wie viel € sind das?
3 % von 350 € sind $\frac{3}{100}$ von 350 €, also $\frac{3}{100} \cdot 350$ € = 10,50 €

Folgende Bezeichnungen sind dafür üblich:

$$\underbrace{3\,\%}_{\text{Prozentsatz}} \quad \text{von} \quad \underbrace{350\text{ €}}_{\text{Grundwert}} \quad = \quad \underbrace{10{,}50\text{ €}}_{\text{Prozentwert}}$$

Prozentsätze sind also nur andere Schreibweisen für Bruchzahlen.

1.1 Berechnung des Prozentwertes

Wir verwenden folgende Abkürzungen:

p % ist der Prozentsatz. P ist der Prozentwert. G ist der Grundwert.

Der Prozentwert ist dann p % von G oder $\frac{p}{100}$ von G oder $\frac{G \cdot p}{100}$ oder $\frac{G \cdot p\,\%}{100\,\%}$.

MERKE Prozentwert $P = \frac{G \cdot p\,\%}{100\,\%}$

1.2 Berechnung des Prozentsatzes

Wie viel Prozent sind drei Schüler (= Prozentwert) aus einer Klasse von 24 Schülern (= Grundwert)?
Du kannst rechnen: $\frac{3}{24}$ von 100 % = $\frac{3}{24} \cdot 100\,\% = \frac{1}{8} \cdot 100\,\% = 12{,}5\,\%$

Allgemein:

MERKE Prozentsatz $p\,\% = \frac{P}{G} \cdot 100\,\%$

1.3 Berechnung des Grundwertes

Drei Schüler, das sind 12 % der Klasse, fehlen beim Turnen. Wie viele Schüler hat die Klasse?
Hier sind der Prozentsatz (12 %) und der Prozentwert (drei Schüler) gegeben. Der Grundwert ist gesucht.
Du kannst so rechnen:
12 % sind 3 Schüler.

1 % sind dann $\frac{3}{12}$ oder 0,25 Schüler.

100 % sind das Hundertfache, also 25 Schüler.

Allgemein: $G = \frac{P}{p} \cdot 100 = \frac{P \cdot 100\,\%}{p\,\%}$

MERKE Grundwert $G = \frac{P \cdot 100\,\%}{p\,\%}$

2 Zinsrechnung

In der Beispielaufgabe auf S. 126 haben wir bereits Zinsen, genauer gesagt Jahreszinsen, berechnet. Du erinnerst dich: Bei 350 € auf dem Sparbuch und 3 % Verzinsung bekommst du jährlich 10,50 € Zinsen.
Bei der Zinsrechnung sind folgende Berechnungen üblich:
Statt „Grundwert“ sagt man „Kapital“.
Statt „Potenzsatz“ sagt man „Zinssatz“.
Statt „Potenzwert“ sagt man „Zinsen“.
Die Berechnung von Jahreszinsen ist also nichts anderes als die Berechnung eines Prozentwertes.

Beispiel:

Kapital 2 000 €, Zinssatz 1,5 %;

Jahreszinsen = $\frac{2000\,€ \cdot 1{,}5\,\%}{100\,\%} = 30\,€$

Beträgt die Zeit jedoch mehr oder weniger als ein Jahr, muss sie bei der Berechnung der Zinsen berücksichtigt werden.
Beträgt die Zinszeit ein halbes Jahr, sind die Zinsen die Hälfte der Jahreszinsen.
Beträgt die Zinszeit drei Jahre, sind die Zinsen das Dreifache der Jahreszinsen.
Allgemein:

MERKE $$\text{Zinsen} = \underbrace{\text{Kapital} \cdot \frac{\text{Zinssatz}}{100\,\%}}_{\text{Jahreszinsen}} \cdot \frac{\text{Zinszeit (Tage)}}{360}$$

Dabei wird das Jahr zu 360 Tagen, der Monat zu 30 Tagen gerechnet.
Der Einzahltag wird für die Verzinsung mitgezählt, der Auszahltag nicht.

Beispiel: Wie viel Zinsen erhält man bei einem Zinssatz von 4 %, wenn ein Kapital von 6000 € am 1.3. eingezahlt und am 1.12. des gleichen Jahres wieder abgehoben wird?

Zinszeit = 9 Monate = 9 · 30 Tage = 270 Tage

$$\text{Zinsen} = 6\,000\,€ \cdot \frac{4\,\%}{100\,\%} \cdot \frac{270}{360}$$

$$= \frac{6\,000 \cdot 4 \cdot 270}{100 \cdot 360}\,€ = \frac{60 \cdot 4 \cdot 3}{4}\,€ = 180\,€$$

3 Promillerechnung

MERKE „Mille“ heißt „Tausend“.
1 Promille (abgekürzt 1 ‰) heißt $\frac{1}{1000}$.

Analog zur Prozentrechnung spricht man von „Promillesatz“ und „Promillewert“. In den Formeln setzt man statt 100 % einfach 1 000 ‰ ein.

Beispiel: Wie viel sind 2 ‰ von 5700 cm³?

$$\text{Promillewert} = \frac{5\,700\,\text{cm}^3 \cdot 2\,‰}{1\,000\,‰} = 11{,}4\,\text{cm}^3$$

▶ **BEACHTE** 2 % = 0,2 ‰

Test

1 **Erweitere den Bruch auf Hundertstel und schreibe ihn als Prozentsatz.**

a) $\frac{1}{20}$ b) $\frac{3}{10}$ c) $\frac{1}{50}$

2 **Fülle die Tabelle vollständig aus.**

Prozentsatz p	Prozentwert P	Grundwert G
3 %		500 €
5 %	200 m	
	20 kg	800 kg

3 **Berechne die Zinsen.**

a) 18 000 € werden zu 12 % für 80 Tage ausgeliehen.

b) 40 000 € bringen in 120 Tagen Zinsen zu 9 %.

4 **Der Blutalkoholwert (also die „Promille“) kann aus dem Gewicht des getrunkenen Alkohols und dem Gewicht der Körperflüssigkeit einer Person (= Grundwert) berechnet werden. Bei Männern nimmt man an, dass die Körperflüssigkeit 70 % des Körpergewichts ausmacht; bei Frauen ist der entsprechende Wert 60 %.**

a) Ein Mann wiegt 70 kg. Wie groß ist das Gewicht seiner Körperflüssigkeit?

b) Dieser Mann trinkt ein Bier mit 20 g Alkohol. Wie hoch ist bald danach sein Blutalkoholwert in Promille? Runde auf eine Kommastelle.

Rationale Zahlen

1 Positive und negative Zahlen

Damit die Subtraktion beliebiger Zahlen möglich wird, muss man negative Zahlen einführen.

Beispiel: 3 – 5 = –2

Willst du die negativen Zahlen veranschaulichen, dann musst du den Zahlenstrahl über 0 hinaus nach links verlängern. So erhältst du eine **Gerade.**

Auf dem Teil der Geraden, der links von 0 liegt, kannst du nun auch jeder negativen Zahl ihren Platz geben. Du brauchst dazu nur die positiven Zahlen am Punkt 0 zu spiegeln.

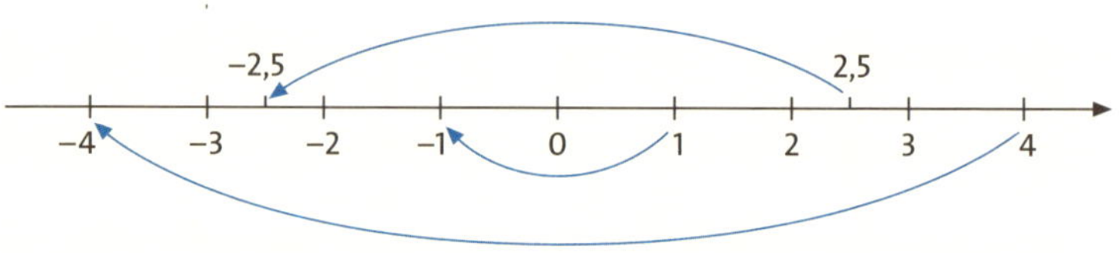

Diese Gerade, auf der es zu jeder positiven und jeder negativen Zahl einen Punkt gibt, heißt **Zahlengerade**. Links von 0 liegen die negativen Zahlen, rechts von 0 die positiven Zahlen. 0 ist weder positiv noch negativ!

Alle diese positiven und negativen Zahlen und die Zahl Null zusammengenommen werden als **rationale Zahlen** bezeichnet. Die Menge der rationalen Zahlen wird auch mit $\mathbb{Q}$ bezeichnet.

Für das Rechnen mit positiven und negativen Zahlen ist es hilfreich, sich diese durch Pfeile zu veranschaulichen. Die positiven Zahlen lassen sich durch Pfeile darstellen, die nach rechts weisen, die negativen Zahlen durch Pfeile, die nach links weisen.

Beispiel:

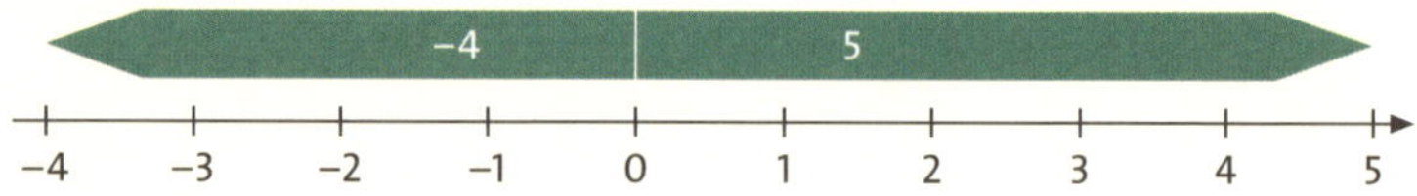

Zu jeder negativen Zahl gibt es genau eine entsprechende positive Zahl und umgekehrt.

$$-3 \rightleftarrows 3$$
$$-2{,}3 \rightleftarrows 2{,}3$$
$$3{,}7 \rightleftarrows -3{,}7$$
$$\frac{5}{4} \rightleftarrows -\frac{5}{4}$$

Man sagt: 3 ist die **Gegenzahl** von –3.
–3 ist die **Gegenzahl** von 3.

Die Gegenzahlen 3 und –3 liegen auf der Zahlengeraden symmetrisch zur Zahl 0. Sie haben beide von 0 den Abstand 3.

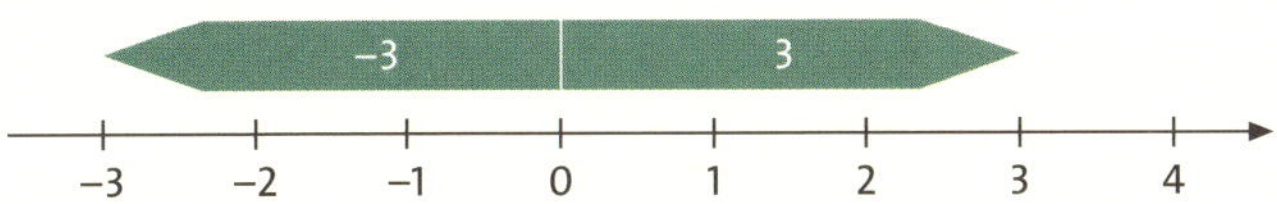

Ihre zugehörigen Pfeile sind in der Richtung unterschiedlich, aber sie sind gleich lang, nämlich 3 Einheiten lang.
Der Abstand einer Zahl von 0 auf der Zahlengeraden wird als **Betrag** oder auch als **absoluter Betrag** der Zahl bezeichnet. Die Zahlen 3 und –3 haben also beide den Betrag 3.

MERKE
- Der Betrag einer positiven Zahl ist die Zahl selbst.
- Der Betrag von 0 ist 0.
- Der Betrag einer negativen Zahl ist gleich ihrer Gegenzahl.

Anstelle von „der Betrag der Zahl –3“ kannst du auch kürzer schreiben: $|-3|$.
Zahlen, die als Betrag eine natürliche Zahl oder die Zahl 0 haben, heißen **ganze Zahlen**. Die Menge der ganzen Zahlen wird auch mit $\mathbb{Z}$ bezeichnet.

Beispiele:

–3; 0 und 100 sind ganze Zahlen.
3,5 ist keine ganze Zahl.

2 Rationale Zahlen vergleichen und anordnen

Auf der Zahlengeraden liegt die kleinere Zahl links von der größeren Zahl.

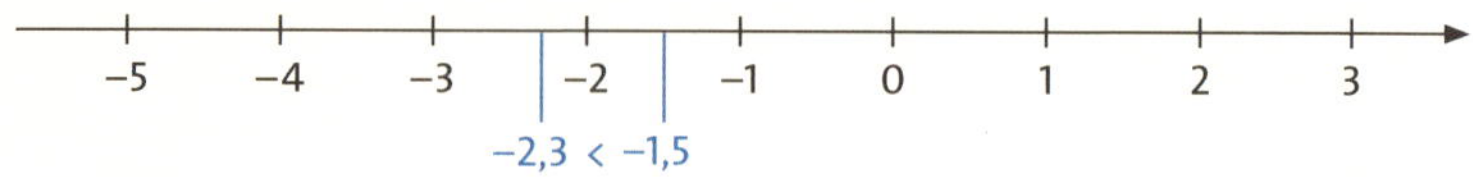

$-2{,}3 < -1{,}5$, denn $-2{,}3$ liegt links von $-1{,}5$.

Willst du zwei negative Zahlen miteinander vergleichen, kannst du auch die Beträge vergleichen: Die Zahl mit dem größeren Betrag ist die kleinere Zahl.

Beispiel: $-10 < -5$, weil $|-10| > |-5|$.

3 Rationale Zahlen addieren

Aufgabe: $-3 + (-2)$

Veranschaulichung:

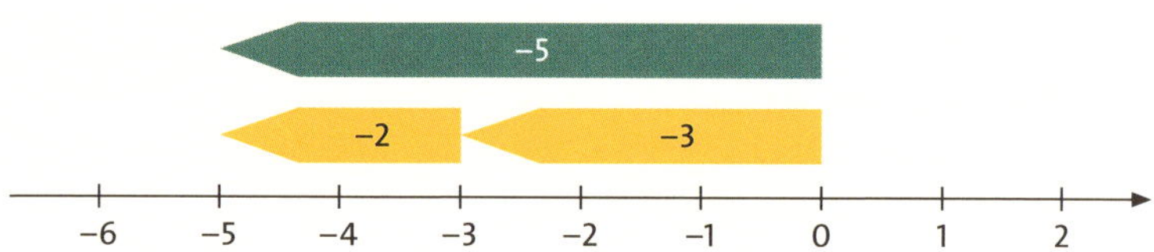

$-3 + (-2) = -5$

MERKE Zwei negative Zahlen werden folgendermaßen addiert:

- Die Beträge werden addiert und
- vor die Summe wird das Vorzeichen – gesetzt.

Beispiel: $-10 + (-15) = -(10 + 15) = -25$

Auch das Addieren einer positiven und einer negativen Zahl lässt sich am besten an der Zahlengeraden veranschaulichen. Dazu zeichnen wir wieder einen Summenpfeil ein.

Aufgabe:
$3 + (-7)$

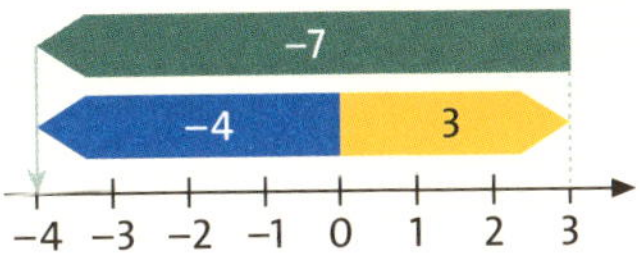

$3 + (-7) = -4$

Aufgabe:
$-3 + 7$

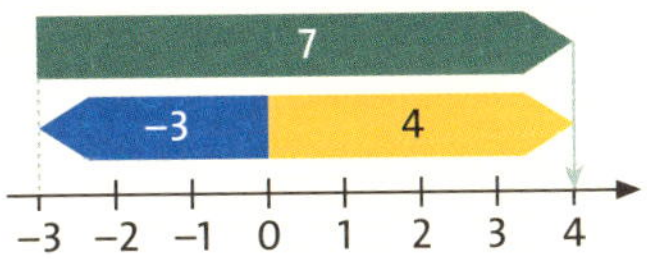

$-3 + 7 = 4$

MERKE Eine positive und eine negative Zahl werden folgendermaßen addiert:
- Der kleinere Betrag wird vom größeren Betrag subtrahiert und
- falls der Betrag der negativen Zahl der größere ist, wird vor diese Differenz das Vorzeichen – gesetzt.

Beispiele:

a) $15 + (-10) = 15 - 10 = 5$

b) $-15 + 10 = -(15 - 10) = -5$

4 Rationale Zahlen subtrahieren

Positive Zahlen werden hier durch nach rechts weisende Pfeile, negative durch nach links weisende Pfeile dargestellt. Bei der **Addition** wird an die Spitze des ersten Pfeils der *Anfang* des zweiten gelegt. Bei der **Subtraktion** wird an die Spitze des ersten Pfeils die *Spitze* des zweiten gelegt. Das Ergebnis der Subtraktion wird dann am *Anfang* des zweiten Pfeils abgelesen.

Addition
$-2 + 7 = 5$

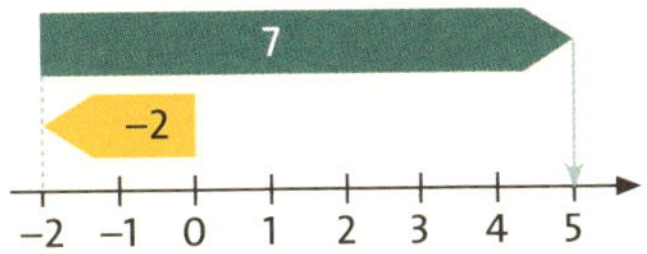

Subtraktion
$5 - 7 = -2$

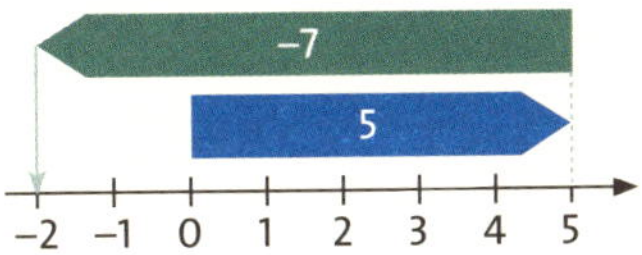

Wir vergleichen die Subtraktion einer negativen Zahl mit der Addition ihrer Gegenzahl:

$-10 - (-6) = -4$

$-10 + 6 = -4$

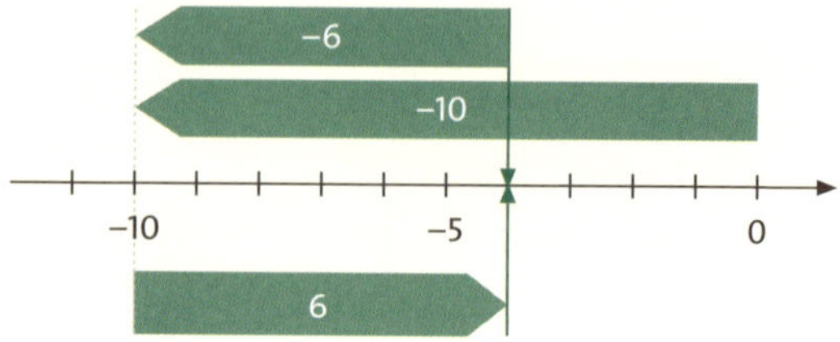

Subtrahieren einer Zahl und Addieren der Gegenzahl liefern das gleiche Ergebnis. Die Regel für das Subtrahieren lautet:

> **MERKE** Eine rationale Zahl wird folgendermaßen subtrahiert. Ihre Gegenzahl wird addiert.

Beispiele:

a) $23 - 79 = 23 + (-79) = -56$ b) $18 - (-12) = 18 + 12 = 30$

5 Rationale Zahlen multiplizieren und dividieren

Man multipliziert zwei rationale Zahlen miteinander, indem man ihre Beträge multipliziert und dem Produkt ein Vorzeichen nach folgenden Regeln gibt:

$\boxed{+} \cdot \boxed{+} = \boxed{+}$

$\boxed{+} \cdot \boxed{-} = \boxed{-}$

$\boxed{-} \cdot \boxed{+} = \boxed{-}$

$\boxed{-} \cdot \boxed{-} = \boxed{+}$

Beispiele:

a) $7 \cdot (-3) = -21$ b) $(-5) \cdot 6 = -30$ c) $-3 \cdot (-8) = 24$

Das Multiplizieren mit 0; 1 oder –1 ist besonders einfach:

	Beispiele:		Beispiele:
$0 \cdot a = 0$	$0 \cdot (-6{,}5) = 0$	$a \cdot 0 = 0$	$\left(-\frac{2}{3}\right) \cdot 0 = 0$
$1 \cdot a = a$	$1 \cdot (-6{,}5) = -6{,}5$	$a \cdot 1 = a$	$\left(-\frac{2}{3}\right) \cdot 1 = -\frac{2}{3}$
$(-1) \cdot a = -a$	$(-1) \cdot (-6{,}5) = 6{,}5$	$a \cdot (-1) = -a$	$\left(-\frac{2}{3}\right) \cdot (-1) = \frac{2}{3}$

Sind drei oder mehr Zahlen miteinander zu multiplizieren, so kannst du dies schrittweise von links nach rechts tun.

Beispiel: $(-7) \cdot 3 \cdot (-5) = (-21) \cdot (-5) = 105$

Ist die Anzahl der negativen Faktoren eine *gerade* Zahl, so ist das Ergebnis *positiv*.
Ist die Anzahl der negativen Faktoren eine *ungerade* Zahl, so ist das Produkt *negativ*.
Die Anzahl der positiven Faktoren spielt dabei keine Rolle.

> **MERKE** Für Potenzen negativer Zahlen gilt:
> Ist die Hochzahl *ungerade*, erhält man eine *negative* Zahl.
> Ist die Hochzahl *gerade*, erhält man eine *positive* Zahl.

Beispiele:

a) $(-2)^3 = -8$ b) $\left(-\frac{2}{3}\right)^4 = \frac{16}{81}$

Man dividiert zwei rationale Zahlen durch einander, indem man ihre Beträge dividiert und den Quotienten ein Vorzeichen nach folgenden Regeln gibt:

$\boxed{+} : \boxed{+} = \boxed{+}$

$\boxed{+} : \boxed{-} = \boxed{-}$

$\boxed{-} : \boxed{+} = \boxed{-}$

$\boxed{-} : \boxed{-} = \boxed{+}$

Es gelten also die gleichen Regeln wie bei der Multiplikation.

Beispiele:

a) $6 : (-3) = -2$ b) $(-3) : 6 = -\frac{1}{2}$ c) $-6 : (-3) = 2$

Besonderheiten beim Dividieren mit 0 und 1:

Wenn man 0 durch eine positive oder negative Zahl dividiert, so ist das Ergebnis 0.	$0 : (-3) = 0$
Aber keine rationale Zahl darf durch 0 dividiert werden.	$4 : 0$ geht nicht
Wenn man eine rationale Zahl durch 1 dividiert, erhält man stets den Dividenden als Ergebnis.	$(-5) : 1 = -5$
Wenn aber 1 durch eine rationale Zahl dividiert wird, so ist das Ergebnis der Kehrwert des Divisors.	$1 : (-7) = -\frac{1}{7}$
Wenn man eine rationale Zahl durch –1 dividiert, erhält man stets die Gegenzahl des Dividenden.	$3 : (-1) = -3$

6 Rechengesetze

MERKE Für beliebige rationale Zahlen a, b, c gelten die folgenden Rechengesetze:

Assoziativgesetze	Kommutativgesetze	Distributivgesetz
$(a + b) + c = a + (b + c)$	$a + b = b + a$	$a \cdot (b + c) = a \cdot b + a \cdot c$
$(a \cdot b) \cdot c = a \cdot (b \cdot c)$	$a \cdot b = b \cdot a$	

Test

1 Ordne die folgenden rationalen Zahlen. Beginne mit der kleinsten Zahl.

a) $-71; -20; 13; 0; -17; -10; 17; -21$ b) $2; -3{,}5; 5{,}2; -3{,}0; -14; 5{,}15$

2 Fülle die Tabelle aus.

	x	y	$x+y$	$x-y$	$y-x$	$x \cdot y$	$x:y$	$y:x$
a)	-65	13						
b)	-90	-10						
c)	4,2	-6						
d)	$-0{,}8$	2,4						
e)	35		34,5					
f)	$-2{,}7$					0,81		
g)		0,5					$-0{,}8$	
h)	$\frac{1}{4}$			$\frac{5}{8}$				

3 Berechne, wenn möglich.

a) $0 : \left(-\frac{5}{6}\right)$ b) $1 : \left(-\frac{5}{6}\right)$ c) $\left(-\frac{5}{6}\right) : 1$

d) $\left(-\frac{5}{6}\right) : 0$ e) $\left(-\frac{5}{6}\right) : (-1)$ f) $(-1) : \left(-\frac{5}{6}\right)$

4 Beachte die Vorrangregeln: Klammern zuerst, dann Punkt vor Strich.

a) $47 - (-8) \cdot (-7)$ b) $3 \cdot (-9) + (-5) \cdot 4$ c) $\frac{4}{5} : (-8) + \frac{1}{2} \cdot \left(-\frac{3}{5}\right)$

d) $6 - 6 \cdot \left(-\frac{5}{9}\right) : \frac{2}{3}$ e) $\frac{5}{9} - \left(\frac{3}{5} - \frac{2}{9}\right) + \frac{3}{5}$ f) $28 : (-4) - 3 \cdot (15 - 21)$

Termumformungen

1 Grundbegriffe

Ein **Term** ist ein Rechenausdruck, der Zahlen und Buchstaben als **Platzhalter (Variable)** für Zahlen enthält.

Beispiele: $5 + 13$; $4a - 3b$; $x^2 + 3x - 5$; $(x + y)\,(2 - x)$

Bei dieser Schreibweise werden die Mal-Punkte zwischen Zahlen und Variablen weggelassen: $4a$ bedeutet also $4 \cdot a$, $3b = 3 \cdot b$ und $(x + y)\,(2 - y) = (x + y) \cdot (2 - x)$.

Will man angeben, dass ein Term T die Variable x enthält, schreibt man $T(x)$ (lies „T von x"), z. B. $T(x) = 4x^3 - 2x$ und genauso: $T(a) = 6a - 4$ oder $T(x,y) = 3x - 4y$.

Werden die Variablen durch Zahlen ersetzt, erhält der Term einen bestimmten Wert. Für dieselbe Variable muss dabei immer dieselbe Zahl eingesetzt werden. Die Menge der Zahlen, die zum Einsetzen vorgegeben ist, heißt **Grundmenge $\mathbb{G}$**. Diejenigen Zahlen der Grundmenge, für die sich ein Termwert berechnen lässt, bilden die **Definitionsmenge $\mathbb{D}$**. Die Definitionsmenge $\mathbb{D}$ ist eine Teilmenge der Grundmenge $\mathbb{G}$: $\mathbb{D} \subset \mathbb{G}$.

Beispiele:

a) Gegeben ist der Term $T(a) = 3a - 2$, Grundmenge $\mathbb{G} = \mathbb{Q}$.
Für alle Zahlen aus $\mathbb{Q}$ ist ein Termwert berechenbar: $\mathbb{D} = \mathbb{Q}$.
Einsetzen von 1,5 für a: $T(1{,}5) = 3 \cdot 1{,}5 - 2 = 4{,}5 - 2 = 2{,}5$.
Einsetzen von -2 für a: $T(-2) = 3 \cdot (-2) - 2 = -6 - 2 = -8$.

b) Gegeben ist der Term $T(x) = \frac{5x+3}{x}$, Grundmenge $\mathbb{G} = \mathbb{Z}$.
Für $x = 0$ ist der Term nicht definiert, für alle anderen ganzen Zahlen ist ein Wert berechenbar. Somit: $\mathbb{D} = \mathbb{Z}\setminus\{0\}$.
Wertetabelle:

x	-2	-1	1	2
$T(x)$	3,5	2	8	6,5

Zwei Terme nennt man **äquivalent (gleichwertig)**, wenn sie für jedes Einsetzen denselben Wert besitzen.

Beispiel:

$T_1(x) = 2x + 2$ und $T_2(x) = 2 \cdot (x + 1)$ sind äquivalent.
Man schreibt: $T_1(x) = T_2(x)$.

2 Summen und Differenzen vereinfachen

Bei Summen oder Differenzen können gleiche Variable zusammengefasst werden. Dazu werden die **Koeffizienten (Beizahlen)** addiert bzw. subtrahiert.

Beispiele:

a) $9x + 6{,}5x = 15{,}5x$; da $9x + 6{,}5x = (9 + 6{,}5)x = 15{,}5x$
b) $4y - 6y = -2y$, da $4y - 6y = (4 - 6)y = -2y$

Ungleiche Variablen, wie sie die Terme $3a - 4b$, $6a + 3$ oder $7y - 8z$ enthalten, können nicht zusammengefasst werden.

Beim Rechnen mit Variablen gelten dieselben Regeln wie beim Rechnen mit Zahlen. Die Glieder der Summe können beliebig vertauscht werden. Sie nehmen dabei ihr Rechenzeichen mit.

Beispiele:

a) $4x - 5x + 16x + 5x = 4x + 16x - 5x + 5x = 20x$
b) $3a - 6b + 7a = 3a + 7a - 6b = 10a - 6b$

Vorzeichenregeln beim Weglassen und Setzen von Klammern: Steht vor der Klammer ein *Plus*-Zeichen, so kann man die Klammer einfach weglassen. Steht vor der Klammer ein *Minus*-Zeichen, so erhalten nach dem Weglassen der Klammer alle Summanden in der Klammer das entgegengesetzte Vorzeichen.

Beispiele:

a) $3a + (7a - 15a) = 3a + 7a - 15a = 10a - 15a = -5a$
b) $7b - (6b - 9b) = 7b - 6b + 9b = b + 9b = 10b$

Treten mehrere Variablen auf, vereinfacht man so: Gleiche Variablen so weit wie möglich zusammenfassen. Das Ergebnis alphabetisch sortieren und in der Reihenfolge fallender Potenzen ordnen.

Beispiel:

$6x + 8x^2 + 4y - 10x + 8y = (6 - 10)x + (4+8)y + 8x^2 = 8x^2 - 4x + 12y$

3 Produkte vereinfachen, binomische Formeln

Bei Produkten mit Variablen werden Koeffizienten mit Koeffizienten und Variable mit Variable multipliziert. Im Ergebnis werden die Variablen in alphabetischer Reihenfolge geordnet.

Beispiele:

a) $5ax \cdot 12by = (5 \cdot 12) \cdot (ax \cdot by) = 60abxy$
Kurz: $5ax \cdot 12by = 60abxy$

b) $6yz \cdot (-3xy^2z) = [6 \cdot (-3)] \cdot (yz \cdot xy^2z) = -18xy^3z^2$
Kurz: $6yz \cdot (-3xy^2z) = -18xy^3z^2$

Bei Produkten mit Klammern wird beim Ausmultiplizieren das Distributivgesetz angewandt:
$(a + b) \cdot c = a \cdot c + b \cdot c$ und $(a - b) \cdot c = a \cdot c - b \cdot c$.
Jeder einzelne Summand der Klammer wird der Reihe nach mit dem Faktor außerhalb der Klammer multipliziert. Dabei müssen die Vorzeichenregeln beachtet werden.

Beispiele:

a) $(5x + 3y) \cdot 2z = 5x \cdot 2z + 3y \cdot 2z = 10xz + 6yz$

b) $(0{,}5ab - 6bc) \cdot (-4abc) = 0{,}5ab \cdot (-4abc) - 6bc \cdot (-4abc)$
$= -2a^2b^2c + 24ab^2c^2$

Ist der Faktor selbst ein Klammerterm, so kann man in zwei Stufen ausmultiplizieren.

Beispiel:

$(3a - 2b) \cdot (2x - 2y) = 3a \cdot (2x - 2y) - 2b \cdot (2x - 2y)$
$= 3a \cdot 2x - 3a \cdot 2y - 2b \cdot 2x + 2b \cdot 2y = 6ax - 6ay - 4bx + 4by$

Einen zweigliedrigen Term wie a + b oder a – b nennt man ein **Binom.** Die Multiplikation zweier solcher Terme ergibt:

$(a+b)^2 = (a+b) \cdot (a+b) = a^2 + ab + ba + b^2 = a^2 + 2ab + b^2$

$(a-b)^2 = (a-b) \cdot (a-b) = a^2 - ab - ba + b^2 = a^2 - 2ab + b^2$

$(a+b) \cdot (a-b) = a^2 - ab + ba - b^2 = a^2 - b^2$

MERKE Damit erhält man die binomischen Formeln:

1 $(a+b)^2 = a^2 + 2ab + b^2$

2 $(a-b)^2 = a^2 - 2ab + b^2$

3 $(a+b) \cdot (a-b) = a^2 - b^2$

In den Aufgaben werden dann die Platzhalter *a* und *b* durch die entsprechenden Zahlen oder Terme ersetzt.

Beispiele zu den Formeln:

a) $(3x-y)^2 = (3x)^2 - 2 \cdot 3x \cdot y + y^2 = 9x^2 - 6xy + y^2$

b) $(-2a+4b)^2 = (-2a)^2 + 2 \cdot (-2a) \cdot 4b + (4b)^2 = 4a^2 - 16ab + 16b^2$

c) $(6m+4n) \cdot (6m-4n) = (6m)^2 - (4n)^2 = 36m^2 - 16n^2$

Formeln für Binome zur 3. Potenz:

- $(a+b)^3 = a^3 + 3a^2b + 3ab^2 + b^3$
- $(a-b)^3 = a^3 - 3a^2b + 3ab^2 - b^3$

Beispiele:

a) $(2x+y)^3 = (2x)^3 + 3 \cdot (2x)^2 \cdot y + 3 \cdot 2x \cdot y^2 + y^3 = 8x^3 + 12x^2y + 6xy^2 + y^3$

b) $(0{,}5a - 4b)^3 = (0{,}5a)^3 - 3 \cdot (0{,}5a)^2 \cdot 4b + 3 \cdot 0{,}5a \cdot (4b)^2 - (4b)^3 = 0{,}125a^3 - 3a^2b + 24ab^2 - 64b^3$

4 Faktorisieren durch Ausklammern und binomische Formeln

Besitzen in einer Summe mehrere Summanden gleiche Faktoren, so können diese gleichen Faktoren ausgeklammert werden. Die Summe wird so zu einem Produkt.

Beispiele:

a) $15xy + 20ab = (5 \cdot 3xy + 5 \cdot 4ab) = 5 \cdot (3xy + 4ab)$

Kurz: $15xy + 20ab = 5 \cdot (3xy + 4ab)$

b) $16a^4x - 40a^3x^3y = 8a^3x \cdot (2a - 5x^2y)$
c) $x^2 + x = x^2 + 1 \cdot x = x \cdot (x + 1)$
Im letzten Beispiel wurde der Koeffizient 1 beim zweiten Summanden x noch einmal besonders hervorgehoben.

Besitzen nicht alle Summanden einer Summe den gleichen gemeinsamen Faktor, so wird teilweise ausgeklammert.

Beispiel: $2ax + 5ay - 4bx - 10by = a \cdot (2x + 5y) - 2b \cdot (2x + 5y)$
$= (2x + 5y) \cdot (a - 2b)$

Die neu entstandenen Summanden enthalten den gleichen Faktor $2x + 5y$. Dieser wird noch ausgeklammert.

▶ **BEACHTE** Manchmal ist es nötig den Faktor (-1) auszuklammern, um weiter zusammenzufassen.

Beispiel: $m \cdot (a - b) + n \cdot (b - a) = m \cdot (a - b) + n \cdot (-1) \cdot (-b + a)$
$= m \cdot (a - b) - n \cdot (a - b) = (a - b) \cdot (m - n)$

Anmerkung: Es ist gleichgültig, bei welchem Summanden (-1) ausgeklammert wird.

Liest man die binomischen Formeln von rechts nach links, so lassen sich bestimmte Summenterme in Produkte umwandeln.

Beispiele:

a) $x^2 - 10xy + 25y^2 = (x - 5y)^2$; (2. binomische Formel)
Beim Umwandeln sind folgende Überlegungsschritte wichtig:
1 Der Term enthält zwei Quadrate: $x^2 = a^2$ und $25y^2 = b^2$.
2 Damit ist $a = x$ und $b = 5y$.
3 Enthält der Term das *negative doppelte Produkt* $-2ab = -2 \cdot x \cdot 5y = -10xy$?
Das ist erfüllt, also die 2. binomische Formel anwenden.

b) $64r^2 + 48rs + 9s^2 = (8r + 3s)^2$; (1. binomische Formel)

c) $36u^2 - 9v^2 = (6u)^2 - (3v)^2 = (6u + 3v) \cdot (6u - 3v)$;
3. binomische Formel

Terme vom Typ $a^2 + b^2$ lassen sich mit binomischen Formeln nicht umwandeln.

Test

1 Berechne den Wert des Terms
$x \cdot (2x + 1)$ für $x = -1; 0; 1; 2; 3$.

2 Vereinfache.

a) $8a \cdot 4b$
b) $-2u^2 \cdot 5u \cdot (-6u^2)$
c) $28vw^2 \cdot 5v^3w^2$

3 Fasse so weit wie möglich zusammen.

a) $5p + 9p$
b) $3x^2 - 7x^2 + 9x^2$
c) $4u^2 - 3u + 9u - 2u^2$
d) $-a + 12 + 7a - 13$
e) $-4st + 11s^2t + 5ts + 7s^2t$
f) $13xy + 8x^2y - 5yx^2 + 7xy^2$

4 Löse die Klammern auf.

a) $x(x + 2)$
b) $4(5r + 2s - 7t)$
c) $5u^2w(9w - 4uw + 12uw^2)$
d) $(9s - 8t) \cdot 2s$
e) $(52p - 39) : 13$

5 Multipliziere aus und vereinfache.

a) $(3a + 5b)(2a + b)$
b) $(7q - 5)(10 - 3q)$
c) $(3 + 4x)(2 - 5x)$
d) $(6s^2 - 7s - 5t)(2s - 3t)$
e) $(2x - 3y + z)(4x - 3y - z)$
f) $(x^4 + x^3 + x^2 + x + 1)(x - 1)$

6 Berechne mit Hilfe der binomischen Formeln.

a) $(x - 2)^2$
b) $(3p + 7)^2$
c) $(8x + y)^2$
d) $(9u - 1)^2$
e) $(4s - 5t)(4s + 5t)$
f) $(3a + b)(3a - b)$

7 Klammere so weit wie möglich aus.

a) $30z + 45$
b) $p^3 - 3p$
c) $36s^2 - 42st$
d) $v^4 - v^3 + v^2$
e) $r^2 + 16r + 64$
f) $39x^3y - 52x^2y^2 + 26x^2yz$

8 Schreibe, falls möglich, die folgenden Summen unter Verwendung der binomischen Formeln als Produkt.

a) $u^2 - 49$
b) $x^2 + 4y^2$
c) $4a^2 - 25b^2$

Gleichungen

1 Einfache Gleichungen

Beispiel: $x + 3 = 10;\ \mathbb{G} = \mathbb{N}$

Mit welcher Zahl aus der Grundmenge $\mathbb{N}$ muss man die Variable x belegen, um eine wahre Aussage zu erhalten?
Mit $x = 7$ erhält man $7 + 3 = 10$, also eine wahre Aussage.
Die Lösung(en) einer Gleichung – manchmal sind es mehrere – fasst man in der Lösungsmenge L zusammen.
Hier erhält man: $L = \{7\}$.
Die Lösungsmenge muss Teilmenge der Grundmenge sein ($L \subset \mathbb{G}$).
Systematisch löst man Gleichungen, indem man sie durch Äquivalenzumformungen (d. h. Umformungen, bei denen die Lösungsmenge gleich bleibt) schrittweise vereinfacht, bis auf einer Seite der Gleichung nur noch die Variable und auf der anderen Seite die Lösung steht.
Äquivalenzumformungen bei Gleichungen sind:

1 Addition und Subtraktion mit derselben Zahl auf beiden Seiten der Gleichung.
2 Multiplikation und Division mit derselben von null verschiedenen Zahl auf beiden Seiten der Gleichung.

Beispiele:

a)	$x + 3 = 10;\ \mathbb{G} = \mathbb{Q}$	Überlegungen: Grundmenge ist $\mathbb{Q}$,
	$x + 3 = 10 \quad \mid -3$	die Menge der rationalen Zahlen.
	$x = 7$	Diese Angabe wird meist weggelassen.
	$L = \{7\}$	Subtrahiere 3 auf beiden Seiten.
		Schreibe noch die Lösungsmenge auf.
b)	$-3x = 30 \quad \mid :(-3)$	Überlegungen: Dividiere beide Seiten
	$x = -10$	durch -3.
	$L = \{-10\}$	Vergiss nicht die Lösungsmenge.
c)	$-3x + 5 = 35 \quad \mid -5$	Überlegungen: Zuerst die Addition
	$-3x = 30 \quad \mid :(-3)$	oder Subtraktion.
	$x = -10$	Dann die Division.
	$L = \{-10\}$	Vergiss nicht die Lösungsmenge.

Zum Lösen einer Gleichung der Form $ax + b = cx + d$ mit rationalen Zahlen a, b, c und d geht man folgendermaßen vor:

1 Durch Addition oder Subtraktion bringt man die Summanden mit der Variablen x auf die eine und die Absolutglieder auf die andere Seite der Gleichung.

2 Anschließend dividiert man durch die Beizahl der Variablen.

3 Man schreibt die Lösungsmenge auf.

▶ **BEACHTE** Sonderfälle:

▸ Ergibt sich beim Vereinfachen der Gleichung eine wahre Aussage (z. B. $0 = 0$), so ist $L = \mathbb{G}$.

▸ Ergibt sich eine falsche Aussage (z. B. $0 = 2$), so ist $L = \{\ \}$, die Gleichung ist also unlösbar.

Beispiel:

$5x - 7 = 3x + 8 \quad \vert -3x$	Überlegungen: Subtrahiere $3x$. Durch diese Äquivalenzumformung werden alle Summanden mit der Variablen auf die linke Seite der Gleichung gebracht.
$2x - 7 = 8 \quad \vert +7$	Addiere 7.
$2x = 15 \quad \vert :2$	Dividiere durch die Beizahl von x.
$x = \frac{15}{2}$	
$L = \{\frac{15}{2}\}$	Wir schreiben noch die Lösungsmenge auf.

Probe:

$$\text{lT} = 5 \cdot \frac{15}{2} - 7 = \frac{75}{2} - \frac{14}{2} = \frac{61}{2}$$

$$\text{rT} = 3 \cdot \frac{15}{2} + 8 = \frac{45}{2} + \frac{16}{2} = \frac{61}{2}$$

Bei der Probe setzten wir das Lösungselement in den linken Term (lT) und den rechten Term (rT) ein und berechnen beide für sich. Ergibt sich für beide Terme derselbe Zahlenwert, ist das Ergebnis richtig.

2 Lineare Gleichungen ohne Bruchterme

Umfangreichere Gleichungen ohne Bruchterme werden durch bereits bekannte Rechengesetze und mit Äquivalenzumformungen in einfache Gleichungen verwandelt und dann gelöst. Durch eine Probe kannst du deine Rechnung überprüfen.

Lösungsschritte:

1 Beide Seiten als möglichst einfache Summen schreiben.

2 Durch geeignete Äquivalenzumformungen störende Summanden wie x^2 und Ähnliches beseitigen. (Wenn es nicht geht, dann ist es keine lineare Gleichung!)

3 Die entstehende einfache Gleichung wie im Abschnitt 1 lösen.

Beispiel:

$$\begin{aligned}(x-3)(x+3) &= (x+4)^2 - 5(x-7) \\ x^2 - 9 &= x^2 + 8x + 16 - 5x + 35 \\ x^2 - 9 &= x^2 + 3x + 51 \quad | -x^2 \\ -9 &= 3x + 51 \quad | -51 \\ -60 &= 3x \quad | :3 \\ -20 &= x \\ L &= \{-20\}\end{aligned}$$

Überlegungen: Ich vereinfache zunächst beide Seiten so weit wie möglich und rechne mit Äquivalenzumformungen weiter.

Probe: $\text{lT} = -23 \cdot (-17) = 391$

$\text{rT} = (-16)^2 - 5 \cdot (-27) = 256 + 135 = 391$

3 Lösen von Textaufgaben

Beim Lösen von Textaufgaben kannst du dich an folgendes Schema halten:

1 Lege genau die Bedeutung der Variablen fest. Meist wird sie x genannt.

2 Übersetze den Text in eine Gleichung.

3 Löse die Gleichung.

4 Mache die Probe.

5 Formuliere den Antwortsatz. Er soll genau die gestellte Frage beantworten.

Beispiel: Hans ist 8 Jahre jünger als Peter. Zusammen sind sie 48 Jahre alt. Wie alt ist jeder?

Als Erstes legen wir die Bedeutung der Unbekannten x fest. Man könnte dafür das Alter von Hans oder Peter wählen. Wir entscheiden uns für Hans.

1 Hans ist x Jahre alt.
Peter ist 8 Jahre älter, also $(x + 8)$ Jahre alt.

2 In der Aussage „Zusammen sind sie 48 Jahre.“ steckt eine Gleichung, nämlich: (Alter von Hans) + (Alter von Peter) = 48 Jahre.
Wir erhalten also: $x + (x + 8) = 48$.
Da x eine Zahl (ohne Jahre) ist, haben wir auch auf der rechten Seite die Jahre weggelassen. Nun lösen wir die Gleichung.

3
$$\begin{aligned} x + (x + 8) &= 48 \\ 2x + 8 &= 48 \qquad | -8 \\ 2x &= 40 \qquad | :2 \\ x &= 20 \end{aligned}$$

4 Probe: $20 + 28 = 48$, stimmt.

5 Antwortsatz: Hans ist 20 Jahre alt, Peter ist 28 Jahre alt.

Test

1 Löse mit zwei Äquivalenzumformungen.

a) $2x + 6 = 26$
b) $\frac{1}{2}x - 2 = 10$
c) $3x + 4 = 0$

2 Wie heißt die Lösungsmenge: $\mathbb{Q}$,{ }oder {0}?

a) $2x = -7x$
b) $3(x + 5) = 8 + 3x$
c) $(x + 1)^2 - x^2 - 2x - 1 = 0$
d) $x + 5 = x + 6$

3 Bestimme die Lösungsmenge.

a) $3z + 6 - 7z = 9 - 8z + 13$
b) $6u - (-3u + 4) = 8(u + 4)$

4

a) Ein Vater ist viermal so alt wie sein Sohn. Der Altersunterschied beträgt 33 Jahre. Wie alt ist der Sohn und wie alt ist der Vater?

b) Addiert man zu einer Zahl ihr Dreifaches und ihr Fünffaches, so erhält man 135. Wie heißt die Zahl?

Rechnen mit Bruchtermen

1 Definitionsmenge eines Bruchterms

Bei **Bruchtermen** treten Variable auch im Nenner auf. Bruchterme sind nur für diejenigen Zahlen definiert, für die der Nenner nicht null wird. Die praktische Bestimmung der Definitionsmenge $\mathbb{D}$ erfolgt so: Aus der Grundmenge werden die Zahlen entfernt, für die der Nenner null wird.

Beispiele: Die Grundmenge sei stets $\mathbb{G} = \mathbb{Q}$.

a) $\frac{5x-7}{2x-6}$, $\mathbb{D} = \mathbb{Q} \setminus \{3\}$, da für $x = 3$ der Nenner $2x - 6$ null wird.

b) $\frac{x^4+6}{x^2+1}$, $\mathbb{D} = \mathbb{Q}$, da $x^2 + 1$ für keine Zahl aus $\mathbb{Q}$ null wird.

2 Erweitern und Kürzen von Bruchtermen

Beim **Erweitern** werden Zähler und Nenner mit demselben Term multipliziert.

Beispiele:

a) Erweitere $\frac{3x}{5x-2}$ mit x: $\frac{3x}{5x-2} = \frac{3x \cdot x}{(5x-2) \cdot x} = \frac{3x^2}{5x^2 - 2x}$.

b) Erweitere $\frac{3}{8x^2y}$ auf den Nenner $32x^2y^2z^2$;

bestimme zunächst den Erweiterungsfaktor:

$32x^2y^2z^2 = 8x^2y \cdot 4yz^2$. Es wird mit $4yz^2$ erweitert:

$$\frac{3}{8x^2y} = \frac{3 \cdot 4yz^2}{8x^2y \cdot 4yz^2} = \frac{12yz^2}{32x^2y^2z^2}$$

c) Erweitere $\frac{5y+2}{y-2}$ auf den Nenner $y^2 - 4$. Bestimme zunächst den Erweiterungsfaktor:

$y^2 - 4 = (y + 2) \cdot (y - 2)$. Also mit $y + 2$ erweitern.

$$\frac{5y+2}{y-2} = \frac{(5y+2) \cdot (y+2)}{(y-2) \cdot (y+2)} = \frac{5y^2 + 10y + 2y + 4}{y^2 - 4} = \frac{5y^2 + 12y + 4}{y^2 - 4}$$

Beim **Kürzen** werden Zähler und Nenner durch denselben Term dividiert. Dazu werden Zähler und Nenner in Faktoren zerlegt.

▶ **BEACHTE** Es dürfen nur Faktoren gekürzt werden.

Beispiele:

a) $\frac{2a + ab}{a^2 - a} = \frac{a \cdot (2 + b)}{a \cdot (a - 1)} = \frac{2 + b}{a - 1}$ (mit $a \neq 0$; $a \neq 1$)

b) $\frac{a^2x - 4b^2x}{2a^2x - 8abx + 8b^2x} = \frac{x \cdot (a^2 - 4b^2)}{2 \cdot x \cdot (a^2 - 4ab + 4b^2)}$

$= \frac{x \cdot (a + 2b) \cdot (a - 2b)}{2 \cdot x \cdot (a - 2b)^2} = \frac{a + 2b}{2 \cdot (a - 2b)}$ (mit $a \neq 2b$; $x \neq 0$)

Die Definitionsmenge des Ausgangsbruchterms wird beibehalten, auch wenn der umgeformte Bruchterm eine andere Definitionsmenge hat.

3 Addition und Subtraktion von Bruchtermen

Bruchterme mit gleichem Nenner werden addiert bzw. subtrahiert, indem man die Zähler addiert bzw. subtrahiert und den Nenner beibehält:

$\frac{a}{c} + \frac{b}{c} = \frac{a+b}{c}$; $\frac{a}{c} - \frac{b}{c} = \frac{a-b}{c}$.

Beispiele:

a) $\frac{2}{3x} + \frac{10}{3x} = \frac{2 + 10}{3x} = \frac{12}{3x} = \frac{4}{x}$

b) $\frac{1}{x - 2x^2} - \frac{4x^2}{x - 2x^2} = \frac{1 - 4x^2}{x - 2x^2} = \frac{(1 + 2x)(1 - 2x)}{x(1 - 2x)} = \frac{1 + 2x}{x}$

Das Ergebnis wird immer vollständig gekürzt.

Bruchterme mit verschiedenen Nennern werden vor dem Addieren bzw. Subtrahieren auf den gleichen Nenner gebracht.

Beispiele:

a) $\frac{4}{x} + \frac{3}{y} = \frac{4 \cdot y}{x \cdot y} + \frac{3 \cdot x}{y \cdot x} = \frac{4y + 3x}{x \cdot y} = \frac{3x + 4y}{xy}$

b) $\frac{u + v}{6x} + \frac{u}{y} = \frac{(u + v) \cdot y}{6x \cdot y} + \frac{u \cdot 6x}{y \cdot 6x} = \frac{(u + v) \cdot y + u \cdot 6x}{6xy}$

$= \frac{uy + vy + 6ux}{6xy} = \frac{6ux + uy + vy}{6xy}$

Bei der Bestimmung des Hauptnenners müssen die gegebenen Nenner häufig in Faktoren zerlegt werden.

Beispiel:

$$\frac{3x}{2x-4y} - \frac{x+2y}{6x} = \frac{3x}{2(x-2y)} - \frac{x+2y}{2 \cdot 3 \cdot x}$$

$$= \frac{3x \cdot 3x - (x+2y) \cdot (x-2y)}{2 \cdot 3 \cdot x \cdot (x-2y)} = \frac{9x^2 - (x^2 - 4y^2)}{6x(x-2y)} = \frac{8x^2 + 4y^2}{6x(x-2y)}$$

$$= \frac{4(2x^2 + y^2)}{6x(x-2y)} = \frac{2(2x^2 + y^2)}{3x(x-2y)} = \frac{4x^2 + 2y^2}{3x^2 - 6xy}$$

Zuerst werden die Nenner in Faktoren zerlegt. Der **Hauptnenner** ist das kgV der gegebenen Nenner. Beim Ergebnis wird gekürzt.

4 Multiplikation und Division von Bruchtermen

Bruchterme werden multipliziert, indem man Zähler mit Zähler und Nenner mit Nenner multipliziert: $\frac{a}{b} \cdot \frac{c}{d} = \frac{a \cdot c}{b \cdot d}$. Es empfiehlt sich, vor dem Ausmultiplizieren zu kürzen.

Beispiele:

a) $$\frac{-35a^2b}{12uv} \cdot \frac{168u^3v}{70a^4b} = \frac{-35a^2b \cdot 168u^3v}{12uv \cdot 70a^4b} = \frac{-1 \cdot 14u^2}{1 \cdot 2a^2}$$

$$= \frac{-7u^2}{a^2} = -\frac{7u^2}{a^2}$$

b) $$\frac{4x^2 - 4y^2}{5(a^2 - b^2)} \cdot \frac{5a + 5b}{2x + y} = \frac{(4x^2 - 4y^2) \cdot (5a + 5b)}{5(a^2 - b^2) \cdot (2x + 2y)}$$

$$= \frac{4(x+y)(x-y) \cdot 5(a+b)}{5(a+b)(a-b) \cdot 2(x+y)} = \frac{2(x-y)}{a-b}$$

Hier wurde mit 5, mit 2, mit $(a+b)$ und mit $(x+y)$ gekürzt.

Durch einen Bruchterm wird dividiert, indem man mit seinem Kehrbruch multipliziert: $\frac{a}{b} : \frac{c}{d} = \frac{a}{b} \cdot \frac{d}{c}$.

Beispiele:

a) $$\frac{16x^2}{3y-2z} : \frac{12xy}{3y-2z} = \frac{16x^2}{3y-2z} \cdot \frac{3y-2z}{12xy} = \frac{16x^2 \cdot (3y-2z)}{(3y-2z) \cdot 12xy} = \frac{4x}{3y}$$

Hier wurde mit 4, mit x und mit $(3y - 2z)$ gekürzt.

b) $\frac{a+b}{x^2-x} : \frac{a^2b-b^3}{x^2-1} = \frac{a+b}{x^2-x} \cdot \frac{x^2-1}{a^2b-b^3} = \frac{(a+b)(x^2-1)}{(x^2-x)(a^2b-b^3)}$

$= \frac{(a+b)(x+1)(x-1)}{x(x-1)\,b(a+b)(a-b)} = \frac{x+1}{bx(a-b)}$

Hier wurde mit $(a + b)$ und mit $(x - 1)$ gekürzt.

5 Bruchgleichungen

Zum Lösen einer Bruchgleichung gehst du folgendermaßen vor:

1 Gleichung auf den Hauptnenner erweitern.[1]
2 Definitionsmenge bestimmen.
3 Mit dem Hauptnenner multiplizieren.
4 Die entstandene Gleichung lösen.
5 Überprüfen, ob das berechnete Lösungselement in der Definitionsmenge liegt und die Lösungsmenge aufschreiben.

Beispiele:

a) $\frac{9-y}{y+4} = 2;$ HN $= y + 4$

1. $\frac{9-y}{y+4} = \frac{2(y+4)}{y+4}$

2. $y + 4 = 0 \Rightarrow y = -4$ $(\mathbb{D} = \mathbb{Q}\setminus\{-4\})$

3. $\frac{9-y}{y+4} = \frac{2(y+4)}{y+4}$ $| \cdot (y + 4)$

4. $9 - y = 2y + 8$ $| + y - 8$

$3y = 1$

5. $y = \frac{1}{3} \in \mathbb{D}$

$L = \{\frac{1}{3}\}$

b) $\frac{4}{x-2} + 1 = \frac{x}{x+1}$ HN $= (x - 2)(x + 1)$

$\frac{4(x+1)}{(x-2)(x+1)} + \frac{(x-2)(x+1)}{(x-2)(x+1)} = \frac{x(x-2)}{(x-2)(x+1)}$

$| \cdot \text{HN}$ $\mathbb{D} = \mathbb{Q}\setminus\{2; -1\}$

[1] Mit etwas Übung kann man diesen Schritt auch weglassen.

$$
\begin{aligned}
4x + 4 + x^2 + x - 2x - 2 &= x^2 - 2x \\
x^2 + 3x + 2 &= x^2 - 2x \quad | -x^2 \\
3x + 2 &= -2x \quad | -3x \\
2 &= -5x \quad | : (-5) \\
-\frac{2}{5} &= x \\
-\frac{2}{5} &\in \mathbb{D} \\
L &= \{-\tfrac{2}{5}\}
\end{aligned}
$$

6 Auflösen von Formeln

Beim Auflösen von Formeln nach einer bestimmten Größe geht man wie beim Lösen von Gleichungen vor.

Beispiel:

Die Formel $v = \frac{s}{t}$ soll nach t aufgelöst werden.

Wir gehen davon aus, dass alle Variablen positiv sind. Wir brauchen uns also über die Definitionsmenge keine Gedanken zu machen.

$v = \frac{s}{t}$	Mit dem Nenner multiplizieren, um dem Bruch zu beseitigen.
$v \cdot t = s$	Durch v dividieren.
$t = \frac{s}{v}$	Es ist nicht üblich, die Lösung in der Form einer Lösungsmenge anzugeben.

Beispiel:

$\frac{U_1}{U} = \frac{R_1}{R_1 + R_2}$	Mit dem Nenner multiplizieren (oder kreuzweise multiplizieren).
$U_1(R_1 + R_2) = UR_1$	Ausmultiplizieren.
$U_1R_1 + U_1R_2 = UR_1$	Alle Glieder mit R_1 nach links.
$U_1R_1 - UR_1 = -U_1R_2$	R_1 ausklammern.
$R_1(U_1 - U) = -U_1R_2$	Durch die Klammer dividieren.
$R_1 = \frac{-U_1R_2}{U_1 - U}$	Bruch mit -1 erweitern.
$R_1 = \frac{U_1R_2}{U - U_1}$	Fertig.

Test

1 Bestimme die Definitionsmenge der folgenden Terme.

a) $\frac{3}{7x}$ b) $\frac{d}{d-11}$

c) $\frac{3y-5}{8y+24}$ d) $\frac{2z-3}{(5z-7)\,(3z+5)}$

2 Gib die Definitionsmenge und die Lösungsmenge an.

a) $\frac{s+3}{s-3} - \frac{s-3}{s+3} = \frac{4}{s^2-9}$ b) $\frac{22}{121-y^2} - \frac{y}{11y+y^2} = \frac{1}{y}$

3 Kürze die folgenden Bruchterme so weit wie möglich.

a) $\frac{5ab}{bc}$ b) $\frac{72x}{21y}$ c) $\frac{98e^2f^6}{49e^6f^2}$ d) $\frac{32u^3-18u}{6u}$

4 Erweitere Term 1 und Term 2 auf einen möglichst einfachen gemeinsamen Nenner.

a) Term 1: $\frac{a}{5b}$ Term 2: $\frac{b}{7a}$ b) Term1: $\frac{u}{u-5}$ Term 2: $\frac{3-u}{u}$

5 Fasse zusammen und vereinfache so weit wie möglich.

a) $\frac{x}{y} + \frac{1-x}{y+1}$ b) $\frac{1}{4} - \frac{p}{4p+7}$

6 Bestimme die Lösungsmengen der folgenden Bruchgleichungen. Mache, falls dies gewünscht wird, die Probe.

a) $\frac{1}{x} + \frac{2}{5} = \frac{1}{2x}$ b) $\frac{x-2}{x-4} = 3$ (Probe)

c) $\frac{3}{2z} = \frac{3}{z+3}$ (Probe) d) $\frac{1}{a+6} - \frac{5}{3-a} = 0$

7 Löse die Formel nach jeder Variablen auf. Alle Variablen seien positiv.

a) $A = \frac{1}{2} g \cdot h$ b) $p = \frac{F}{A}$

Lineare Funktionen

1 Funktion als spezielle Zuordnung

Eindeutige Zuordnungen nennt man **Funktionen.**
Die zugeordneten Zahlen heißen Funktionswerte und ergeben die **Wertmenge** $\mathbb{W}$. Diejenigen Zahlen, denen jeweils ein Funktionswert zugeordnet wird, bilden die **Definitionsmenge** $\mathbb{D}$ der Funktion.

Beispiel:

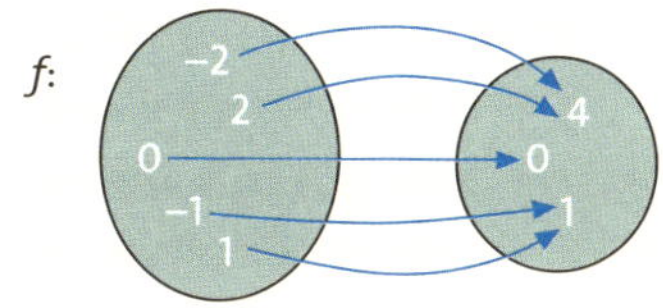

1.1 Darstellungsformen für Funktionen

a) **Wertetabelle**
Angabe der Zuordnung durch Zahlenpaare $(x; y)$ in Tabellenform. Dabei ist y der Funktionswert von x.

Beispiel:

x	−2	−1	0	1	2
y	4	1	0	1	4

b) **Graph der Funktion**
Zeichnung der Zahlenpaare einer Funktion in einem Koordinatensystem.

Beispiel:

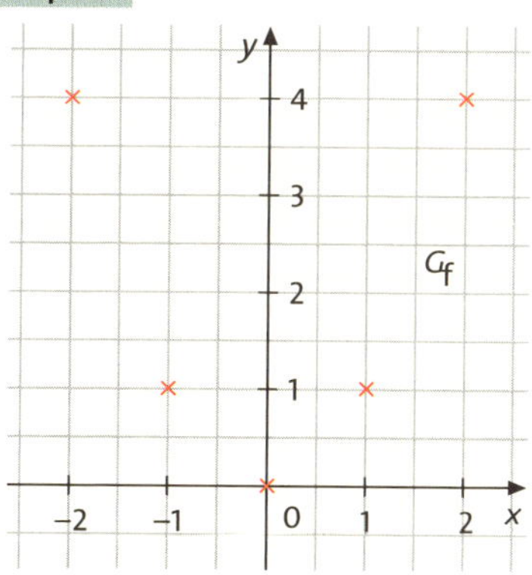

c) **Funktionsgleichung**
Berechnung von Funktionswerten („y-Werte") durch einen Rechenterm.
Allgemein: $f: x \rightarrow f(x); x \in \mathbb{D}$
oder $f: y = f(x); x \in \mathbb{D}$
$f(x)$ heißt **Funktionsterm**.

Beispiel:
$f: x \rightarrow x^2; x \in \{-2; -1; 0; 1; 2\}$
oder
$f: y = x^2; x \in \{-2; -1; 0; 1; 2\}$
Hier gilt: $f(-2) = f(2) = 4$
$f(-1) = f(1) = 1$
$f(0) = 0$

2 Lineare Funktionen

Eine Funktion mit einer Gleichung $y = mx + n$; $m, n \in \mathbb{Q}$ heißt **lineare Funktion**. Ihr Graph liegt auf einer Geraden. Manchmal werden auch die Bezeichnungen $y = mx + t$ oder $y = ax + b$ verwendet.
Wir nähern uns der allgemeinen linearen Funktion schrittweise an.

2.1 Die Funktion $y = mx$ $(m \neq 0)$

Die Funktion $y = mx$ beschreibt eine (direkte) **Proportionalität** $y \sim x$.
m ist eine Konstante (**Proportionalitätsfaktor**).

Beispiele:

a) $y = 2x$

b) $s = v \cdot t$ Bei einer gleichförmigen Bewegung mit der Konstanten Geschwindigkeit v ist der zurückgelegte Weg s proportional zur abgelaufenen Zeit t.

Das Bild der Funktion $y = mx$ ist eine Gerade, die durch den Koordinatenursprung O verläuft. m bestimmt die Steigerung der Geraden. m heißt deshalb **Anstieg** oder **Steigung**.

Beispiel:
$y = 3x$; $(m = 3)$
Ein Punkt der Geraden ist O. Von O aus geht man um eine Einheit nach rechts und um 3 Einheiten $(m = 3)$ nach oben. So erhält man einen zweiten Punkt $P(1; 3)$ der Geraden. Das Dreieck OAP heißt **Anstiegsdreieck** oder **Steigungsdreieck**.

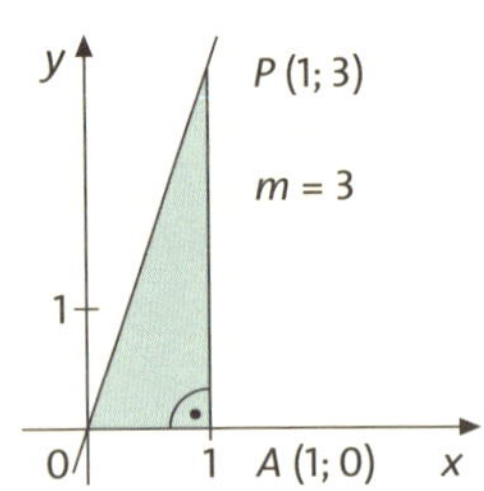

Nebenstehende Abbildung zeigt den Einfluss von m auf die Lage der Geraden $y = mx$ im Koordinatensystem. Für $m = 1$ erhält man die Winkelhalbierende der Quadranten I und III, für $m = -1$ die Winkelhalbierende der Quadranten II und IV (wenn die Einteilung auf beiden Achsen gleich ist).
Für $m > 0$ erhält man eine von links nach rechts ansteigende, für $m < 0$ eine von links nach rechts fallende Gerade.

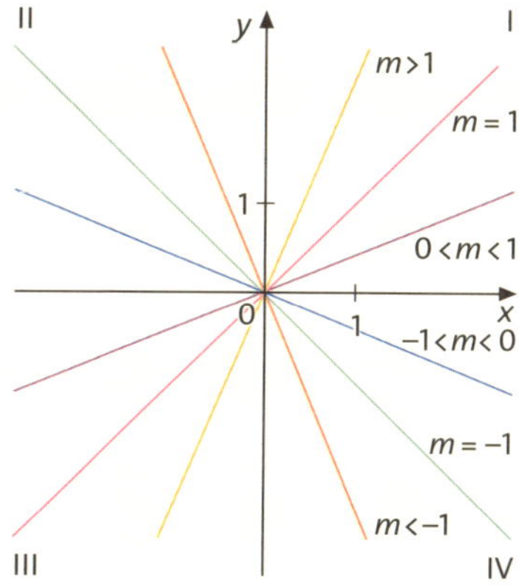

2.2 Die Funktion $y = x + n$

Die Funktion $y = x + n$ enthält ein von Variablen freies Glied n (absolutes Glied). In der grafischen Darstellung bewirkt das eine Verschiebung der Graphen $y = x$ um n in Richtung der y-Achse. n nennt man **y-Achsen-Abschnitt**.

Beispiele: $y = x + 2$; $(n = 2)$

Man erhält das Bild der Funktion $y = x + 2$, indem man die Gerade $y = x$ um n in Richtung der y-Achse verschiebt.

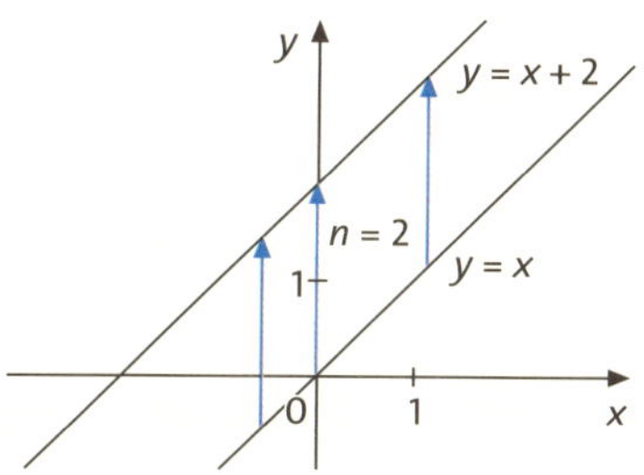

$y = x - 3$; $(n = -3)$

Ist $n = -3$, so erscheint die Gerade $y = x$ um den Betrag von n, $|n| = 3$, nach unten verschoben.

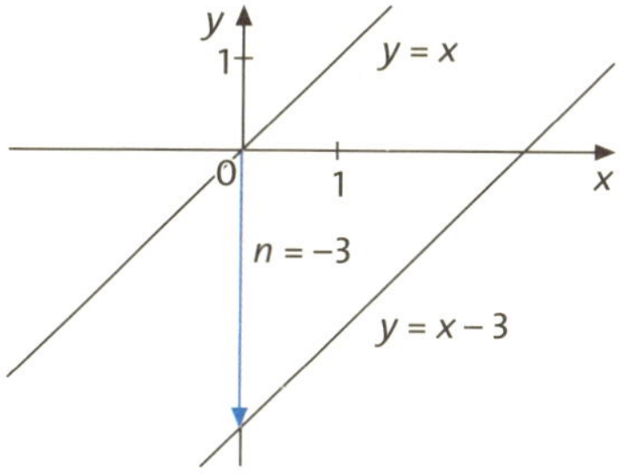

Allgemein gilt:

$n > 0$ Die Gerade $y = x$ erscheint um n nach oben verschoben. Sie schneidet die y-Achse im Punkt $P\,(0; n)$.

$n = 0$ Spezialfall $y = x$.

$n < 0$ Die Gerade $y = x$ erscheint um den Betrag von n nach unten verschoben. Sie schneidet die y-Achse im Punkt $P\,(0; n)$.

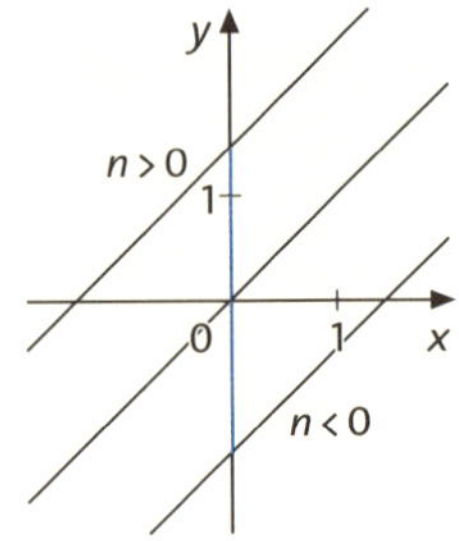

2.3 Die Funktion $y = n$

Wird jedem Element x eines gegebenen Definitionsbereiches das eine Element n zugeordnet, so spricht man von einer **konstanten Funktion**. $y = n$ ist die Gleichung einer konstanten Funktion. Der Wertebereich enthält nur das eine Element n. Das Bild einer konstanten Funktion ist eine Parallele zur x-Achse.

Beispiel: $y = 3$

Konstante Funktionen $y = n$ mit $n \neq 0$ haben keine Nullstellen (d. h. Stellen mit $y = 0$). Die Funktion $y = n$ mit $n = 0$ kann als Spezialfall der linearen Funktion $y = mx$ für $m = 0$ aufgefasst werden.

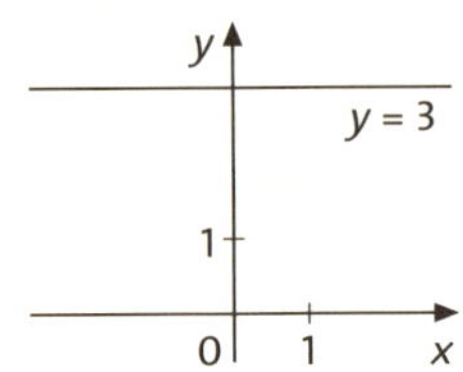

2.4 Die Funktion $y = mx + n$

Um lineare Funktionen grafisch darzustellen, gibt es mehrere Möglichkeiten.

Beispiel: $y = 2x - 6$

1 Man ermittelt 2 Wertepaare der Funktion. Durch 2 Punkte ist die Gerade eindeutig bestimmt. Die Punkte sollten nicht zu nahe beieinander liegen, z. B. $P_1(-1; -8)$, $P_2(2; -2)$.

2 Man ermittelt die Schnittpunkte mit den Koordinatenachsen. Aus $n = -6$ ergibt sich der Schnittpunkt mit der

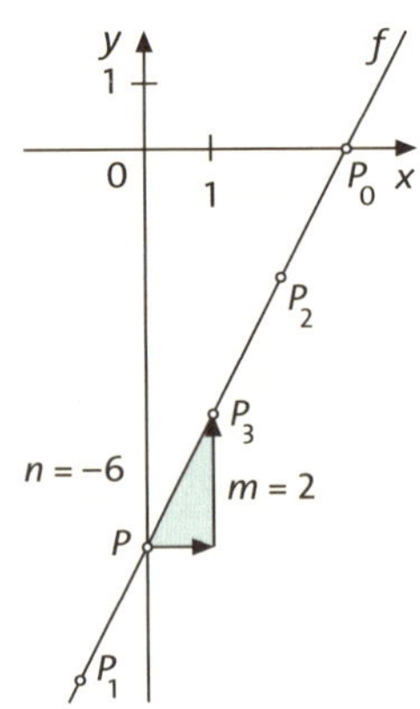

y-Achse: $P(0; -6)$. Durch Berechnen der Nullstellen ergibt sich der Schnittpunkt mit der x-Achse: $P_0(3; 0)$:

$$y = 2x - 6$$
$$2x_0 - 6 = 0$$
$$x_0 = 3$$

3 Aus $n = -6$ ergibt sich $P(0; -6)$. Mit Hilfe von $m = 2$ erhält man einen zweiten Punkt $P_3(1; -4)$: Von P aus 1 Einheit nach rechts und 2 nach oben.

Gerade durch zwei Punkte

Für zwei beliebige Punkte $P_1(x_1; y_1)$ und $P_2(x_2; y_2)$ einer linearen Funktion gilt: $m = \frac{y_2 - y_1}{x_2 - x_1}$.

Damit kann man die Gleichung einer Geraden durch zwei gegebene Punkte bestimmen.

Beispiel: $A(-3; -1), B(2; 2)$

$$m = \frac{2-(-1)}{2-(-3)} = \frac{3}{5}$$

$y = \frac{3}{5}x + n$; $B(2; 2)$ einsetzen:

$$2 = \frac{3}{5} \cdot 2 + n$$
$$n = 2 - \frac{6}{5} = \frac{4}{5}$$
$$\Rightarrow y = \frac{3}{5}x + \frac{4}{5}$$

3 Lösen linearer Ungleichungen

Beispiel: $-\frac{1}{3}x + 1 > 0$

Man betrachtet die Funktion $y = -\frac{1}{3}x + 1$. Dazu benötigt man ihre Nullstelle und eine Skizze des Graphen.

Nullstelle: $-\frac{1}{3}x + 1 = 0$

$$1 = \frac{1}{3}x$$
$$x = 3$$

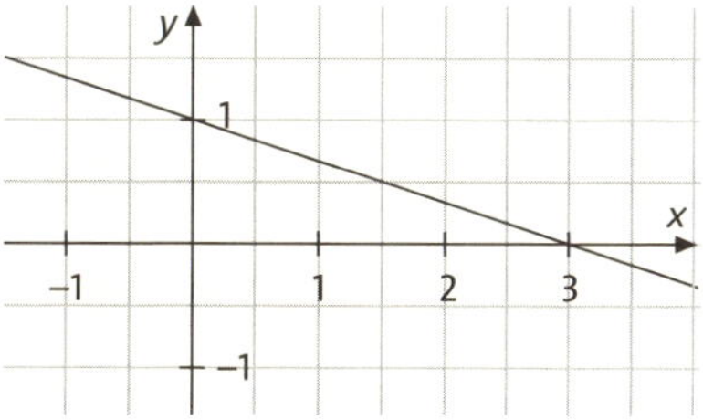

Skizze des Graphen:
Wichtig ist, dass die Gerade wegen $m < 0$ von links nach rechts fällt. Aus der Skizze liest man ab: $y > 0$ für $x < 3$.

Die Lösungsmenge der Ungleichung ist also $\{x \mid x < 3\}$ oder $]-\infty; 3[$.

Test

1 Handelt es sich um den Graphen einer Funktion?

a) 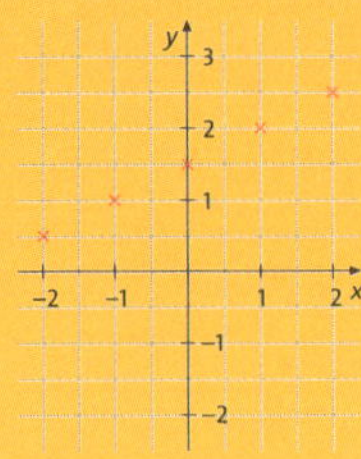

b) 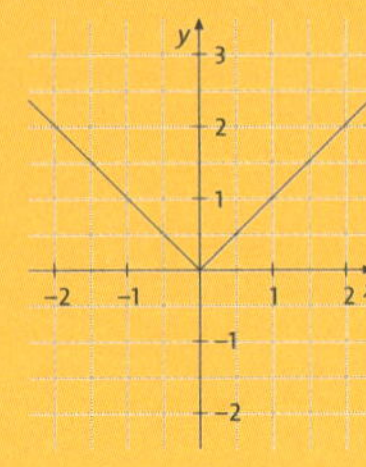

c) 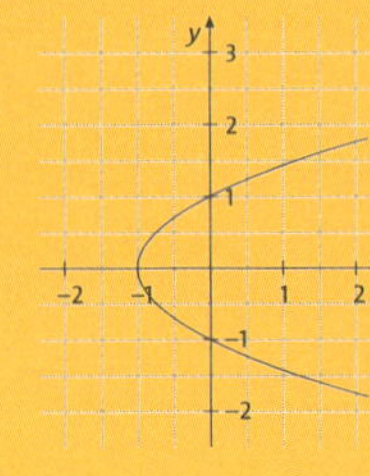

2 Zeichne die Geraden zu den Gleichungen.

a) $y = \frac{4}{3} \cdot x$ b) $y = \frac{3}{2} \cdot x$ c) $y = -\frac{5}{4} \cdot x$ d) $y = -\frac{4}{7} \cdot x$

3 Beschreibe die Graphen der folgenden Funktionen, ohne sie zu zeichnen. Verwende dabei die vorgegebene Übersicht. Drei Hilfen sollen dir als Beispiel dienen:

	Funktion	Gerade steigt/fällt	Gerade verläuft vom … in den … Quadranten	Schnittpunkt mit *y*-Achse bei …
a)	$y = -2x + 5$		vom II. in den IV.	
b)	$y = 2{,}4x - 1{,}5$	steigt		
c)	$y = -0{,}6x - 0{,}4$			$S\,(0; -0{,}4)$

4 Zeichne die Graphen der Funktionen.

a) $y = -3x - 2$ b) $y = -4x + 6{,}5$ c) $y = 2{,}5x - 4{,}5$

5 Bestimme die Nullstellen folgender linearer Funktionen.

a) $y = 2x + 3$ b) $y = -\frac{1}{2}x + 1$ c) $y = 3$

6 Wie lautet die Funktionsgleichung einer linearen Funktion f mit den Punkten *A* (−3; 2) und *B* (−1; −4)? Überprüfe dein Ergebnis mit einer Zeichnung des Graphen.

7 Gib die Lösungsmenge an.

$4x + 3 \leq 0$

Lineare Gleichungssysteme

1 Rechnerische Lösung

Gegeben sei ein System von zwei linearen Gleichungen mit den Variablen, z. B.

$$\begin{array}{l|rcl|} \text{I} & 3x - y & = & 3 \\ \text{II} & x + 2y & = & 8 \end{array}$$

Gesucht sind Zahlenpaare $(x; y)$, die *beide* Gleichungen erfüllen. Diese Zahlenpaare fasst man in der Lösungsmenge L zusammen. Für das Lösen linearer Gleichungssysteme mit zwei Variablen gibt es drei wesentliche Verfahren:

1.1 Einsetzungsverfahren (Substitution)

Man löst eine der beiden Gleichungen nach einer der beiden Variablen auf, setzt den gewonnenen Ausdruck in die andere Gleichung ein und löst nach der anderen Variablen auf.

Beispiel:

$$\begin{array}{l|rcl|} \text{I} & 3x - y & = & 3 \\ \text{II} & x + 2y & = & 8 \end{array}$$

Zur besseren Übersicht sind die Gleichungen, in denen jeweils gerechnet wird, mit römischen Ziffern gekennzeichnet.

$$\begin{array}{lrcl} \text{(I)} & -y & = & 3 - 3x \\ & y & = & 3x - 3 \\ \text{(I) in II} & x + 2(3x - 3) & = & 8 \\ & x + 6x - 6 & = & 8 \\ & 7x & = & 14 \\ & x & = & 2 \\ \text{I} & 3 \cdot 2 - y & = & 3 \\ & -y & = & -3 \\ & y & = & 3 \end{array}$$

Setzt man den x-Wert in eine der beiden Ausgangsgleichungen ein, so kann man y berechnen.

Das Zahlenpaar $(2; 3)$ ist Lösung des Gleichungssystems.

Lösungsmenge: $L = \{(2; 3)\}$

Da man wählen kann, welche Gleichung man nach welcher Variablen zuerst auflöst, gibt es verschiedene Lösungswege. Man versucht, einen möglichst einfachen Weg zu gehen. Das hängt von der Struktur des Gleichungssystems ab.

1.2 Gleichsetzungsverfahren

Man kann auch beide Gleichungen nach derselben Variablen auflösen und die gewonnenen Ausdrücke gleichsetzen. Man spricht daher auch vom Gleichsetzungsverfahren.

Beispiel:

$$\begin{array}{l|rl|}\text{I} & 3x - y &= 3 \\ \text{II} & x + 2y &= 8\end{array}$$

entweder

(I) $x = 1 + \frac{y}{3}$

(II) $x = 8 - 2y$

Gleichsetzen (I) = (II)

$$1 + \frac{y}{3} = 8 - 2y$$

$$2y + \frac{y}{3} = 8 - 1$$

$$\frac{6y + y}{3} = 7$$

$$7y = 21$$

$$y = 3$$

oder

(I) $y = 3x - 3$

(II) $y = 4 - \frac{x}{2}$

$$3x - 3 = 4 - \frac{x}{2}$$

$$3x + \frac{x}{2} = 4 + 3$$

$$\frac{6x + x}{2} = 7$$

$$7x = 14$$

$$x = 2$$

Durch Einsetzen in eine der Ausgangsgleichungen erhält man jeweils den zweiten Wert der Lösung. Bei der Probe ist zu beachten, dass die Lösung in beiden Ausgangsgleichungen überprüft wird. Im Beispiel ergab sich die Lösung $x = 2$; $y = 3$.

Probe: (I) $3 \cdot 2 - 3 = 3$; $3 = 3$ (II) $2 + 2 \cdot 3 = 8$; $8 = 8$

Nicht jedes Gleichungssystem hat genau eine Lösung. Widersprechen die Gleichungen einander oder sie sind identisch, so gibt es keine bzw. unbegrenzt viele Lösungen.

Beispiel:

$$\begin{array}{l|rl|}\text{(I)} & x + 2y &= 8 \\ \text{(II)} & 2x + 4y &= -10\end{array}$$

(I) $x = 8 - 2y$

(II) $2(8 - 2y) + 4y = -10$

$$16 - 4y + 4y = -10$$

$$16 = -10$$

Widerspruch: keine Lösung

$L = \{ \}$

$$\begin{array}{l|rl|}\text{(I)} & x + 2y &= 8 \\ \text{(II)} & 3x + 6y &= 24\end{array}$$

(I) $x = 8 - 2y$

(II) $3(8 - 2y) + 6y = 24$

$$24 - 6y + 6y = 24$$

$$24 = 24$$

Unbegrenzt viele Lösungen

$L = \{(x; y) \mid x + 2y = 8\}$

1.3 Additionsverfahren

Durch Multiplizieren einer der beiden Gleichungen eines Systems kann man erreichen, dass die Koeffizienten einer Variablen in beiden Gleichungen dem Betrag nach übereinstimmen.

Beispiel:

$$\begin{array}{l|rcl|} \text{I} & 3x - y & = & 3 \\ \text{II} & x + 2y & = & 8 \end{array}$$

Entweder man multipliziert Gleichung I mit 2 …

$$\begin{array}{ll} \text{(I)} & 6x - 2y = 6 \\ \text{II} & x + 2y = 8 \end{array}$$

… oder man multipliziert Gleichung II mit 3.

$$\begin{array}{ll} \text{I} & 3x - y = 3 \\ \text{(II)} & 3x + 6y = 24 \end{array}$$

Durch Addition bzw. Subtraktion der jeweiligen Seiten beider Gleichungen fällt eine Variable weg.

Addition (I) + (II) führt zu

$$7x = 14$$
$$x = 2$$

Subtraktion (I) – (II) führt zu

$$-7y = -21$$
$$y = 3$$

Den jeweils zweiten Wert der Lösung erhält man wieder durch Substitution in eine der Ausgangsgleichungen.

$$L = \{(2;3)\}$$

2 Grafische Lösung

Beim grafischen Lösen eines linearen Gleichungssystems mit zwei Variablen fasst man die Gleichungen des Systems als Funktionsgleichungen zweier linearer Funktionen auf und bestimmt den Schnittpunkt der beiden zugehörigen Geraden.

Beispiel:

$$\begin{array}{l|rcl|} \text{I} & 3x - y & = & 3 \\ \text{II} & x + 2y & = & 8 \end{array}$$

Man stellt die Gleichung nach y um:

(I) $y = 3x - 3$

(II) $y = -\frac{x}{2} + 4$

Man fasst die Gleichungen als Funktionsgleichungen auf und zeichnet ihre Graphen im Koordinatensystem. Als Schnittpunkte stellt man $S\ (2;3)$ fest.

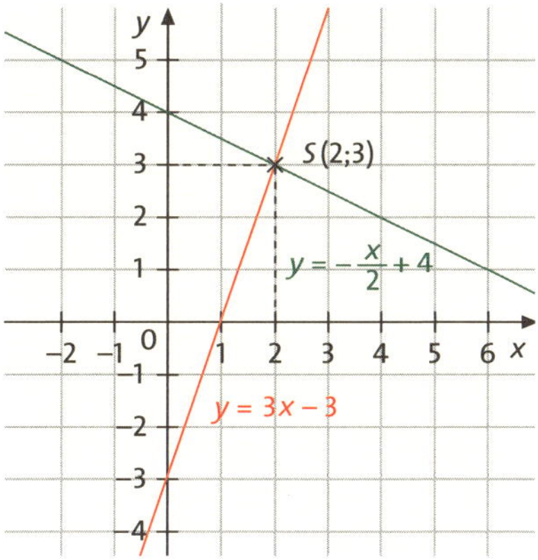

Die Probe mit (2;3) ergibt, dass dies tatsächlich die Lösung des Gleichungssystems ist.

$\Rightarrow L = \{(2;3)\}$

Beim grafischen Lösen linearer Gleichungssysteme können noch zwei weitere Fälle eintreten, auf die bereits bei den rechnerischen Lösungsverfahren hingewiesen wurde.

Beispiele:

a)

$$\begin{array}{l|rcl|} \text{I} & 3x - y & = & 3 \\ \text{II} & 6x - 2y & = & -8 \end{array}$$

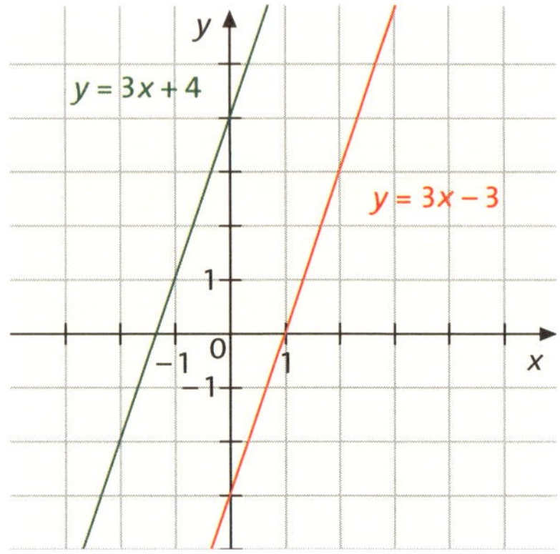

Die Auflösung der Gleichungen nach y ergibt:

(I) $y = 3x - 3$

(II) $y = 3x + 4$

Beide Funktionen haben den gleichen Anstieg 3, die zugehörigen Geraden verlaufen in gleicher Richtung. Parallele Geraden schneiden einander nicht. Es gibt keinen Punkt, der beiden Geraden angehört. Das zugehörige Gleichungssystem hat **keine** Lösung.

b)

$$\begin{array}{l|rcl|} \text{I} & 3x - y & = & 3 \\ \text{II} & 6x - 2y & = & 6 \end{array}$$

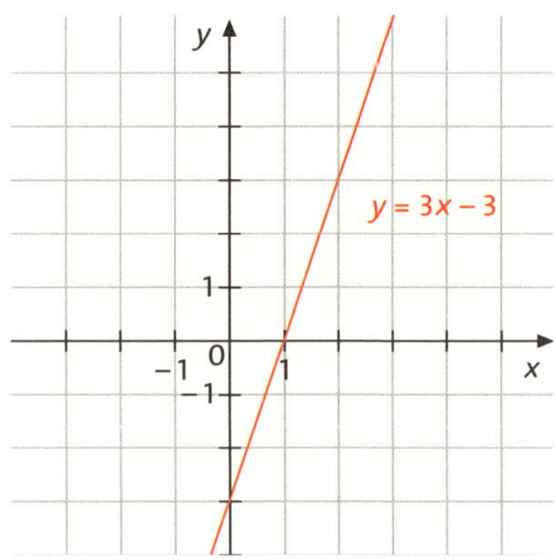

Die Auflösung der Gleichung nach y ergibt:

(I) $y = 3x - 3$

(II) $y = 3x - 3$

Beide Gleichungen sind identisch. Die zugehörigen Geraden fallen zusammen. Jeder Punkt der einen Geraden ist auch der Punkt der anderen. Das zugehörige Gleichungssystem hat **unendlich viele** Lösungen, nämlich alle Wertepaare, die die Geradengleichung erfüllen.

$L = \{(x; y) \mid y = 3x - 3\}$

3 Umsetzen von Textaufgaben

Die folgenden Aufgaben sollen mit zwei Gleichungen mit zwei Unbekannten gelöst werden. Man könnte sie auch alle nur mit einer Unbekannten lösen, aber dann wäre die Vorarbeit, die man im Kopf leisten müsste, größer. Es ist meistens einfacher mit zwei Gleichungen und zwei Unbekannten. Bei einfachen Aufgaben kann man die Gleichungen sofort hinschreiben.

Beispiel 1:

Hans ist 5 Jahre älter als Peter, und zusammen sind sie 35 Jahre alt. Wie alt ist Hans, wie alt ist Peter?

Wir legen fest: Hans ist x Jahre alt, Peter ist y Jahre alt.

$$\begin{array}{l|rcl|} \text{I} & x & = & y + 5 \\ \text{II} & x + y & = & 35 \\ \hline \end{array}$$

Die Lösung findest du im Lösungsteil.

Bei schwierigen Aufgaben ist es ratsam, sich die Angaben übersichtlich in einer Tabelle zusammenzustellen.

Beispiel 2:

Verlängert man die kürzere Seite eines Rechtecks um 2 cm und verkürzt man die längere Seite um 2 cm, so erhält man ein neues Rechteck, dessen Flächeninhalt um 6 cm² größer ist als der des alten Rechtecks. Der Umfang des alten Rechtecks betrug 30 cm. Wie lang waren die Seiten des ursprünglichen Rechtecks?

	altes Rechteck	neues Rechteck
kurze Seite	x	$x + 2$
lange Seite	y	$y - 2$
Umfang	$2x + 2y$	$2(x + 2) + 2(y - 2)$
Fläche	$x \cdot y$	$(x + 2)(y - 2)$

$$\text{Ansatz:}\quad \begin{array}{l|rcl|} \text{I} & (x + 2)(y - 2) & = & x \cdot y + 6 \\ \text{II} & 2x + 2y & = & 30 \\ \hline \end{array}$$

Die Lösung findest du im Lösungsteil.

Test

1 Löse mit dem angegebenen Verfahren.

a) Löse mit dem Einsetzungsverfahren.

$$\begin{array}{l|rl|} \text{I} & x + y & = 5 \\ \text{II} & 2x - 2y & = 2 \end{array}$$

b) Löse mit dem Gleichsetzungsverfahren.

$$\begin{array}{l|rl|} \text{I} & y & = 2x - 8 \\ \text{II} & y & = \frac{1}{3}x - 3 \end{array}$$

c) Löse mit dem Additionsverfahren.

$$\begin{array}{l|rl|} \text{I} & 3x + y & = 7 \\ \text{II} & 2x - 2y & = -2 \end{array}$$

2 Löse mit einem beliebigen Verfahren.

a) $$\begin{array}{l|rl|} \text{I} & 3x + 2y & = 5 \\ \text{II} & 3x + 2y & = 6 \end{array}$$

b) $$\begin{array}{l|rl|} \text{I} & y + 2x & = 24 \\ \text{II} & y - \frac{1}{3}x & = 10 \end{array}$$

3 Löse grafisch und mache die Probe, falls möglich.

a) $$\begin{array}{l|rl|} \text{I} & x + 2y & = 4 \\ \text{II} & 3x - y & = -2 \end{array}$$

b) $$\begin{array}{l|rl|} \text{I} & \frac{1}{2}x - y & = 0 \\ \text{II} & y + 2 & = 0 \end{array}$$

4 Übersetze die Angabe in eine Gleichung.

a) x ist um 5 größer als y.

b) x ist doppelt so groß wie y.

c) x ist halb so groß wie y.

d) a und b ergeben zusammen 25.

e) Um y zu erhalten, muss man x mit 5 multiplizieren und 10 addieren.

f) Das Produkt von x und y ist so groß wie die Summe von x und y.

5 Textaufgaben

a) Die Summe zweier ganzer Zahlen beträgt 15, ihre Differenz beträgt 25. Wie heißen die beiden Zahlen?

b) Bei einem Rechteck ist die Länge um 6 cm größer als die Breite. Sein Umfang beträgt 60 cm. Wie lang sind die Seiten?

c) Drei Flaschen Birnensaft und fünf Flaschen Kirschsaft kosten zusammen 25,90 €. Fünf Flaschen Birnensaft und drei Flaschen Kirschsaft kosten zusammen 24,50 €. Wie viel kostet eine Flasche Birnensaft, wie viel eine Flasche Kirschsaft?

Winkelgesetze

1 Kreuzungen und Doppelkreuzungen

Zwei sich schneidende Geraden bilden eine Kreuzung; dabei entstehen vier Winkel.

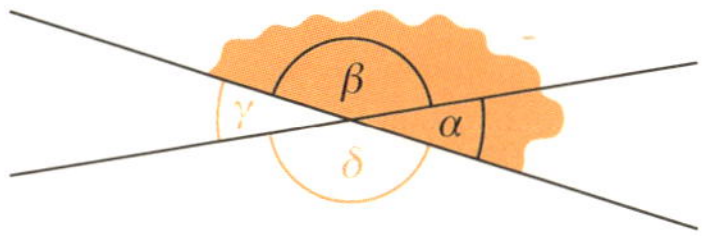

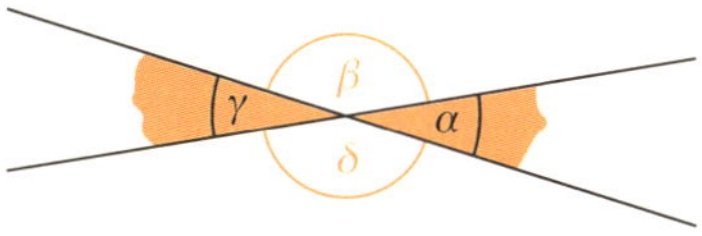

Nebenwinkel sind je zwei aneinander liegende Winkel einer Geradenkreuzung. In der Abbildung sind dies die Paare: $(\alpha; \beta)$, $(\beta; \gamma)$, $(\gamma; \delta)$, $(\delta; \alpha)$.
Je zwei Nebenwinkel ergänzen sich zu 180°, z. B. $\alpha + \beta = 180°$.

Scheitelwinkel sind je zwei gegenüberliegende Winkel einer Geradenkreuzung. In der Abbildung sind dies die Paare: $(\alpha; \gamma)$, $(\beta; \delta)$.
Je zwei Scheitelwinkel sind gleich groß.

Zwei Geraden, die von einer dritten geschnitten werden, bilden eine Doppelkreuzung. Dabei entstehen acht Winkel, wie man auf den Bildern unten sieht.

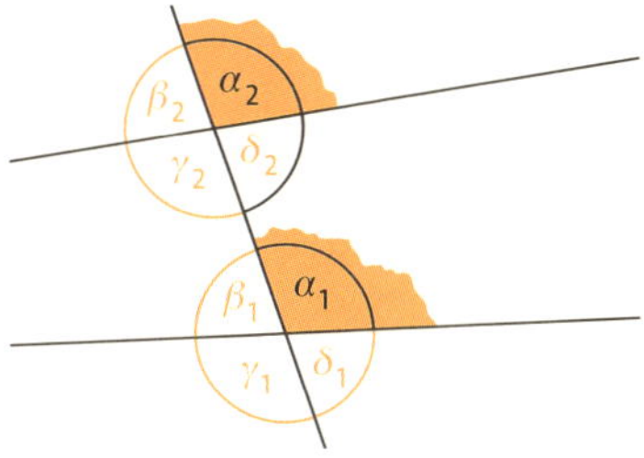

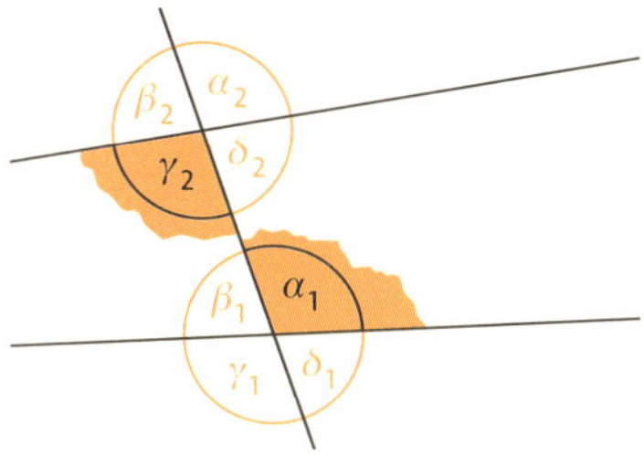

Stufenwinkel haben sowohl zur schneidenden als auch zu den geschnittenen Geraden die gleiche Lage. Im Bild sind dies die Paare: $(\alpha_1; \alpha_2)$, $(\beta_1; \beta_2)$, $(\gamma_1; \gamma_2)$, $(\delta_1; \delta_2)$.

Wechselwinkel wechseln ihre Lage sowohl zur schneidenden als auch zu den geschnittenen Geraden.
Im Bild sind dies die Paare: $(\alpha_1; \gamma_2)$, $(\beta_1; \delta_2)$, $(\gamma_1; \alpha_2)$, $(\delta_1; \beta_2)$.

2 Winkel an Parallelen

Werden parallele Geraden von einer weiteren Geraden geschnitten, dann sind Stufenwinkel gleich groß. Sind Stufenwinkel gleich groß, dann sind die geschnittenen Geraden parallel.

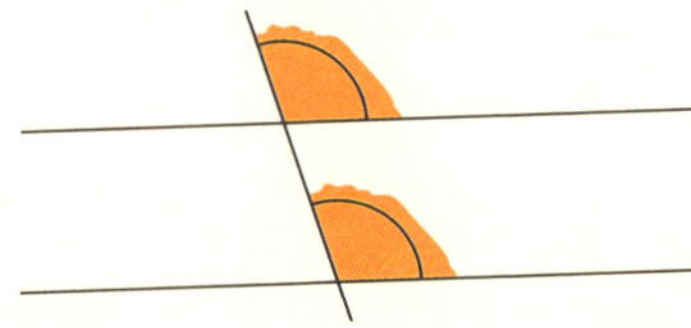

Werden parallele Geraden geschnitten, dann sind Wechselwinkel gleich groß. Sind Wechselwinkel gleich groß, dann sind die geschnittenen Geraden parallel.

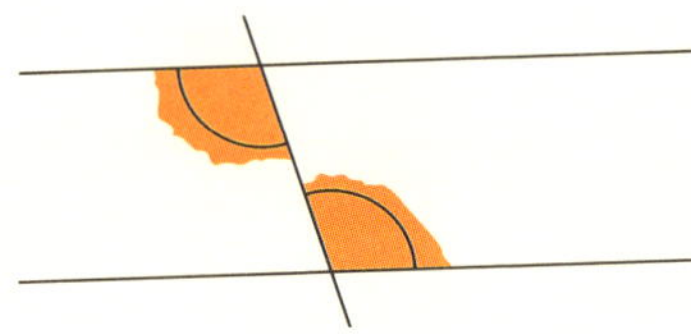

3 Winkel beim Dreieck

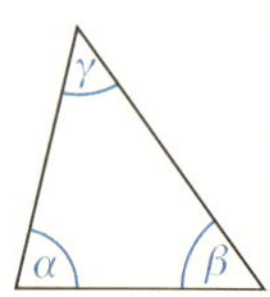

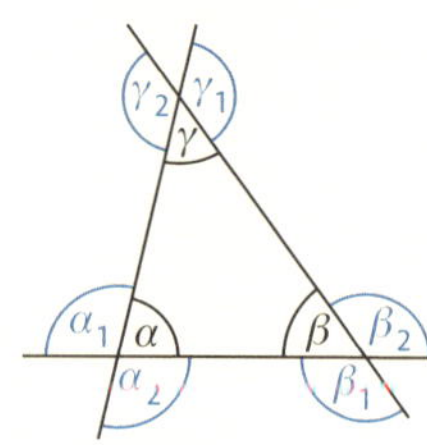

Innenwinkel liegen innerhalb des Dreiecks; sie werden von zwei Dreiecksseiten gebildet. α, β, γ sind Innenwinkel.

Außenwinkel liegen außerhalb des Dreiecks; sie werden von einer Seite und der Verlängerung ihrer Nachbarseite gebildet. α_1, α_2, β_1, β_2, γ_1, γ_2 sind Außenwinkel.

Jeder Innenwinkel und sein anliegender Außenwinkel ergänzen sich zu 180°, z. B. $\alpha + \alpha_1 = 180°$.
Denn: Innen- und anliegender Außenwinkel ergeben einen gestreckten Winkel.

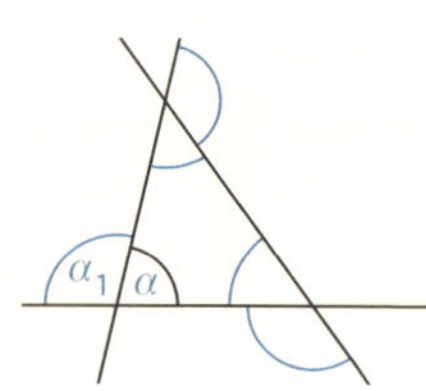

Die Summe aller sechs Außenwinkel beträgt 2 · 360°.
Denn: Wird das Dreieck umrundet, so hat man an jedem Eckpunkt die Richtung zu ändern. Nach einem kompletten Umlauf hat man wieder die ursprüngliche Richtung; also ist $\alpha_1 + \beta_1 + \gamma_1$ der Vollwinkel.

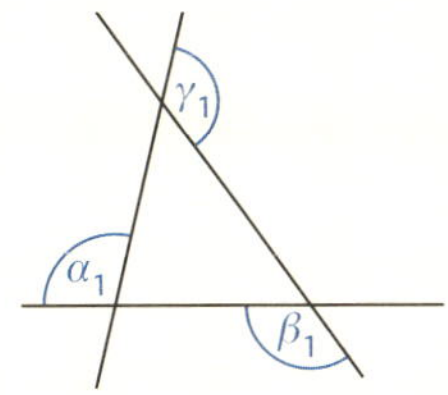

Die Summe aller Innenwinkel beträgt 180°.
Denn: Eine Parallele zu einer Dreiecksseite zeigt: Die drei Innenwinkel ergeben einen gestreckten Winkel.

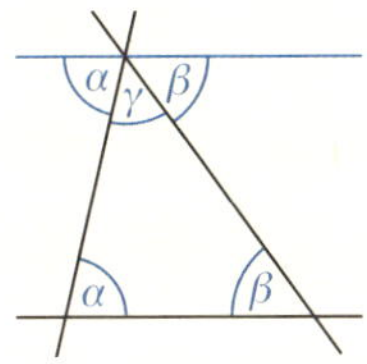

4 Winkel beim Viereck

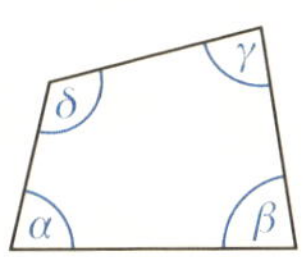

Innenwinkel liegen innerhalb des Vierecks; sie werden von zwei benachbarten Vierecksseiten gebildet. $\alpha, \beta, \gamma, \delta$ sind Innenwinkel.

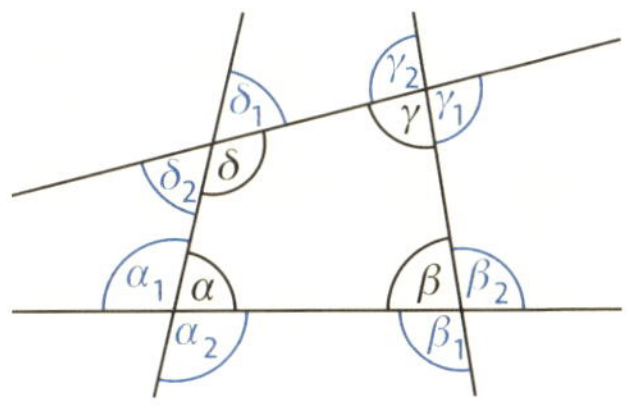

Außenwinkel liegen außerhalb des Vierecks; sie werden von einer Seite und der Verlängerung ihrer Nachbarseite gebildet.
$\alpha_1, \alpha_2, \beta_1, \beta_2, \gamma_1, \gamma_2, \delta_1, \delta_2$ sind Außenwinkel.

Jeder Innenwinkel und sein anliegender Außenwinkel ergänzen sich zu 180°.
Denn wie beim Dreieck gilt: Innen- und anliegender Außenwinkel ergeben einen gestreckten Winkel.

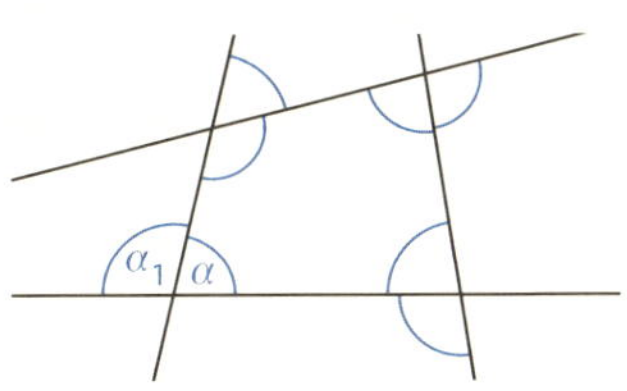

Die Summe aller acht Außenwinkel beträgt 2 · 360°.
Denn wie beim Dreieck gilt: Die Richtungsänderungen bei einem kompletten Umlauf summieren sich zum Vollwinkel:
$\alpha_1 + \beta_1 + \gamma_1 + \delta_1 = 360°$.

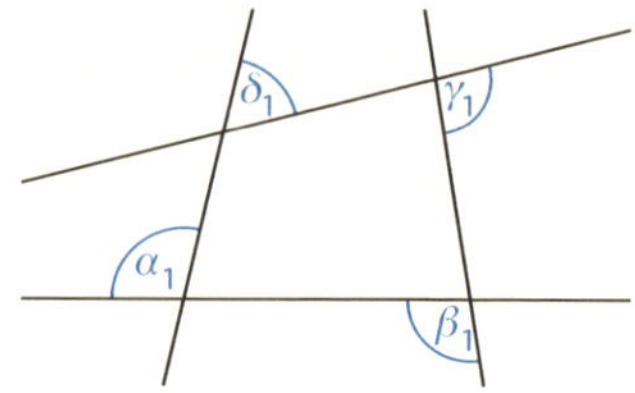

Die Summe aller Innenwinkel beträgt 2 · 180°, also 360°.
Denn: Ein Viereck lässt sich in zwei Dreiecke zerlegen. Die Summe der Innenwinkel ist doppelt so groß wie beim Dreieck.

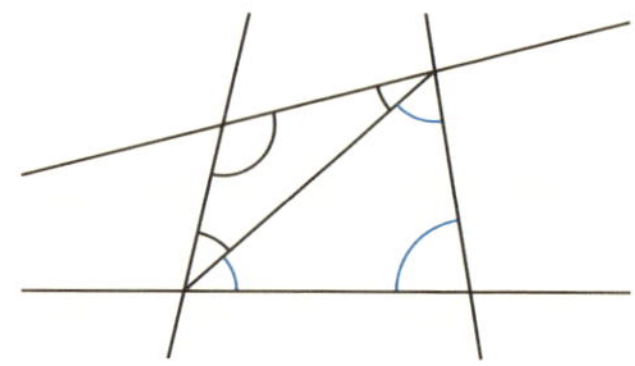

Winkel beim Vieleck

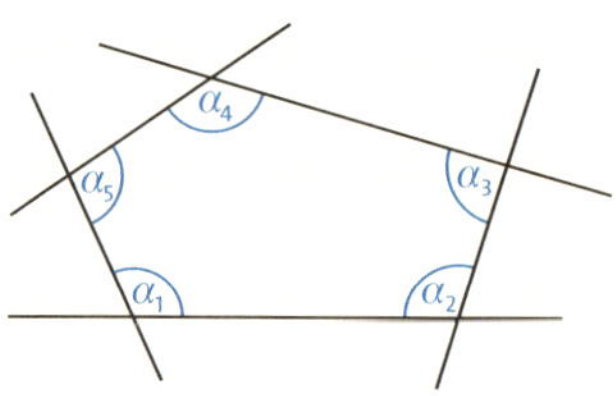

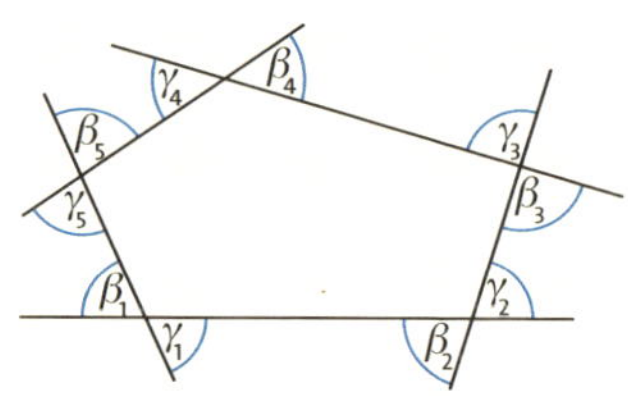

Innenwinkel liegen innerhalb des Vielecks; sie werden von zwei benachbarten Vielecksseiten gebildet: $\alpha_1, \alpha_2, \alpha_3, \ldots \alpha_n$ sind Innenwinkel.

Außenwinkel liegen außerhalb des Vielecks, gebildet von einer Seite und der Verlängerung ihrer Nachbarseite: $\beta_1, \beta_2, \beta_3, \ldots \beta_n$; $\gamma_1, \gamma_2, \gamma_3 \ldots \gamma_n$ sind Außenwinkel.

Jeder Innenwinkel und sein anliegender Außenwinkel ergänzen sich zu 180°.
Denn wie beim Dreieck gilt: Innen- und anliegender Außenwinkel ergeben einen gestreckten Winkel.

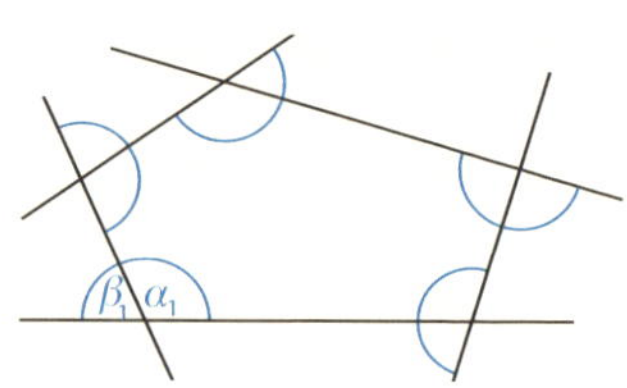

Die Summe aller $2 \cdot n$ Außenwinkel beträgt $2 \cdot 360°$, also 720°.
Denn wie beim Dreieck gilt: Die Richtungsänderungen bei einem kompletten Umlauf summieren sich zum Vollwinkel. $\beta_1 + \beta_2 + \beta_3 + \ldots + \beta_n = 360°$.

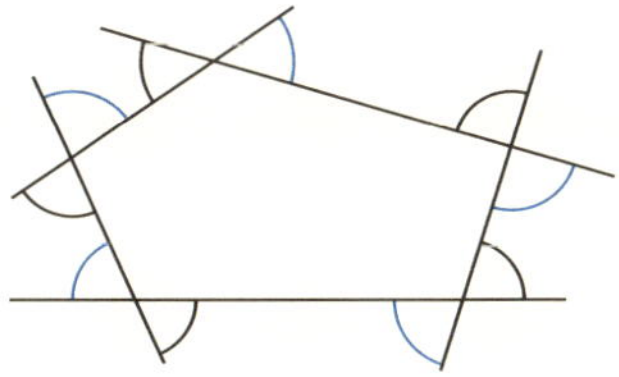

Die Summe aller Innenwinkel beim n-Eck beträgt $(n - 2) \cdot 180°$.
Denn: Ein 5-Eck lässt sich in 3, ein 6-Eck in 4, …, ein n-Eck in $(n - 2)$ Dreiecke zerlegen. Die Summe der Innenwinkel beim n-Eck beträgt also $(n - 2) \cdot 180°$.

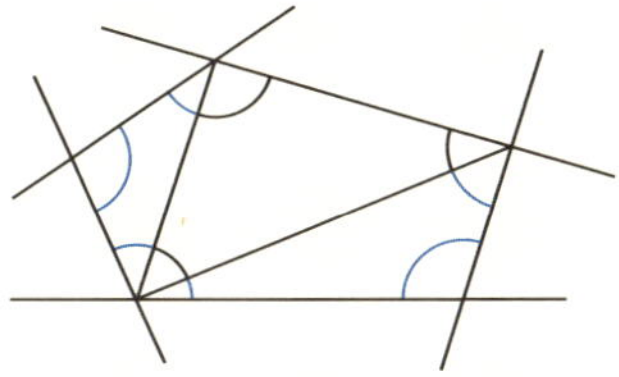

Test

1 **Die zwei Parallelen *a* und *b* werden von der Geraden *g* geschnitten. Nur ein einziger Winkel ist bekannt, es ist $\lambda = 130°$. Wie groß sind die anderen Winkel?**

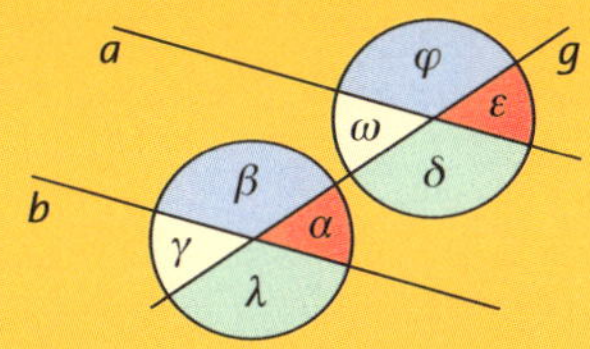

2 **Wie groß ist die Summe der Innenwinkel beim 5-Eck, 6-Eck, 12-Eck?**

3 **Berechne die gesuchten Winkel.**

a) $\alpha = ?$

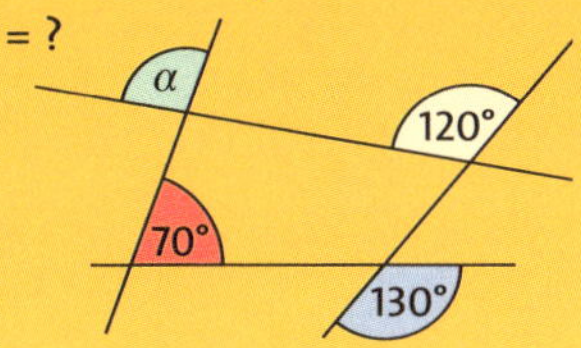

b) $\beta = ?$

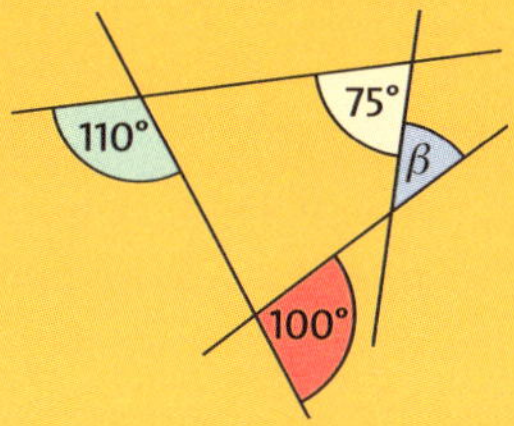

4 **$\alpha = 30°$. Berechne β.**

a)

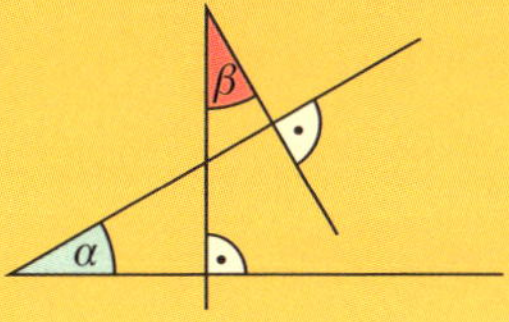

b)

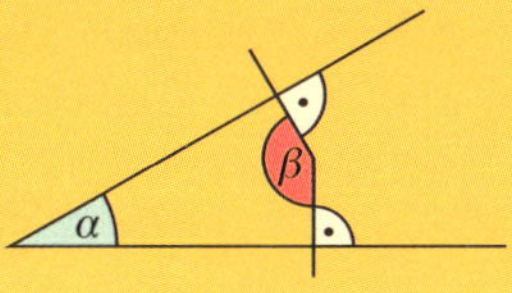

Symmetrie und Kongruenz

1 Achsensymmetrie und Punktsymmetrie

Eine Figur ist achsen- oder spiegelsymmetrisch bezüglich der Achse a, wenn sie durch **Spiegelung** an dieser Achse a als Ganzes unverändert bleibt. Die Achse a heißt **Symmetrieachse**.

Bei der **Achsenspiegelung** wird jeder Punkt von der einen auf die andere Seite der Achse a abgebildet. Punkt P und sein Bildpunkt P' haben von der Achse a gleichen Abstand. Die Strecke $\overline{PP'}$ ist rechtwinklig zur Achse.

Und so überprüft man Achsensymmetrie: Jeder Punkt P einer Figur muss beim Umklappen auf einen Punkt P' derselben Figur fallen. Deshalb:

1 Wähle einen beliebigen Punkt P der Figur.
2 Fälle das Lot von P auf die Achse und verlängere es über die Achse hinaus.
3 Markiere P' – er liegt auf dem Lot und in gleichem Abstand von der Achse wie P.
4 Jetzt zeigt es sich: Liegt auch P' in der Figur, dann ist eine solche Figur achsensymmetrisch.

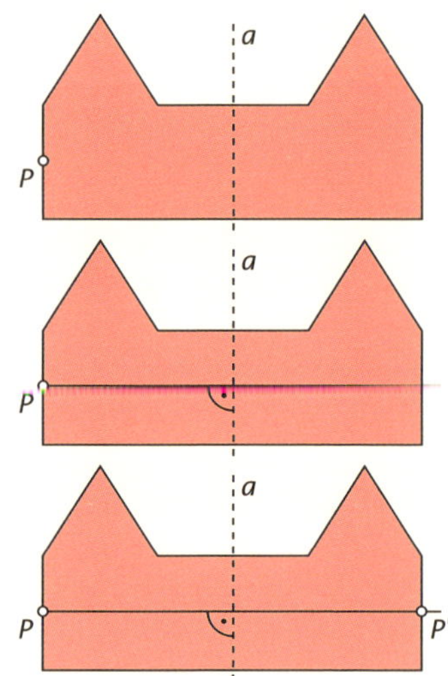

Beispiele:

1 Achsensymmetrie zeigen nahezu alle Lebewesen.
2 Achsensymmetrisch sind geometrische Figuren wie z. B. gleichschenklige Dreiecke und Drachen.
3 Gleichseitige Dreiecke, Rechtecke, Quadrate weisen mehrfache Achsensymmetrie auf.

Eine Figur ist punktsymmetrisch bezüglich des Punktes *P*, wenn sie bei einer Punktspiegelung bezüglich dieses Punktes *P* als Ganzes unverändert bleibt.

Die **Punktspiegelung** ist eine Abbildung. Der Bildpunkt *A'* eines Punktes *A* liegt auf der Geraden *AP* und hat von *P* den gleichen Abstand wie *A*.
Und so überprüft man Punktsymmetrie:

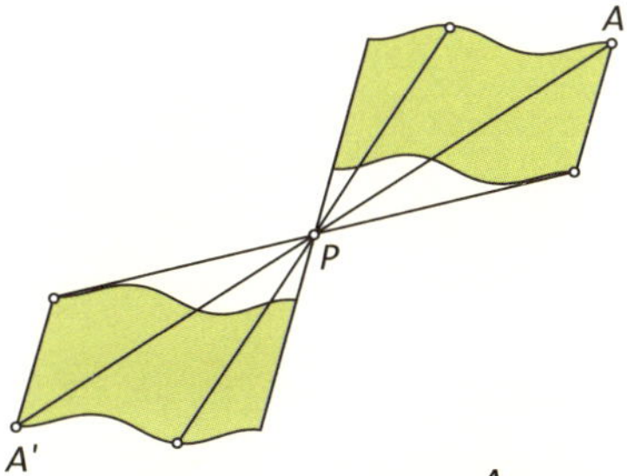

1 Wähle einen beliebigen Punkt *A* der Figur.
2 Verbinde *A* geradlinig mit *P*, verlängere $\overline{AP}$ über *P* hinaus.

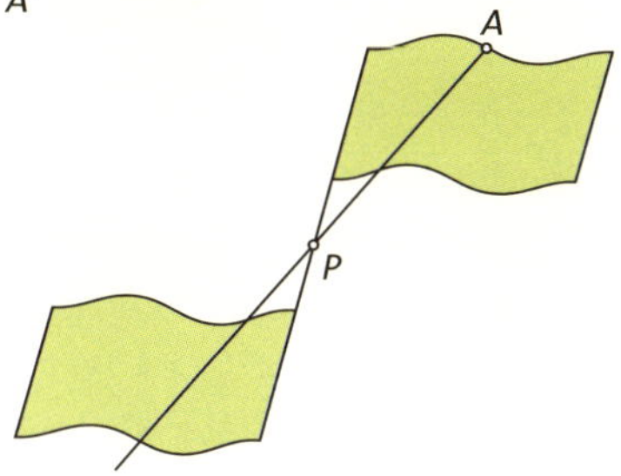

3 Der Kreis um *P* mit dem Radius $|AP|$ schneidet die Gerade *AP* in *A* und in *A'*.
4 Jetzt zeigt es sich: Liegt auch *A'* in der Figur, dann ist sie punktsymmetrisch.

▶ **BEACHTE** Punktsymmetrie ist Drehsymmetrie.
Denn: Punktspiegelung bezüglich des Punktes *P* bewirkt genau das Gleiche wie eine Drehung um 180° um diesen Punkt. Punktspiegelung bezüglich *P* und Drehung um *P* um 180° sind deshalb gleichwertige Abbildungen.

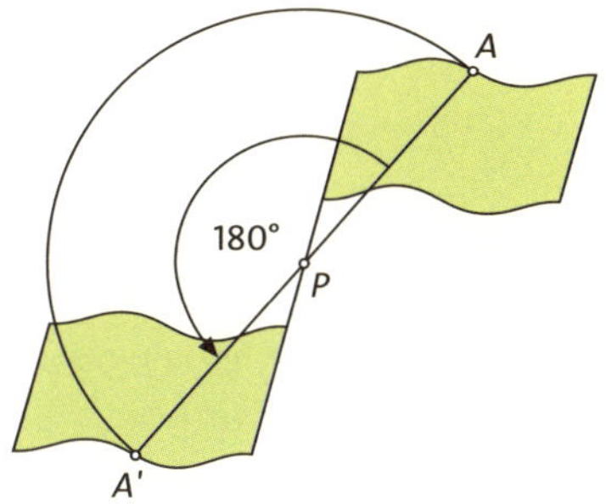

2 Begriff der Kongruenz

Die folgenden Abbildungen heißen Kongruenzabbildungen.

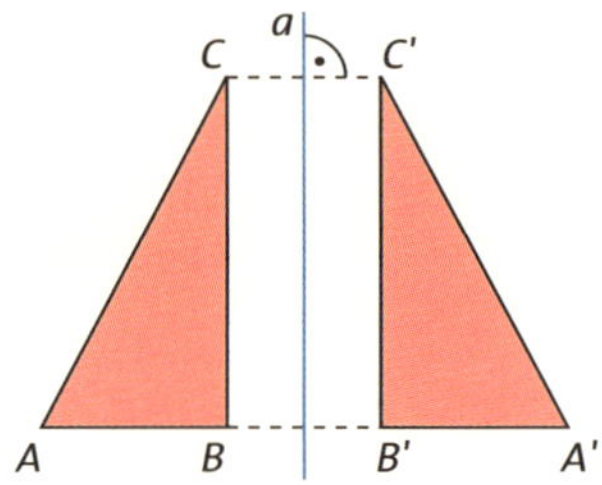

Achsenspiegelung an der Achse *a*

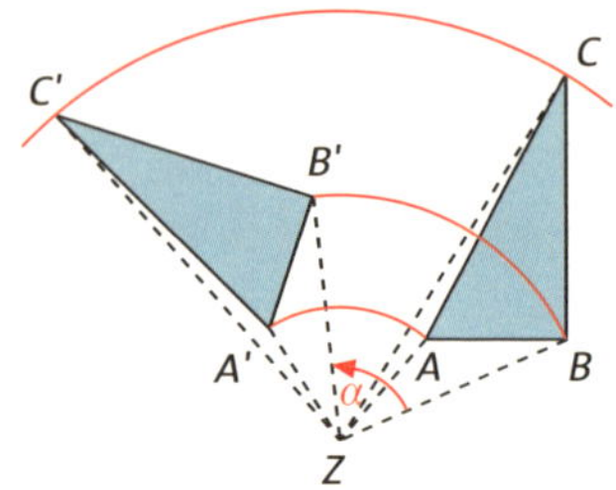

Drehung um Z mit dem Drehwinkel α

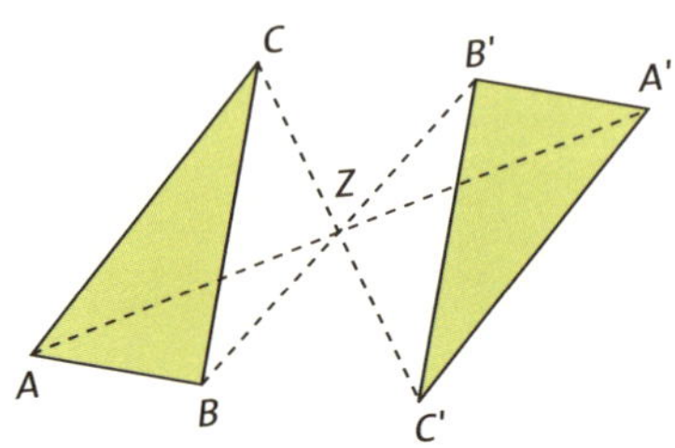

Punktspiegelung an Z (= Drehung um 180°)

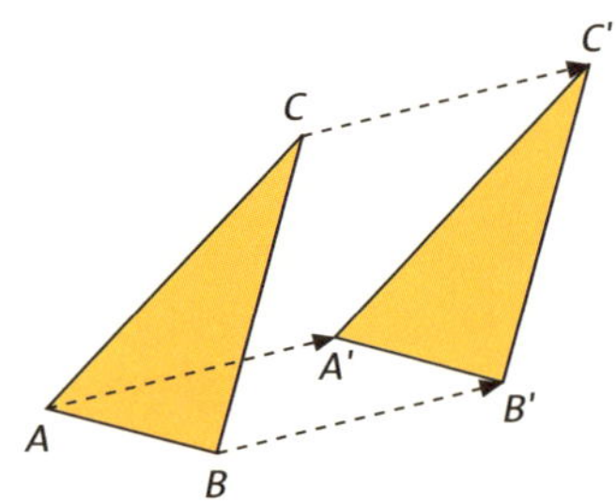

Verschiebung mit Verschiebungspfeil

Eine Drehung und eine Verschiebung lässt sich auch durch eine **Mehrfachspiegelung** bzw. durch eine **Verkettung** von Spiegelungen darstellen. Wenn wir die Originalfigur mit der Bildfigur bei obigen Abbildungen vergleichen, stellen wir fest:

- Sie sind nicht gleich, denn ihre Lage (manchmal auch ihr Umlaufsinn) hat sich geändert.
- Sie haben gleiche Winkel und gleiche Seiten. Diese Art der Verwandtschaft zweier Figuren nennt man **Kongruenz**.

> **MERKE** Zwei Figuren heißen kongruent, wenn sie durch eine Einfachspiegelung oder durch eine Mehrfachspiegelung aufeinander abgebildet werden können.

Eine anschauliche Vorstellung von Kongruenz kannst du so erhalten:

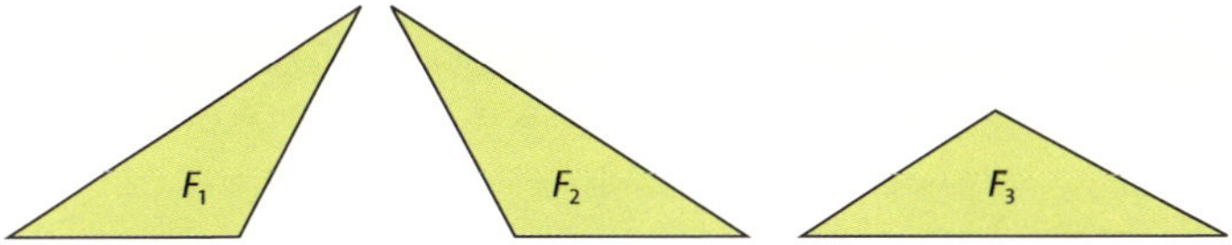

Diese drei kongruenten Figuren könntest du durch Ausschneiden und Übereinanderlegen zur Deckung bringen. Man sagt daher statt „kongruent“ auch „deckungsgleich“.
Schreibweise: $F_1 \cong F_2$ (lies: F_1 ist kongruent zu F_2.)

3 Kongruenzsätze

Zwei Dreiecke sind zueinander kongruent, wenn sie übereinstimmen in:

So kannst du sie dir merken.

- 3 Seiten

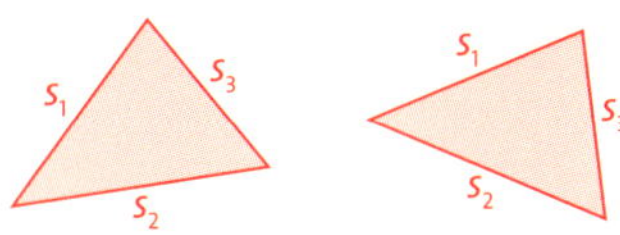

sss

- 2 Seiten und dem der größeren Seite gegenüberliegenden Winkel

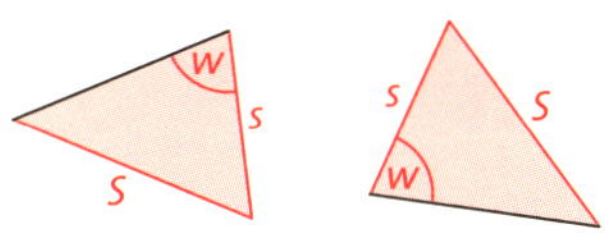

Ssw

Mit *s* ist die dem Winkel *w* benachbarte kleinere Seite, mit *S* die dem Winkel gegenüberliegende größere Seite bezeichnet.

- 2 Seiten und dem eingeschlossenen Winkel

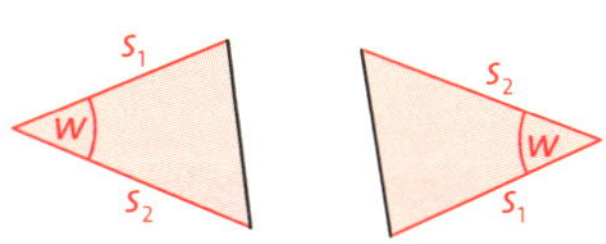

sws

- 1 Seite und 2 anliegenden Winkeln

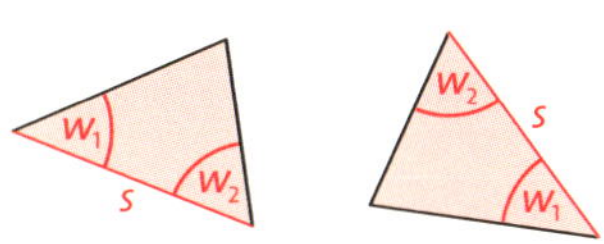

wsw

Test

1 **Zeichne ein Dreieck *ABC* mit *A* (1; 1), *B* (5; 1), *C* (4; 3).**
Bilde dieses Dreieck durch

a) eine Achsenspiegelung an der *x*-Achse ab;
b) eine Punktspiegelung am Ursprung ab.

2 **Welche Figuren sind achsen- oder punktsymmetrisch (oder beides)? Trage Symmetrieachsen und Symmetriezentrum ein, falls vorhanden.**

T X S O P Z

3 **Von zwei Dreiecken *ABC* und $A_1B_1C_1$ sei Folgendes bekannt:**

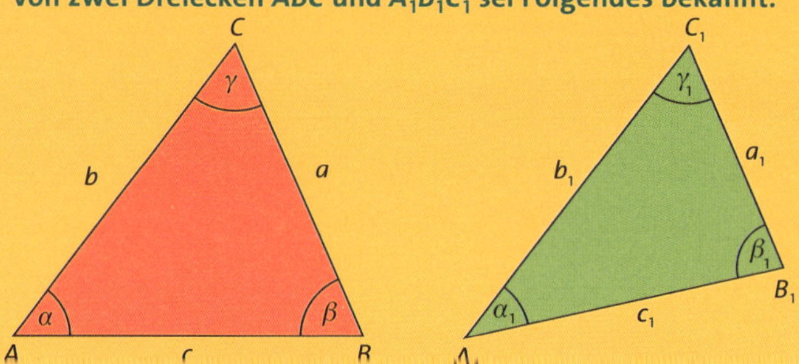

a) $\overline{BC} = \overline{A_1B_1}$; $\alpha = \alpha_1$; $\gamma = \beta_1$
b) $\overline{AB} = \overline{A_1B_1}$; $\overline{BC} = \overline{B_1C_1}$; $\alpha = \alpha_1 = 120°$
c) $\overline{AC} = \overline{A_1C_1}$; $\overline{BC} = \overline{B_1C_1}$; $\beta = \beta_1$
d) $b = a_1$; $a = b_1$; $c = c_1$

In welchen der aufgeführten Fälle sind die beiden Dreiecke kongruent? Gib an, welcher Kongruenzsatz zutrifft.

Dreiecke

1 Dreiecksarten

An dieser Figur siehst du noch einmal die üblichen Bezeichnungen bei einem Dreieck. Die Bezeichnung der Eckpunkte erfolgt entgegen des Uhrzeigersinns. Winkel im Dreieck haben wir schon behandelt. Die wichtigste Erkenntnis war:

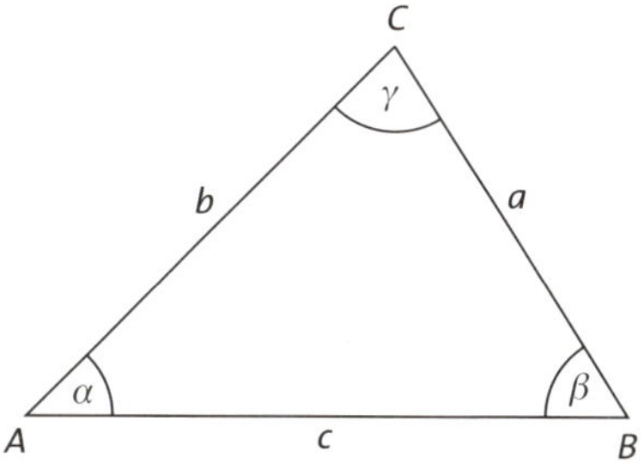

MERKE $\alpha + \beta + \gamma = 180°$ (Innenwinkelsatz)

Kann man auch über die Seitenlängen bei einem Dreieck eine Aussage machen? Natürlich kann man ein Dreieck beliebig groß machen. Für die Summe der Seitenlängen gibt es keine Vorschrift wie bei den Winkeln. Sind die Seitenlängen ganz beliebig?
Mach folgenden Versuch: Drittele ein Streichholz. Versuche aus einem ganzen Streichholz und zwei Streichholzdritteln ein Dreieck zu legen.
Es geht nicht! Die Summe der Längen zweier Dreiecksseiten muss größer als die Länger der dritten sein.

MERKE Für jedes Dreieck *ABC* gilt die Dreiecksungleichung:
$a + b > c$ oder $a + c > b$ oder $b + c > a$.

Für den Zusammenhang zwischen den Seiten und den Winkeln eines Dreiecks gibt es folgenden Lehrsatz, der hier ohne Beweis angeführt wird:

MERKE In jedem Dreieck liegt der größeren Seite auch der größere Winkel gegenüber, und umgekehrt.

Je nach Größe der Seiten und der Winkel lassen sich Dreiecke in Arten untergliedern. Bei manchen Dreiecksarten haben bestimmte Stücke einen besonderen Namen. Vergleicht man die *Seitenlängen* verschiedener Dreiecke, so findet man Dreiecke mit:

3 verschieden langen Seiten

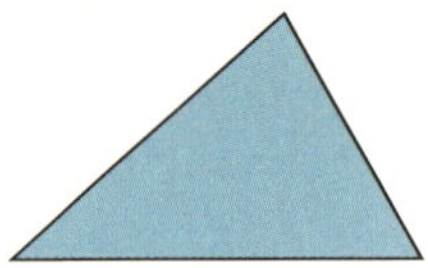

unregelmäßiges Dreieck

2 gleich langen Seiten

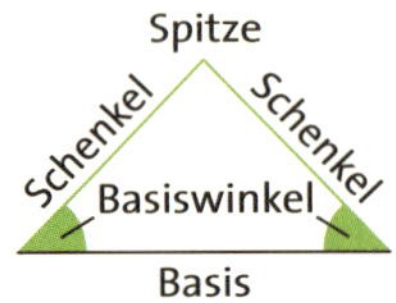

gleichschenkliges Dreieck

3 gleich langen Seiten

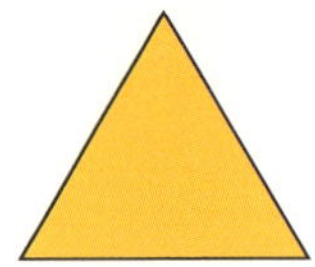

gleichseitiges Dreieck

Vergleicht man *Winkel* verschiedener Dreiecke, so findet man Dreiecke mit:

einem stumpfen Winkel

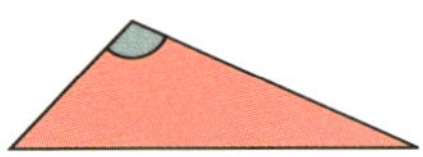

stumpfwinkliges Dreieck

einem rechten Winkel

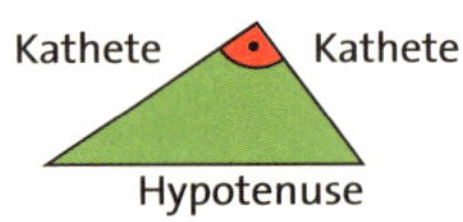

rechtwinkliges Dreieck

drei spitzen Winkeln

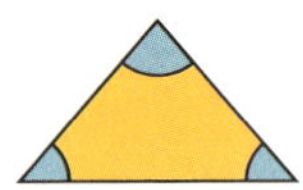

spitzwinkliges Dreieck

Alle Dreiecksarten auf einen Blick:

	unregelmäßig	gleichschenklig	gleichseitig
spitzwinklig	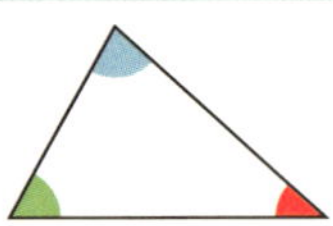	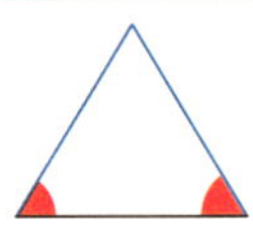	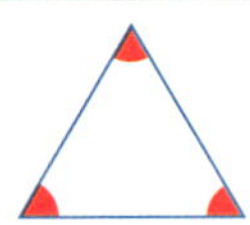
rechtwinklig	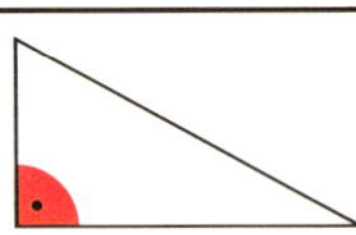	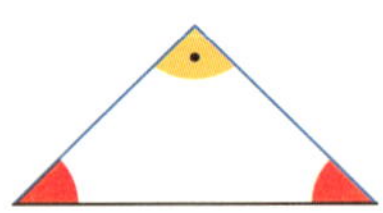	
stumpfwinklig	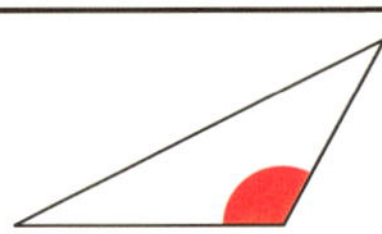	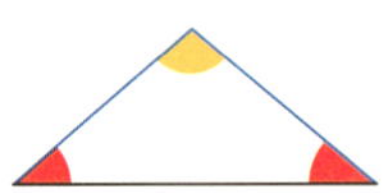	

Beim rechtwinkligen Dreieck gibt es folgende Besonderheit:
Die Ecken eines rechtwinkligen Dreiecks liegen auf dem Kreis, der die Hypotenuse als Durchmesser hat (Thaleskreis).

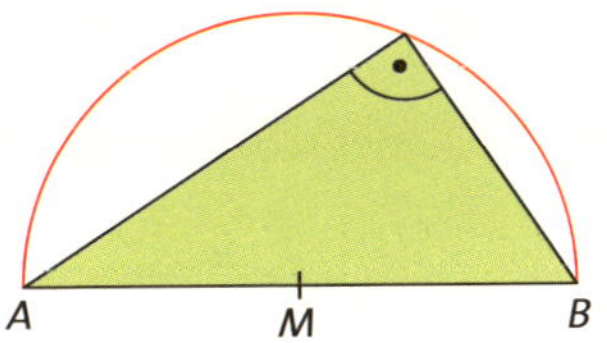

2 Konstruktion von Dreiecken

Ein Dreieck lässt sich dann eindeutig konstruieren, wenn die gegebenen Stücke einem der Kongruenzsätze entsprechen (z. B. sws) und die Dreiecksgleichung gilt.

sss

Gegeben sind die drei Seiten a, b und c.

- Zeichne $\overline{AB}$ mit Länge c.
- C liegt
  a) auf dem Kreis um A mit Radius b,
  b) auf dem Kreis um B mit Radius a.

Von den zwei Lösungen betrachtet man üblicherweise nur diejenige, bei der A, B, C im Gegenuhrzeigersinn aufeinander folgen.

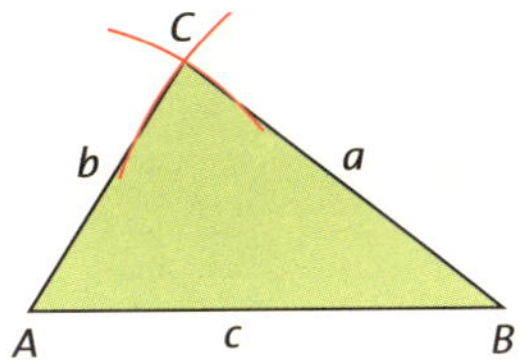

Ssw

Gegeben sind z. B. die (größere) Seite c, die (kleinere) Seite b und Winkel γ.

- Zeichne $\overline{AC}$ mit Länge b.
- B liegt
  a) auf dem freien Schenkel des Winkels γ,
  b) auf dem Kreis um A mit Radius c.

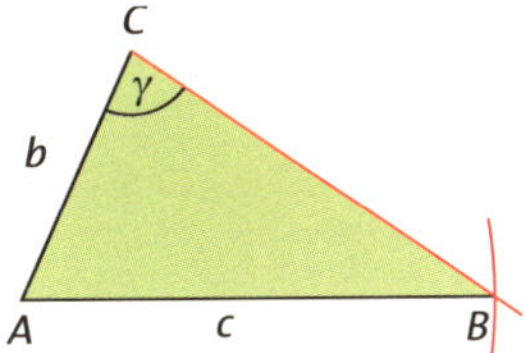

sws

Gegeben sind zum Beispiel b, α und c.

- Zeichne $\overline{AB}$ mit Länge c.
- C liegt
  a) auf dem freien Schenkel des Winkels α,
  b) auf dem Kreis um A mit Radius b.

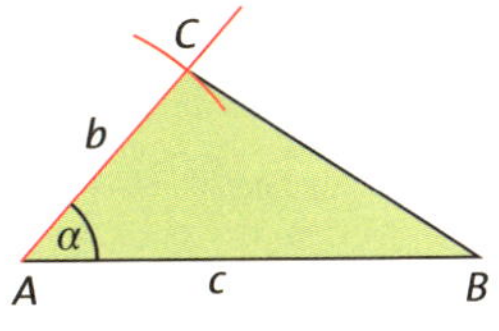

WSW

Gegeben sind zum Beispiel α, c und β.

- Zeichne $\overline{AB}$ mit Länge c.
- C liegt
  a) auf dem freien Schenkel des Winkels α,
  b) auf dem freien Schenkel des Winkels β.

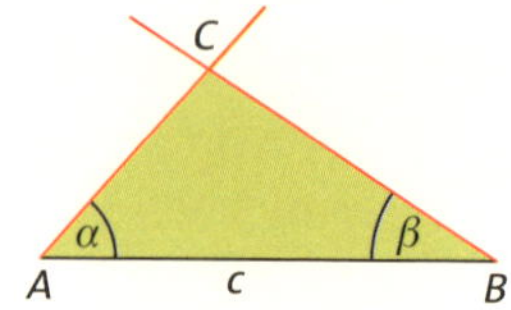

Bei der Konstruktion von rechtwinkligen Dreiecken kann man auch den Thaleskreis verwenden.

Zu einer Dreieckskonstruktion gehören normalerweise drei Schritte:
a) Skizze (Planfigur), b) Konstruktionsbeschreibung, c) Konstruktion.

3 Besondere Linien im Dreieck

a)

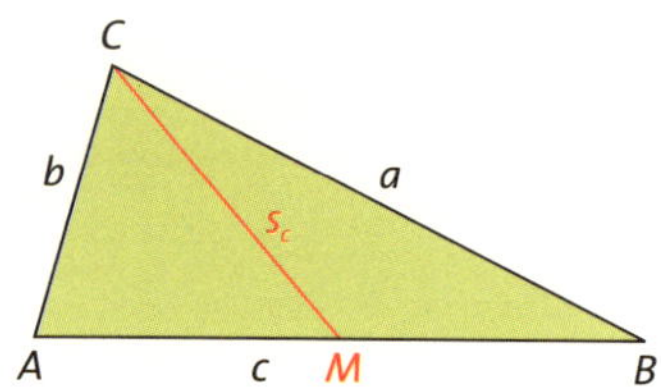

$\overline{AM} = \overline{MB}$ $\quad s_c = \overline{CM}$
s_c heißt **Seitenhalbierende** der Seite c.

b)

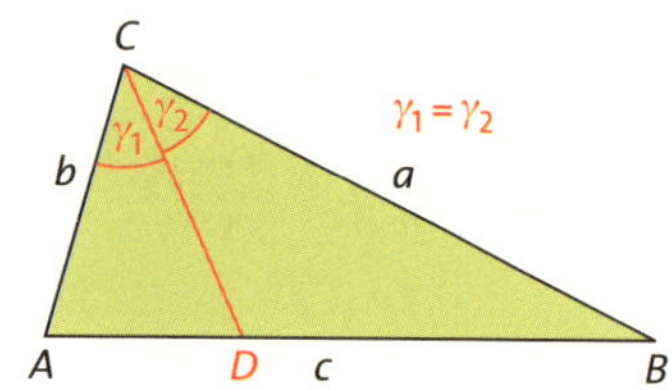

$\gamma_1 = \gamma_2$ $\quad \omega_\gamma = \overline{CD}$
ω_γ heißt **Winkelhalbierende** des Winkels γ.

c)

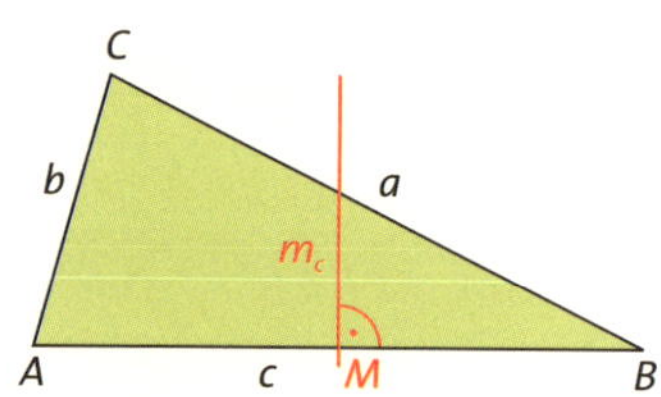

$\overline{AM} = \overline{MB}$ $\quad m_c \perp \overline{AB}$
m_c heißt **Mittelsenkrechte** auf der Seite c.

d)

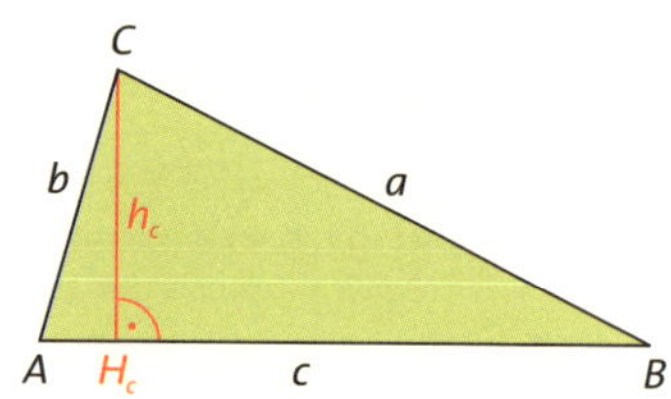

$\overline{CH_c} \perp \overline{AB}$ $\quad h_c = \overline{CH_c}$
h_c heißt **Höhe** auf der Seite c.

Ein Dreieck hat drei Ecken, drei Seiten und drei Innenwinkel. Also gibt es zu jedem Dreieck

- drei Seitenhalbierende,
- drei Mittelsenkrechten,
- drei Winkelhalbierende,
- drei Höhen.

Zu a) Seitenhalbierende

Eine Seitenhalbierende eines Dreiecks verläuft von einem Eckpunkt zum Mittelpunkt der gegenüberliegenden Seite. Eine Seitenhalbierende ist eine **Strecke**. Den Mittelpunkt einer Seite finden wir mit Hilfe der Grundkonstruktion „Halbieren einer Strecke".

$s_a = \overline{AM}$ heißt Seitenhalbierende der Seite a.

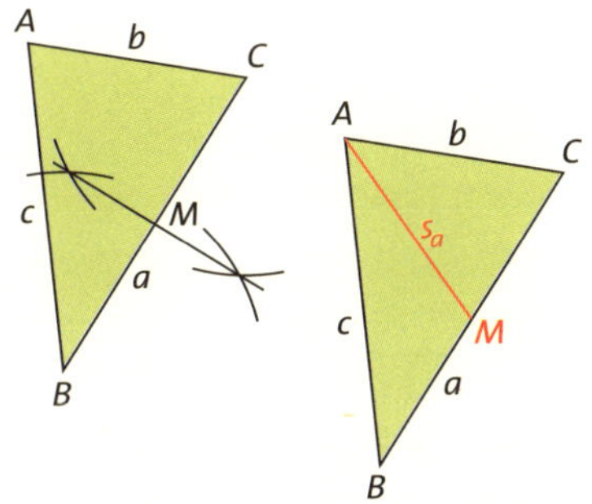

Der Punkt S, in dem sich alle drei Seitenhalbierenden schneiden, ist der **Schwerpunkt** des Dreiecks. Die Seitenhalbierenden heißen deshalb auch Schwerelinien. Der Schwerpunkt liegt stets im Inneren des Dreiecks.

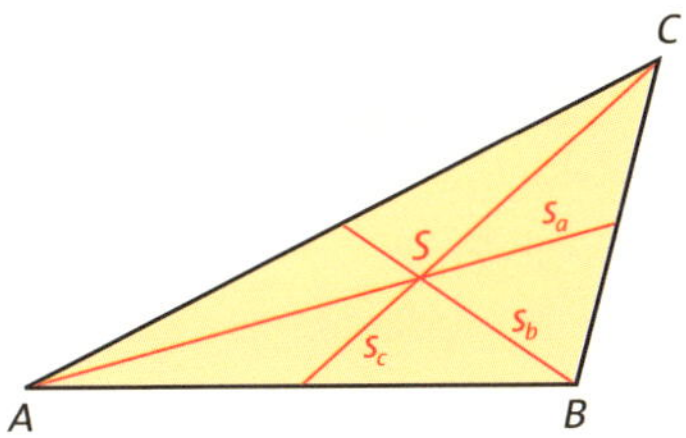

Zu b) Winkelhalbierende

Die Konstruktion einer Winkelhalbierenden im Dreieck beruht auf der Grundkonstruktion „Halbierung eines Winkels". Jeder Punkt der Winkelhalbierenden hat von den Schenkeln des Winkels den gleichen Abstand. Wählt man den Abstand eines Punktes P der Winkelhalbierenden von den Schenkeln als Radius eines Kreises um P, so passt dieser Kreis genau in den Winkel. Der Kreis berührt die Schenkel des Winkels von innen.

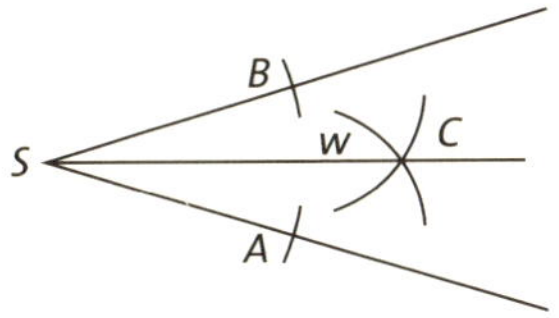

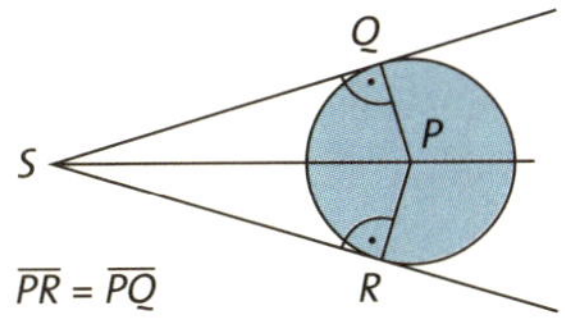

Die Winkelhalbierende w_α halbiert den Winkel α. Sie schneidet die Gegenseite im Punkt D. Die Winkelhalbierende im Dreieck ist eine Strecke: $w_\alpha = \overline{AD}$.

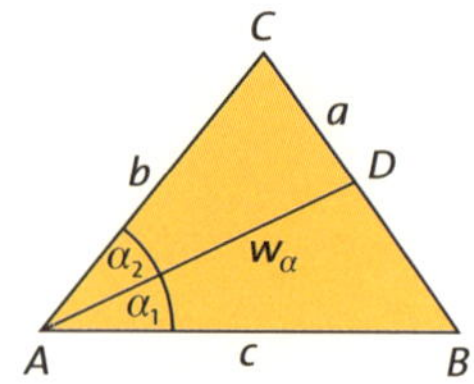

Die drei Winkelhalbierenden eines Dreiecks schneiden einander in einem Punkt W, dem Mittelpunkt des Inkreises des Dreiecks. W liegt stets im Inneren des Dreiecks.

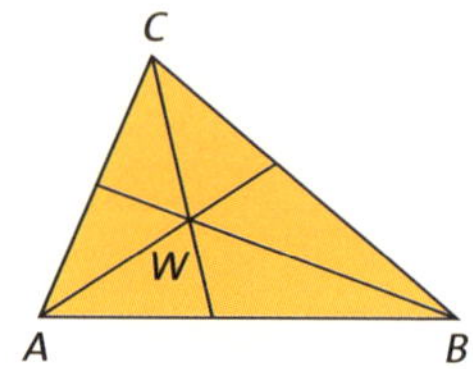

Zu c) Mittelsenkrechte

Die Konstruktion einer Mittelsenkrechten im Dreieck beruht auf den Grundkonstruktionen „Halbieren einer Strecke“ und „Errichten einer Senkrechten in einem Punkt auf einer Geraden“. Wir überlegen:
Die Mittelsenkrechte ist Symmetrieachse der Strecke $\overline{AB}$. Jeder Punkt der Mittelsenkrechten ist von A und B jeweils gleich weit entfernt: $\overline{AM} = \overline{MB}$, $\overline{AP} = \overline{PB}$.

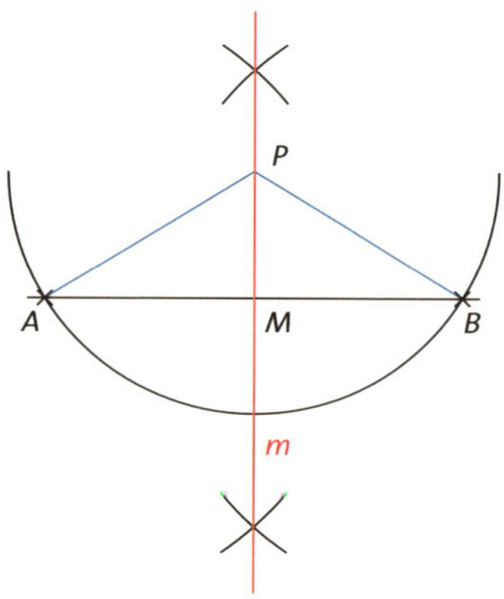

Je sorgfältiger du konstruierst, desto besser schneiden die Mittelsenkrechten einander genau in einem Punkt. Dieser Punkt M ist Mittelpunkt des Umkreises des Dreiecks.

Konstruktion des Umkreismittelpunktes in einem rechtwinkligen Dreieck

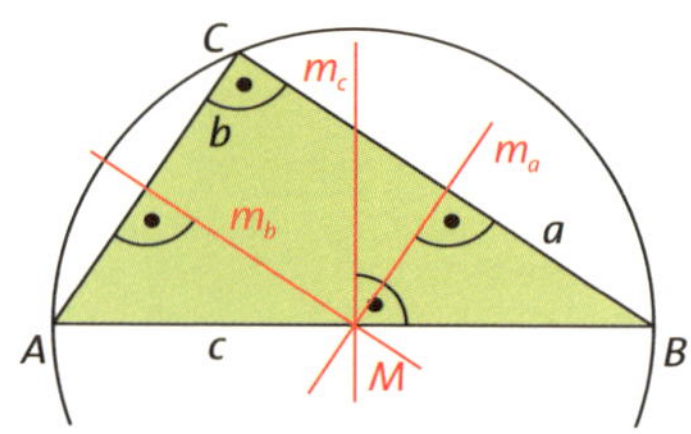

Konstruktion des Umkreismittelpunktes in einem stumpfwinkligen Dreieck

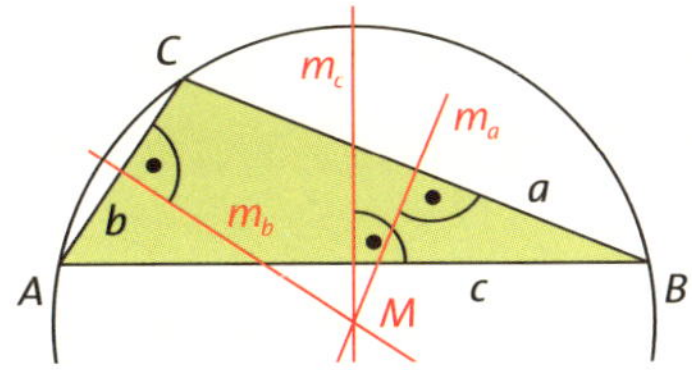

Die Mittelsenkrechten eines Dreiecks sind Geraden.
Der Schnittpunkt M der Mittelsenkrechten liegt
- bei spitzwinkligen Dreiecken innerhalb des Dreiecks,
- bei rechtwinkligen Dreiecken im Mittelpunkt der größten Seite,
- bei stumpfwinkligen Dreiecken außerhalb des Dreiecks.

Die Mittelsenkrechten verlaufen nicht notwendigerweise durch einen Eckpunkt.

Zu d) Höhe

Die Konstruktion einer Höhe im Dreieck beruht auf der Grundkonstruktion „Fällen eines Lotes von einem Punkt auf eine Gerade".

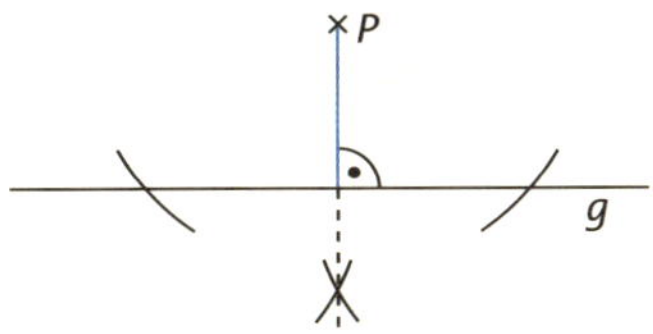

Eine Höhe eines Dreiecks ist der Abstand eines Eckpunktes von der gegenüberliegenden Seite: $h_a = \overline{AH_a}$. Sie ist also eine **Strecke**. H_a heißt Fußpunkt der Höhe h_a.

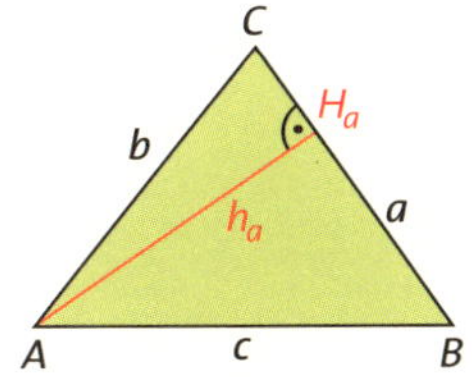

Die Höhen eines Dreiecks schneiden einander in einem Punkt H.
Der Schnittpunkt der Höhen liegt:
- bei spitzwinkligen Dreiecken innerhalb des Dreiecks,
- bei rechtwinkligen Dreiecken im Scheitel (Eckpunkt) des rechten Winkels,
- bei stumpfwinkligen Dreiecken außerhalb des Dreiecks.

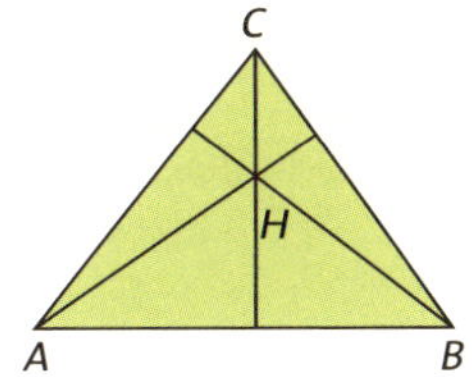

4 Umfang und Flächeninhalt

4.1 Umfang

Für jedes Dreieck *ABC* mit den Seiten *a*, *b* und *c* ist der Umfang die Summe der Länge aller drei Seiten: $u = a + b + c$.

4.2 Flächeninhalt

Für den Flächeninhalt eines Dreiecks gilt: $A_D = \frac{a \cdot h_a}{2} = \frac{b \cdot h_b}{2} = \frac{c \cdot h_c}{2}$.

Weil es unwesentlich ist, welche Seite mit der zugehörigen Höhe man zur Inhaltsberechnung benutzt, findest du in Formelsammlungen auch diese Darstellung: $A_D = \frac{g \cdot h}{2}$ bzw. $A_D = \frac{g \cdot h_g}{2}$.

Mit *g* ist eine beliebig zu wählende Seite gemeint und mit *h* die dazugehörige Höhe. Manchmal wird *g* auch Grundseite genannt.

Beim rechtwinkligen Dreieck gibt es eine Besonderheit: $A_{\llcorner} = \frac{a \cdot b}{2}$.

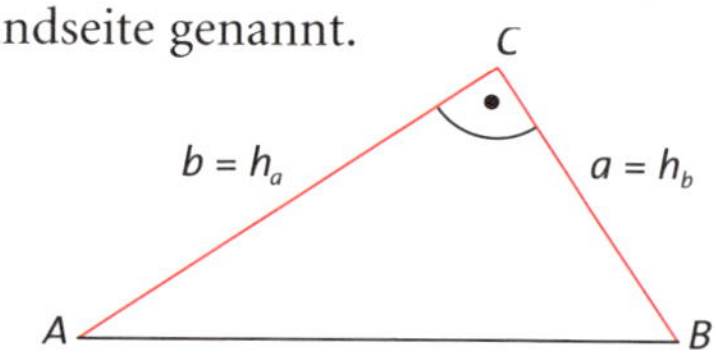

5 Übersicht

Das allgemeine Dreieck

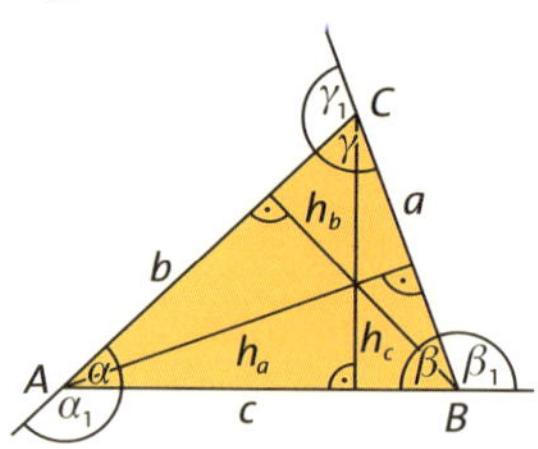

A, *B*, *C*	Ecken
a, *b*, *c*	Seiten
α, β, γ	Innenwinkel
$\alpha_1, \beta_1, \gamma_1$	Außenwinkel
h_a, h_b, h_c	Höhen

Innenwinkelsatz
$\alpha + \beta + \gamma = 180°$
Außenwinkelsatz
$\alpha_1 + \beta_1 + \gamma_1 = 360°$

Dreiecksungleichungen
$a + b > c \qquad a + c > b \qquad b + c > a$

Beziehungen zwischen Innen- und Außenwinkeln
$\alpha_1 = \beta + \gamma \qquad \beta_1 = \alpha + \gamma \qquad \gamma_1 = \alpha + \beta$

Flächeninhalt
$A = \frac{a \cdot h_a}{2} \qquad A = \frac{b \cdot h_b}{2} \qquad A = \frac{c \cdot h_c}{2}$

Das rechtwinklige Dreieck

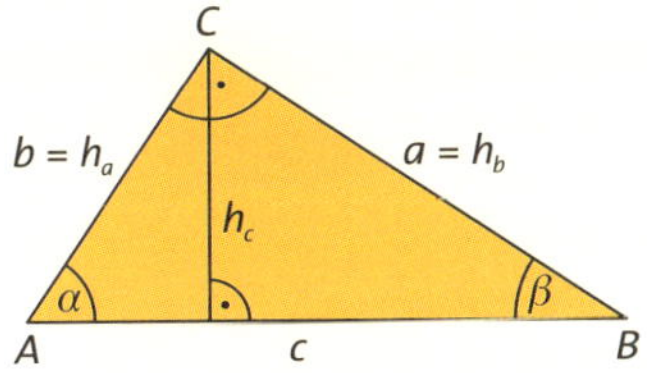

a, b	Katheten
c	Hypotenuse

$$\gamma = 90^\circ$$
$$\alpha + \beta = 90^\circ$$

$$A = \frac{a \cdot b}{2}$$

Das gleichschenklige Dreieck

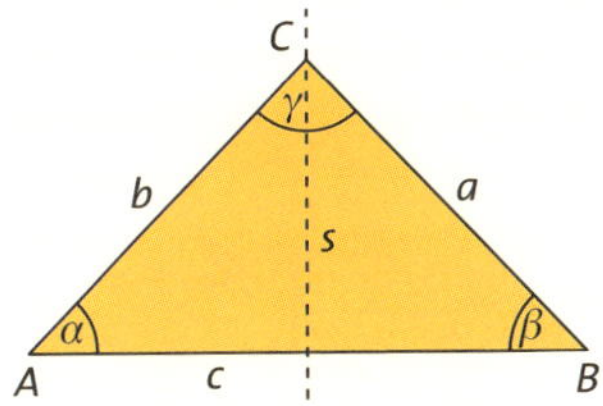

a, b	Schenkel
c	Basis
α, β	Basiswinkel
γ	Winkel an der Spitze
C	Spitze
s	Symmetrieachse

$a = b$ $\alpha = \beta$

Test

1 Konstruiere Dreiecke, die in der üblichen Weise bezeichnet sind. Gegeben sind jeweils folgende Stücke:

a) $a = 4{,}0$ cm; $b = 5{,}0$ cm; $c = 6{,}0$ cm
b) $b = 3{,}0$ cm; $c = 8{,}0$ cm; $\alpha = 25°$
c) $c = 7{,}0$ cm; $\alpha = 30°$; $\beta = 100°$
d) $c = 6{,}5$ cm; $\beta = 55°$; $\gamma = 65°$

2 Zeichne ein spitzwinkliges Dreieck aus $c = 10$ cm; $\alpha = 45°$; $\beta = 75°$. Konstruiere zwei Mittelsenkrechten. Konstruiere die dritte Mittelsenkrechte. Was stellst du fest? Begründe!

3 Von einem Dreieck *ABC* sind folgende Stücke gegeben:

a) $c = 8$ cm
$h_c = 5$ cm

b) $a = 11$ m
$b = 7$ m
$\gamma = 90°$

Bestimme den Flächeninhalt der Dreiecke.

Vierecke

1 Vierecksarten

Wir beschränken uns auf den folgenden Seiten auf geradlinig begrenzte konvexe Vierecke, d. h. Vierecke ohne einspringende Ecken.

1.1 Allgemeines Viereck

Ein Viereck hat:
- **4 Ecken** (Eckpunkte),
- **4 Seiten** (Verbindungsstrecken der Eckpunkte),
- **4 Winkel** (Innenwinkel).

Die Verbindungsstrecken gegenüberliegender Ecken heißen **Diagonalen**.

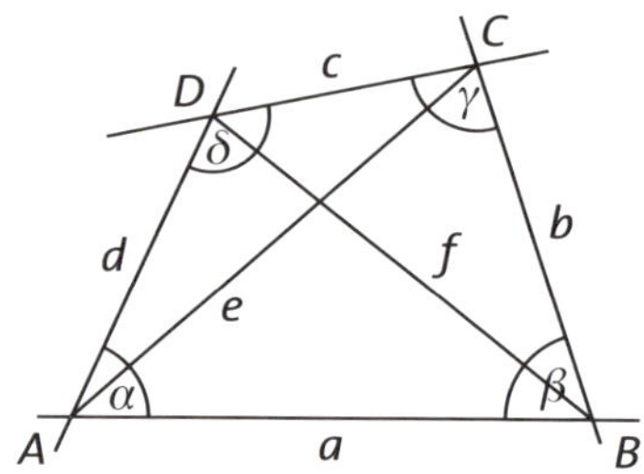

Die Summe der Innenwinkel beträgt 360°.
Umfang: $u = a + b + c + d$.
Flächeninhalt: Der Flächeninhalt eines allgemeinen Vierecks kann als Summe der Flächen von zwei Teildreiecken bestimmt werden, die durch eine Diagonale entstehen.

1.2 Trapez

Man erhält ein **Trapez**, wenn man von einem Dreieck parallel zu einer Seite eine Ecke abschneidet.

a)
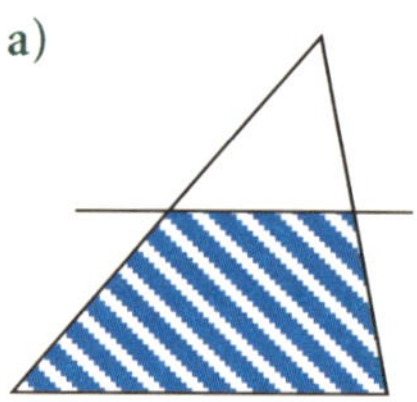
beliebiges Trapez

b)
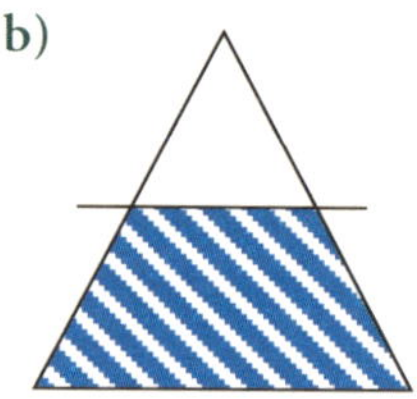
gleichschenkliges Trapez

c)
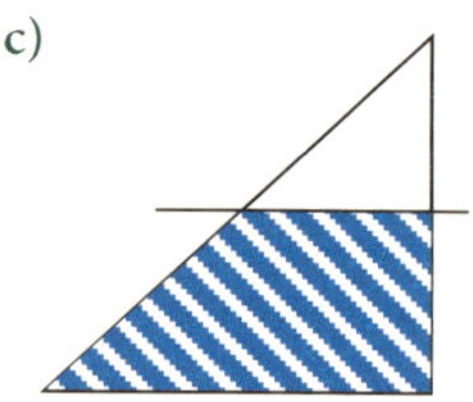
rechtwinkliges Trapez

MERKE
Ein **Trapez** ist ein Viereck mit wenigstens zwei parallelen Gegenseiten.
Umfang: $u = a + b + c + d$

Flächeninhalt: $A = \frac{a + c}{2} \cdot h$

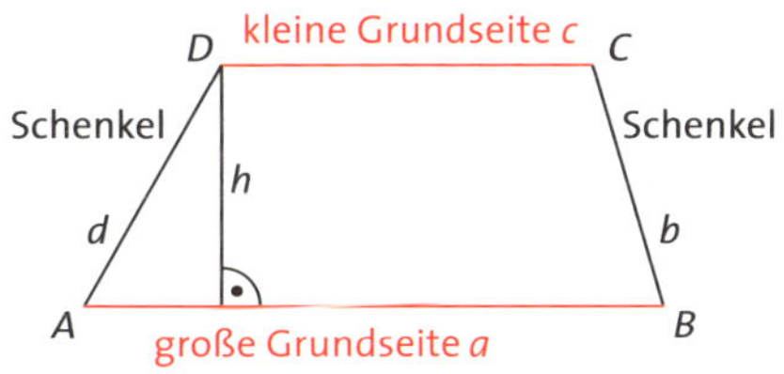

Ein gleichschenkliges Trapez hat eine Symmetrieachse.

1.3 Parallelogramm

MERKE Ein **Parallelogramm** ist ein Viereck mit zwei Paar parallelen Gegenseiten.
Die Gegenseiten sind gleich lang.
Umfang: $u = 2 \cdot (a + b)$
Flächeninhalt: $A = g \cdot h$
Das heißt: $A = a \cdot h_a = b \cdot h_b$

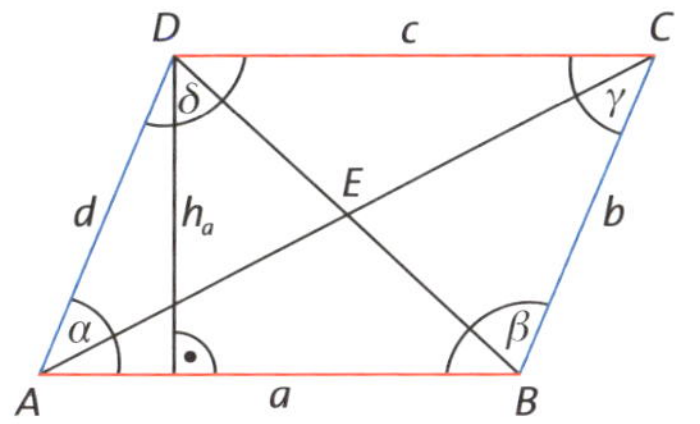

Ein Parallelogramm ist punktsymmetrisch zum Schnittpunkt seiner Diagonalen.

1.4 Rhombus (Raute)

MERKE Ein **Rhombus** (eine Raute) ist ein Viereck, in dem alle Seiten gleich lang sind.
Gegenüberliegende Seiten sind parallel, d. h., ein Rhombus ist ein besonderes Parallelogramm.
Umfang: $u = 4 \cdot a$
Flächeninhalt: $A = \frac{e \cdot f}{2}$

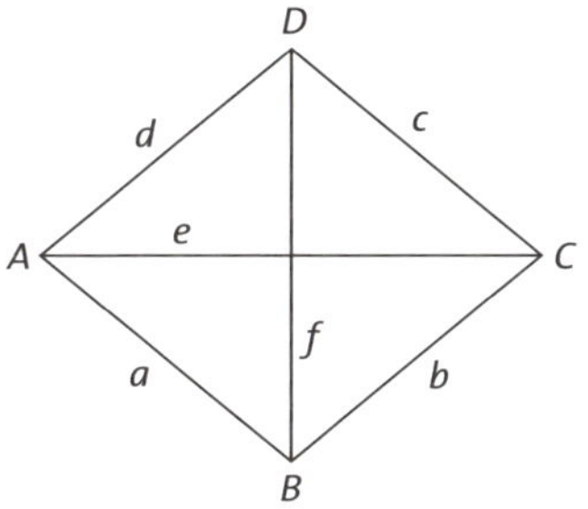

Ein Rhombus ist punktsymmetrisch und achsensymmetrisch.
Die Diagonalen sind die Symmetrieachsen.

1.5 Drachenviereck

Ein **Drachenviereck** ist ein Viereck, bei dem mindestens eine Diagonale Symmetrieachse ist.

Umfang: $u = 2 \cdot (a + b)$

Flächeninhalt: $A = \frac{e \cdot f}{2}$

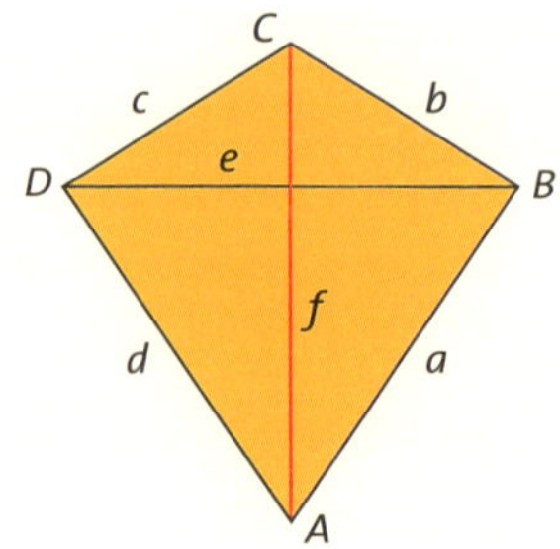

2 Übersicht

Allgemeines Viereck

$\alpha + \beta + \gamma + \delta = 360°$

$\alpha_1 + \beta_1 + \gamma_1 + \delta_1 = 360°$

$A = A_{\triangle ABC} + A_{\triangle ACD}$

$u = a + b + c + d$

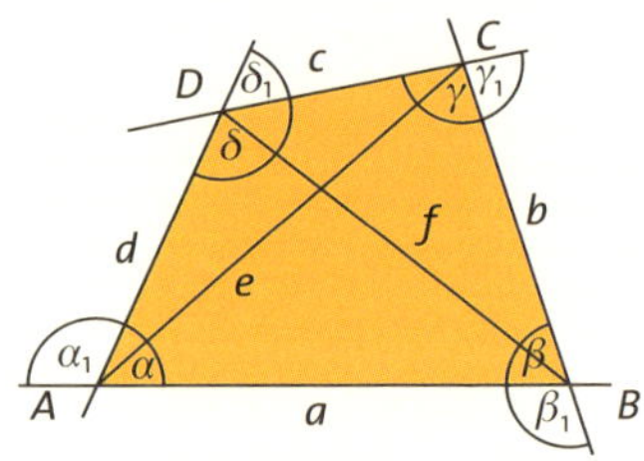

Quadrat

$a = b = c = d$

$\alpha = \beta = \gamma = \delta = 90°$

$a \| c; b \| d$

$e = f; e \perp f$

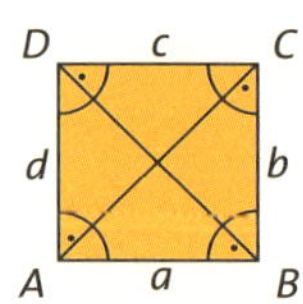

$A = a^2$

$u = 4 \cdot a$

Rechteck

$a = b; c = d$

$\alpha = \beta = \gamma = \delta = 90°$

$a \| c; b \| d$

$e = f$

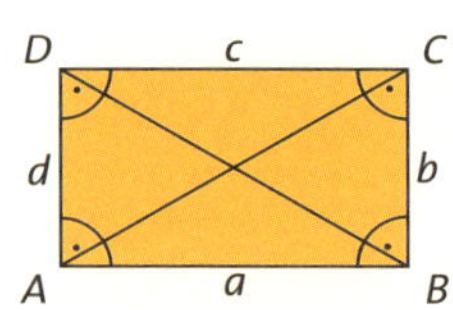

$A = a \cdot b$

$u = 2 \cdot (a + b)$

Parallelogramm

$a = c; b = d$

$\alpha = \gamma; \beta = \delta$

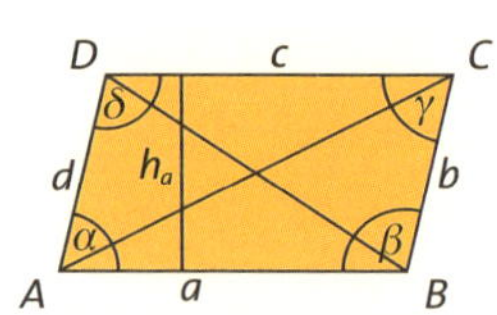

$A = a \cdot h_a$

$u = 2 \cdot (a + b)$

Rhombus (Raute)

$a = b = c = d$

$\alpha = \gamma; \beta = \delta$

$e \perp f$

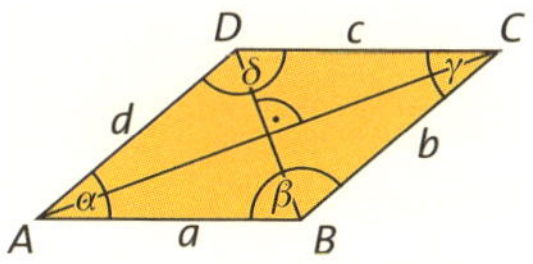

$A = \frac{e \cdot f}{2}$

$u = 4 \cdot a$

Trapez

$a \| c$

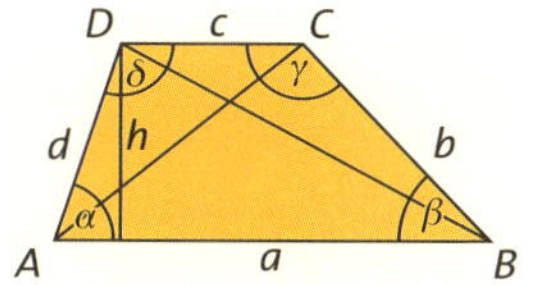

$A = \frac{a \cdot c}{2} \cdot h$

$u = a + b + c + d$

Drachenviereck

$a = d; b = c$

$\beta = \delta$

$e \perp f$

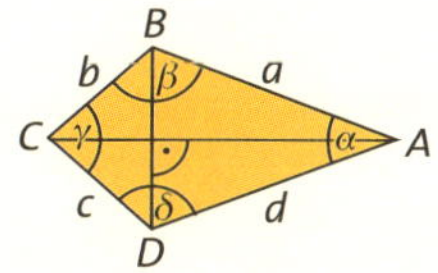

$A = \frac{e \cdot f}{2}$

$u = 2 \cdot (a + b)$

3 Hierarchie der Vierecke

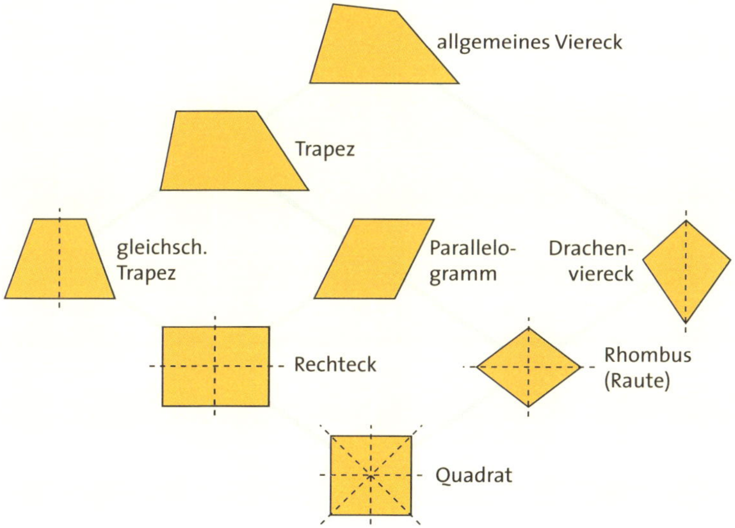

Test

1 **Du kennst die Eigenschaften der Vierecksarten. Fülle die Tabelle aus. Setze ein Kreuz, wenn die Eigenschaft zutrifft, einen Strich, wenn sie nicht zutrifft. (T = Trapez; P = Parallelogramm; Re = Rechteck; Q = Quadrat; Rh = Rhombus; D = Drachenviereck)**

Eigenschaften	T	P	Re	Q	Rh	D
mindestens 1 Paar Seiten parallel						
2 Paar Seiten parallel						
mindestens 1 Paar Seiten gleich lang						
2 Paar Seiten gleich lang						
Gegenseiten gleich lang						
alle Seiten gleich lang						
mindestens 1 Paar Gegenwinkel gleich groß						
2 Paar Gegenwinkel gleich groß						
Nachbarseiten zueinander senkrecht						
Diagonalen gleich lang						
Diagonalen halbieren einander						
Diagonalen zueinander senkrecht						
mindestens eine Symmetrieachse						
mindestens 2 Symmetrieachsen						
4 Symmetrieachsen						

2 **In einem Koordinatensystem sind Vierecke mit folgenden Koordinaten eingezeichnet (Einheit 1 cm):**

a) $A\,(4;\,2)$, $B\,(6;\,7)$, $C\,(4;\,9)$, $D\,(2;\,7)$

b) $A\,(1;\,1)$, $B\,(4;\,4)$, $C\,(4;\,10)$, $D\,(1;\,7)$

c) $A\,(3;\,2)$, $B\,(6;\,2)$, $C\,(7{,}5;\,4{,}5)$, $D\,(1{,}5;\,4{,}5)$

Zeichne die Figuren in ein Koordinatensystem.
Wie heißt die jeweilige Figur? Berechne den Flächeninhalt.

Einführung in die Raumgeometrie

1 Punkte, Geraden, Ebenen im Raum

Bisher haben wir ebene Geometrie oder auch zweidimensionale Geometrie betrieben. Dabei haben wir uns mit Figuren beschäftigt, die in der Zeichenebene liegen – zum Beispiel mit Geraden, Dreiecken oder Vierecken. In diesem Kapitel findest du räumliche oder auch dreidimensionale Probleme. Hier geht es um Geraden und Ebenen im Raum und um Körper, wie zum Beispiel Würfel, Pyramiden und Prismen. Wir beginnen mit dem genaueren Betrachten eines Würfels.

Rechts siehst du ein **Schrägbild** eines Würfels. Wie man ein solches Schrägbild zeichnet, werden wir im nächsten Abschnitt genauer behandeln. Die unsichtbaren Kanten sind gestrichelt eingezeichnet. Kannst du dir den Würfel vorstellen?

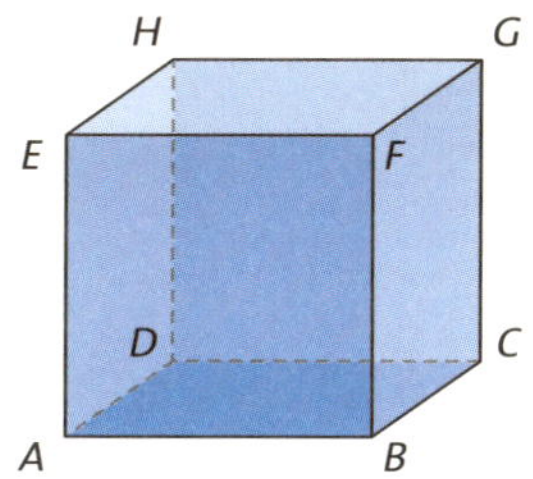

Denkt man sich eine Begrenzungsfläche des Würfels nach allen Seiten unbegrenzt erweitert, so erhält man eine **Ebene**. Jede Ebene lässt sich durch drei nicht auf einer Geraden liegende Punkte feststellen. Die in nebenstehender Zeichnung angedeutete Ebene E wird zum Beispiel durch die Punkte A, D und H oder durch die Punkte D, H und E festgelegt.
Hieraus ergeben sich als mögliche Schreibweisen für die Ebene E:
Ebene ADH bzw. Ebene DHE.

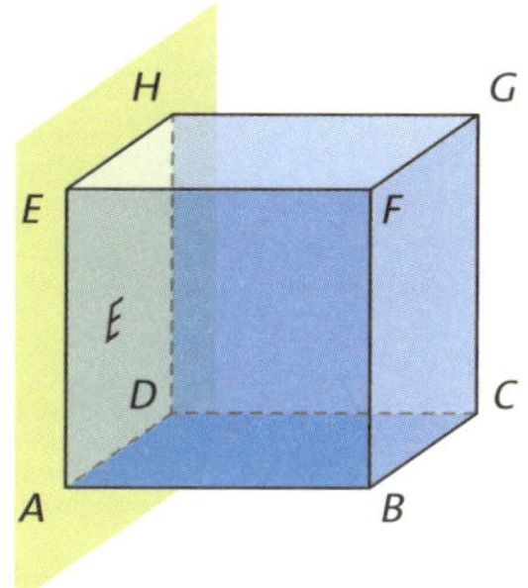

Wenn man eine Würfelkante, z. B. *AE* in beide Richtungen unbegrenzt verlängert, erhält man eine Gerade im Raum. Welche Möglichkeiten gibt es für die Lage von zwei verschiedenen Geraden im Raum?

Die Geraden *AE* und *EH* liegen in einer Ebene und **schneiden** sich im Punkt *E*.

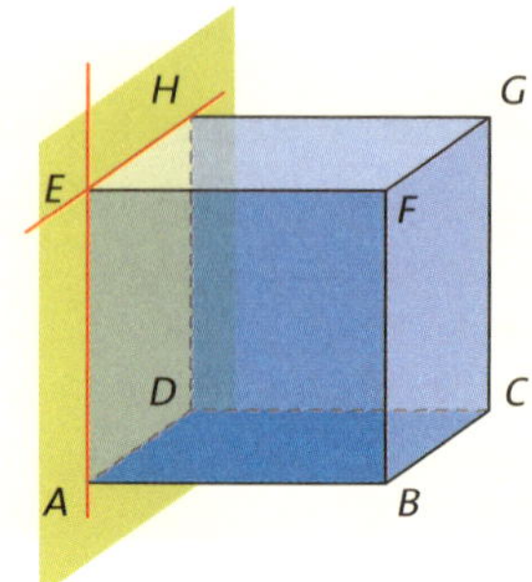

Die Geraden *AE* und *DH* liegen in einer Ebene und schneiden sich nicht. Solche Geraden nennt man **parallel**.

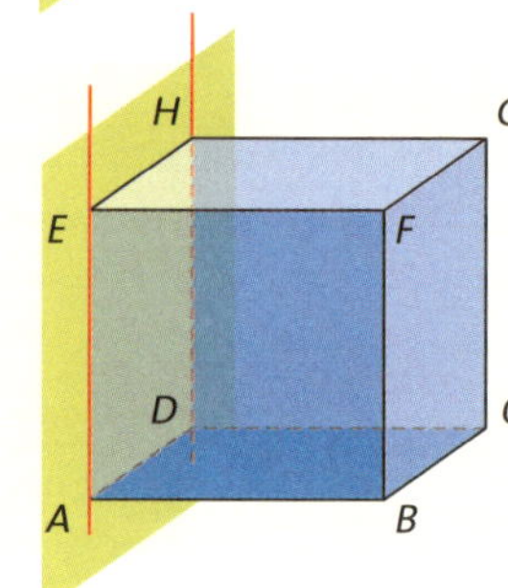

Die Geraden *AE* und *BC* liegen nicht in einer Ebene und schneiden sich nicht. Solche Geraden nennt man **windschief**.

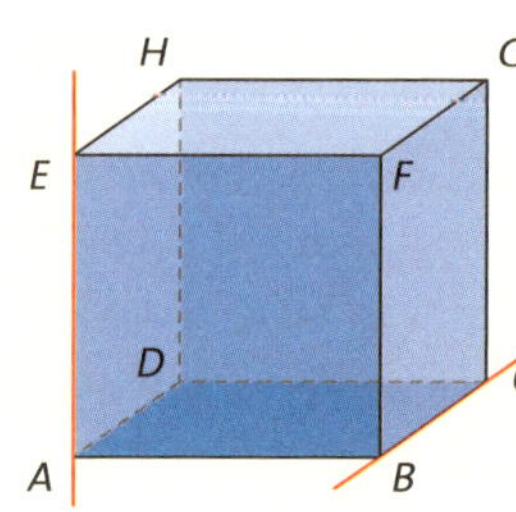

Wir fassen zusammen:

MERKE Zwei Geraden im Raum heißen parallel, wenn sie in einer Ebene liegen und sich nicht schneiden.
Zwei Geraden im Raum heißen windschief, wenn sie nicht in einer Ebene liegen.

Nun wollen wir die gegenseitige Lage von zwei verschiedenen Ebenen anhand unseres Würfels untersuchen.

Die Ebenen E_1 und E_2 schneiden sich in der Geraden *DH*. Man sagt: *DH* ist **Schnittgerade** der beiden Ebenen.

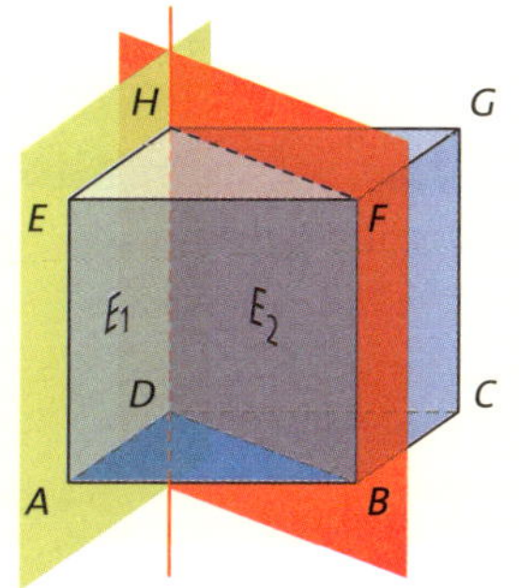

Die Ebenen E_1 und E_2 schneiden sich nicht. Solchen Ebenen heißen **parallel**.

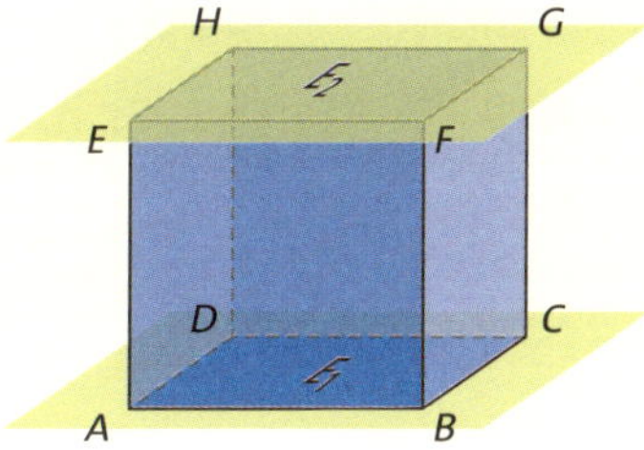

> **MERKE** Zwei verschiedene Ebenen heißen parallel, wenn sie sich nicht schneiden.

Bei der gegenseitigen Lage einer Geraden und einer Ebene gibt es einen Sonderfall.
Die Gerade *AB* steht senkrecht auf den Geraden *AD* und *AE*, die beide in *E* liegen. Man sagt: Die Gerade *AB* steht senkrecht auf *E*. Die Gerade *EB* dagegen steht zwar senkrecht auf *EH*, aber es lässt sich keine zweite Gerade in *E* finden, auf der die Gerade *EB* senkrecht steht. *EB* steht nicht senkrecht auf *E*.

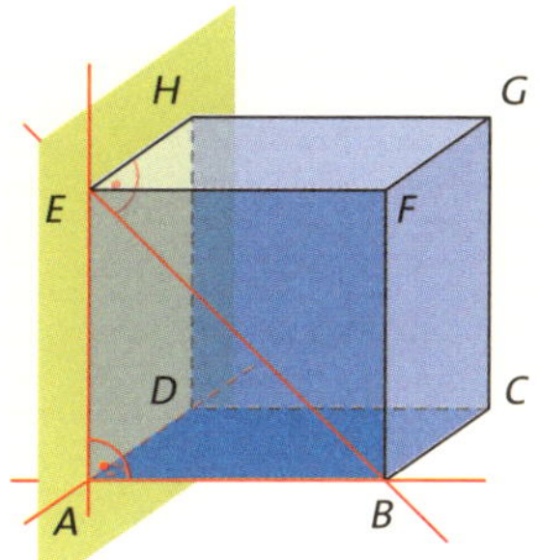

> **MERKE** Eine Gerade steht senkrecht auf einer Ebene, wenn sie auf zwei Geraden der Ebene senkrecht steht.

2 Schrägbild und Netze

2.1 Schrägbild eines Körpers

Wir haben schon gelegentlich Schrägbilder von Körpern verwendet, ohne zu klären, wie sie entstanden sind.

Weißt du was eine **Projektion** ist? Ein Diaprojektor oder Filmprojektor erzeugt (projiziert) ein vergrößertes Bild auf einer Leinwand. Auch eine Schattenfigur ist eine Projektion.

Die Entstehung eines Schrägbildes kann man sich so vorstellen: Fällt auf einen Körper ein Parallellichtbündel, so entsteht auf einer dahinter liegenden Wand ein Bild des Körpers. Der Körper wird auf eine Ebene projiziert. Die Ebene E, auf die projiziert wird, heißt Projektionsebene. Das entstehende Bild des Körpers – das **Schrägbild** – erweckt einen räumlichen Eindruck. Man spricht bei dieser Art von Abbildung auch von **Parallelprojektion**.

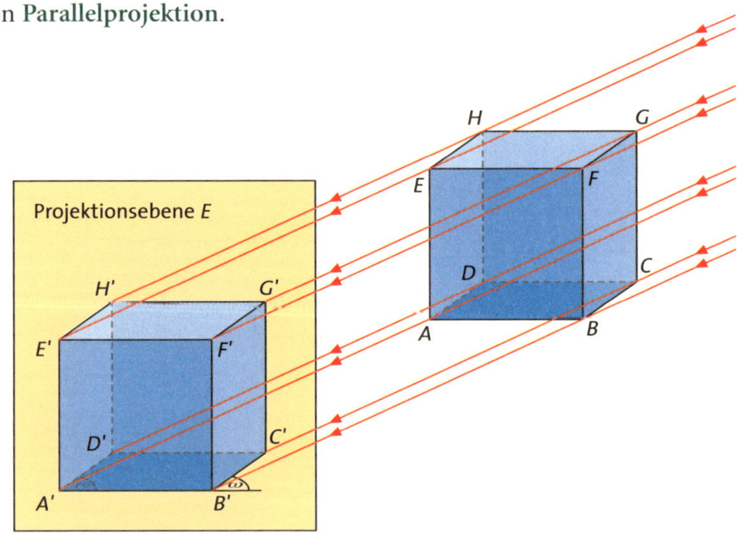

Dabei gelten folgende Gesetze:

1 Strecken, die parallel zur Projektionsebene verlaufen, werden in gleicher Richtung und Länge abgebildet.

2 Parallele Strecken werden auf parallele Strecken abgebildet.

3 Strecken, die senkrecht zur Projektionsebene verlaufen, werden im Maßstab q verkürzt und bilden mit der Waagerechten einen Winkel ω.

Häufig verwendet man $q = \frac{1}{2}$ (d. h., nach hinten führende Strecken werden auf die Hälfte verkürzt) und $\omega = 45°$ (ein Winkel, der sich auf kariertem Papier mit Hilfe der Kästchendiagonalen leicht zeichnen lässt).

▶ **BEACHTE** Wenn nichts anderes festgelegt wird, verwende $q = \frac{1}{2}$ und $\omega = 45°$!

Beispiel: Zeichne das Schrägbild einer Dreieckssäule.

Grundfläche in wahrer Größe

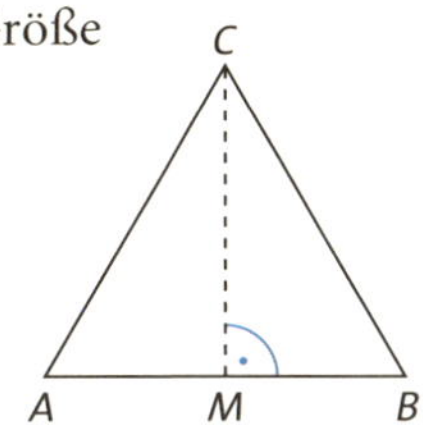

Säule

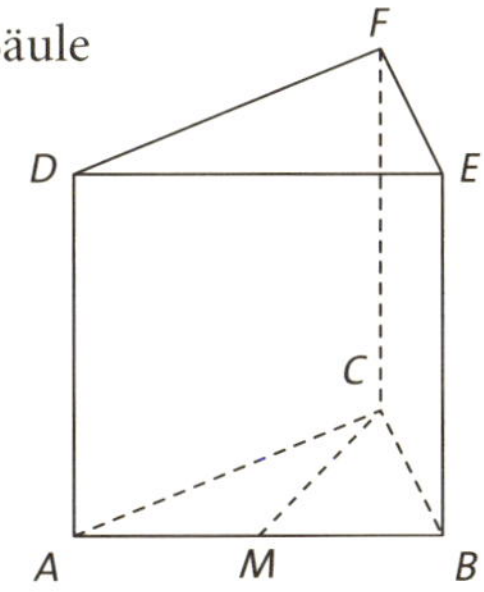

Die Kanten $\overline{AB}$ und $\overline{AD}$ wurden in wahrer Größe gezeichnet. $\overline{MC}$ wurde um die Hälfte verkürzt und mit $\omega = 45°$ angetragen.

2.2 Das Netz eines Körpers

Denkt man sich einige Kanten (nicht alle) eines Körpers aufgetrennt und faltet den Körper so auseinander, dass alle Flächen in einer Ebene liegen, so erhält man das Netz eines Körpers. Alle Flächen haben dabei – im Gegensatz zum Schrägbild – ihre wahre Größe.

Beispiel:

Das ist das Netz der oben gezeichneten Dreieckssäule.

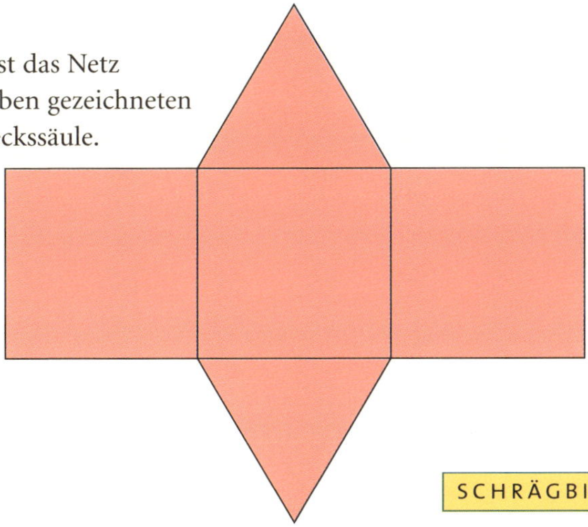

3 Das gerade Prisma

Schiefes Prisma

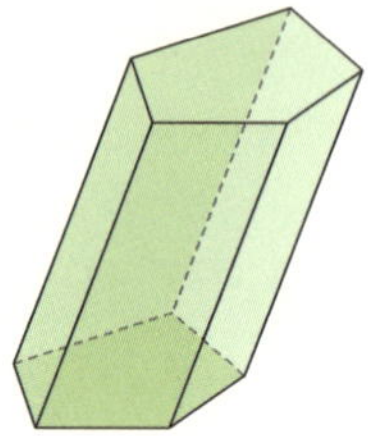

Gerades Prisma

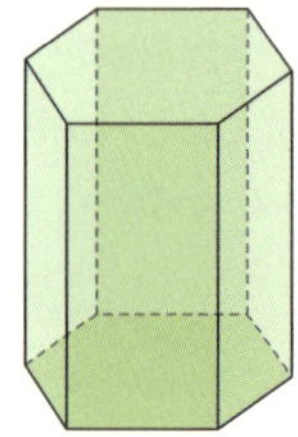

Ein **Prisma** ist ein von ebenen Flächen begrenzter Körper. Sowohl die Grund- und Deckfläche als auch alle Seitenkanten sind zueinander parallel. Bei einem **geraden Prisma** stehen die Seitenkanten senkrecht auf der Grund- und Deckfläche. Die Seitenflächen sind Rechtecke.
Würfel und Quader sind gerade Prismen. Auch die auf S. 193 gezeichnete Dreieckssäule ist ein gerades Prisma.

3.1 Oberfläche

Am Beispiel eines geraden Prismas mit einer sechseckigen Grundfläche wollen wir uns eine Formel für die Oberfläche von beliebigen geraden Prismen überlegen. Das Netz des sechsseitigen Prismas besteht aus zwei deckungsgleichen Sechsecken G_6 und den sechs rechteckigen Seitenflächen R.

Oberfläche = 2 Sechsecke + 6 Rechtecke

$$O = 2 \cdot G_6 + 6 \cdot R.$$

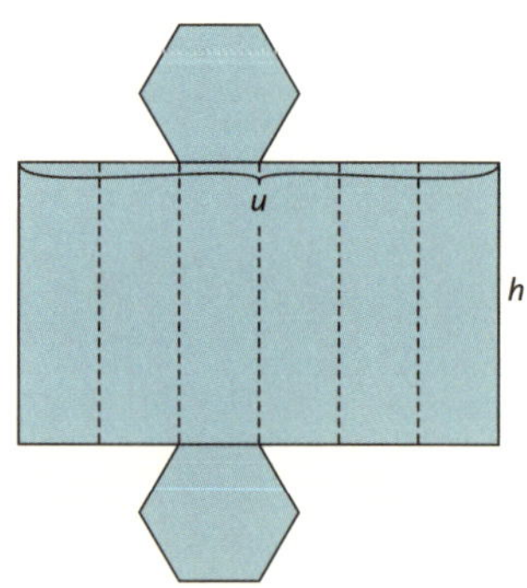

Die Höhen aller Seitenflächen stimmen überein. Man kann daher alle Seitenflächen zu einem großen Rechteck zusammenfassen. Diese Fläche heißt Mantelfläche M. Für die Oberfläche O gilt also auch:

$$O = 2 \cdot G_6 + M.$$

Was für ein sechsseitiges senkrechtes Prisma gilt, gilt ganz entsprechend auch für jedes n-seitige senkrechte Prisma:

Oberfläche = 2n-Ecke + n Rechtecke

Oberfläche = 2n-Ecke + Mantelfläche

$$O = 2 \cdot G_n + M$$

Bezeichnet man mit u den Umfang der Grundfläche und mit h die Höhe des Prismas, so gilt für die Mantelfläche: $M = u \cdot h$.

3.2 Volumen

Jedes gerade Prisma – gleichgültig ob 3-, 4-, 5-, … oder n-seitig – ist volumengleich zu einem Quader gleicher Höhe h und gleicher Grundfläche G. Deshalb ist: $V = G \cdot h$.

Test

1 Die nebenstehende Figur ist das Schrägbild einer Pyramide mit quadratischer Grundfläche. Betrachte nur solche Geraden oder Ebenen, die durch die bezeichneten Punkte gehen.

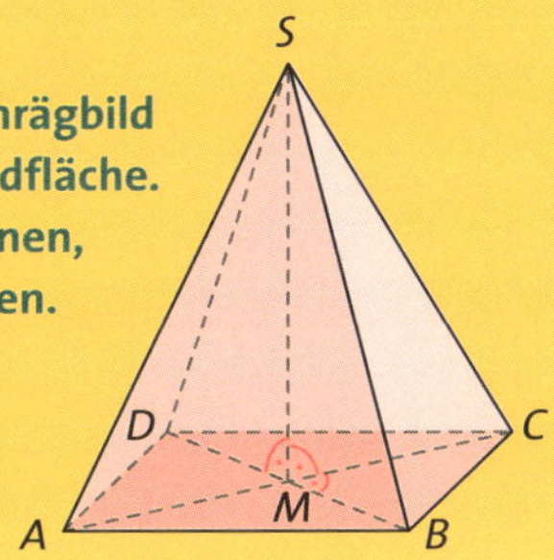

a) Welche Geraden stehen senkrecht aufeinander?
b) Welche Geraden sind windschief zur Geraden BS?
c) Welche Geraden sind zueinander parallel?
d) Welche Ebenen stehen senkrecht aufeinander?
e) Welches ist die Schnittgerade der Ebenen BCS und DCS?

2 Schrägbilder und Körper:

a) Zeichne ein Schrägbild eines Quaders mit den Kantenlängen $a = 6$ cm, $b = 5$ cm und $c = 4$ cm.
b) Zeichne ein Schrägbild eines Würfels mit der Kantenlänge $a = 6$ cm.
c) Zeichne in den Würfel eine Pyramide ein, deren Grundfläche mit der Grundfläche des Würfels übereinstimmt und deren Spitze der Schnittpunkt der Diagonalen der Deckfläche des Würfels ist.

3 Ein Damm hat den gezeichneten Querschnitt. Wie viel m^3 Erde braucht man, um einen solchen Damm auf einer Länge von 50 m aufzuschütten?

Hinweis: Der Damm bildet ein liegendes gerades Prisma, dessen Grundfläche ein Trapez ist.

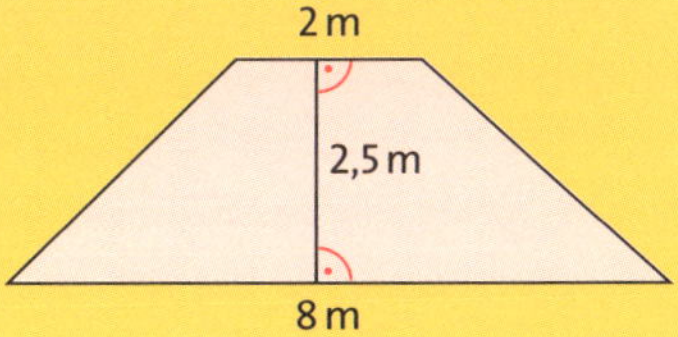

Stochastik

1 Zufallsexperimente, Ergebnis, Ereignis

Das Drehen eines Glücksrades, das Werfen eines Würfels oder einer Münze, das Ziehen eines Loses sind **Zufallsexperimente**. Ein Zufallsexperiment ist durch folgende Eigenschaften gekennzeichnet:

- Es können verschiedene Ergebnisse auftreten, von denen vor Ausführung des Experimentes nicht mit Sicherheit vorausgesagt werden kann, welches eintreten wird.
- Es können nicht zwei Ergebnisse gleichzeitig auftreten.
- Das Experiment ist beliebig oft wiederholbar.

Alle möglichen Ergebnisse eines Zufallsexperimentes zusammen bilden die **Ergebnismenge** Ω (griechischer Buchstabe Omega).

Beispiele:

- Werfen einer Münze: $\Omega = \{\text{Kopf; Zahl}\}$
- Werfen eines Würfels: $\Omega = \{1; 2; 3; 4; 5; 6\}$
- Ziehen eines Loses: $\Omega = \{\text{Hauptgewinn; 2. Gewinn; 3. Gewinn; Freilos; Niete}\}$

Oft interessieren bei einem Zufallsexperiment alle Ergebnisse, bei denen ein bestimmtes **Ereignis** eintritt. Ein Ereignis beschreibt man entweder in Worten oder man gibt es durch die Menge aller zugehörigen Ergebnisse des Zufallsexperiments an. Ein Ergebnis kann zu mehreren verschiedenen Ereignissen gehören.

Beispiele beim Würfeln mit einem Würfel:

Ein Ereignis A könnte sein: „Augenzahl gerade“. $A = \{2; 4; 6\} \subset \Omega$
Ein Ereignis B könnte sein „Augenzahl kleiner als 4“. $B = \{1; 2; 3\} \subset \Omega$
Das Ergebnis „Augenzahl 2“ gehört zu Ereignis A und zu Ereignis B.

Ein Ereignis, das bei jedem Ergebnis eintritt, heißt **sicheres Ereignis.**
Ein Ereignis, das bei keinem Ergebnis eintritt, heißt **unmögliches Ereignis.**

Beispiele beim Würfeln mit einem Würfel:

„Augenzahl ist kleiner als 7“ ist ein sicheres Ereignis.
„Augenzahl größer als 7“ ist ein unmögliches Ereignis.

2 Relative Häufigkeit und Wahrscheinlichkeit

Die relative Häufigkeit h eines Ereignisses ist definiert als Quotient aus absoluter Häufigkeit und der Zahl der Versuche.

Beispiele:

a) Würfeln
Es wird 50-mal gewürfelt, 10-mal fällt Augenzahl 6.
Relative Häufigkeit des Ereignisses „Augenzahl 6":
$h = \frac{10}{50} = 0{,}2$ (oder 20 %).

b) Werfen einer Münze
Es wird 200-mal eine Münze geworfen. 92-mal tritt Kopf und 108-mal tritt Zahl ein.
Die relative Häufigkeit des Ereignisses „Kopf" wäre dann
$h = \frac{92}{200} = 0{,}46$ (oder 46 %).
Die relative Häufigkeit des Ereignisses „Zahl" wäre dann
$h = \frac{108}{200} = 0{,}54$ (oder 54 %).

Würfelt man immer häufiger, so wird man höchstwahrscheinlich beobachten, dass sich die relative Häufigkeit des Ereignisses „Augenzahl 6" im Beispiel a) immer mehr dem Wert $\frac{1}{6} = 0{,}1\overline{6}$ annähert.
Dies führt zu einer vorläufigen Definition des Begriffes „Wahrscheinlichkeit".
Bei einer sehr hohen Anzahl von Beobachtungen stabilisiert sich die relative Häufigkeit eines beobachteten Ereignisses. Je größer die Anzahl der Beobachtungen desto geringer sind die Abweichungen von einer festen Zahl. Diese Zahl gibt an, wie groß die Chance für das Eintreten des Ereignisses ist, sie beschreibt die **Wahrscheinlichkeit** des Ereignisses.
Die relative Häufigkeit eines Ereignisses bei einer großen Zahl von Beobachtungen eines Zufallexperimentes ist damit ein Näherungswert für die Wahrscheinlichkeit dieses Ereignisses.
Für die Wahrscheinlichkeit eines Ereignisses A schreibt man $P(A)$ (von dem englischen Wort *probability* für Wahrscheinlichkeit), z. B. $P(A) = \frac{1}{6}$.
Die Wahrscheinlichkeit eines Ereignisses ist eine Zahl aus dem Intervall $[0; 1]$.
Die Wahrscheinlichkeit des sicheren Ereignisses ist 1.
Die Wahrscheinlichkeit des unmöglichen Ereignisses ist 0.

3 LAPLACE-Wahrscheinlichkeit

Bei einigen Zufallsexperimenten sind alle Ergebnisse gleich wahrscheinlich. Diese Zufallsexperimente heißen nach dem französischen Mathematiker Pierre Simon DE LAPLACE auch LAPLACE-Experimente.
Für LAPLACE-Experimente gilt:

$$P(A) = \frac{\text{Anzahl der für das Ereignis } A \text{ günstigen Ergebnisse}}{\text{Anzahl der möglichen Ergebnisse}}$$

Oder auch: $P(A) = \frac{|A|}{|\Omega|}$.

$|A|$ ist die Mächtigkeit (= Zahl der Elemente) der Menge A.

Beispiele:

a) Würfeln
Ereignis A: „Augenzahl gerade" tritt ein bei Augenzahl 2, 4 und 6.
$A = \{2; 4; 6\}$; $|A| = 3$
$\Omega = \{1; 2; 3; 4; 5; 6\}$; $|\Omega| = 6$
Alle Ergebnisse sind bei einem idealen Würfel (auch LAPLACE-Würfel genannt) gleich wahrscheinlich.
$P(A) = \frac{3}{6} = \frac{1}{2} = 0{,}5$ oder 50 %

b) Ziehen einer Kugel aus einer Urne
Eine Urne enthält 3 rote und 5 schwarze Kugeln. Eine Kugel wird blind gezogen. Ein Ergebnisraum $\Omega = \{\text{rot;schwarz}\}$ wäre ungeeignet, weil die Ergebnisse „rot" und „schwarz" nicht gleich wahrscheinlich sind. Wir denken uns die Kugeln nummeriert; Nummern 1 bis 3 seien rot.
$\Omega = \{1; 2; 3; 4; 5; 6; 7; 8\}$; $|\Omega| = 8$.
So sind die Ergebnisse gleich wahrscheinlich.
Ereignis A: „Eine rote Kugel wird gezogen" ist dann als Menge:
$A = \{1; 2; 3\}$; $|A| = 3$.
$P(A) = \frac{3}{8} = 0{,}375$ oder 37,5 %

4 Mehrstufige Zufallsexperimente und Baumdiagramme

Wir werfen zunächst eine Münze und dann einen Würfel. Die möglichen Ergebnisse kann man mit einem Baumdiagramm veranschaulichen:

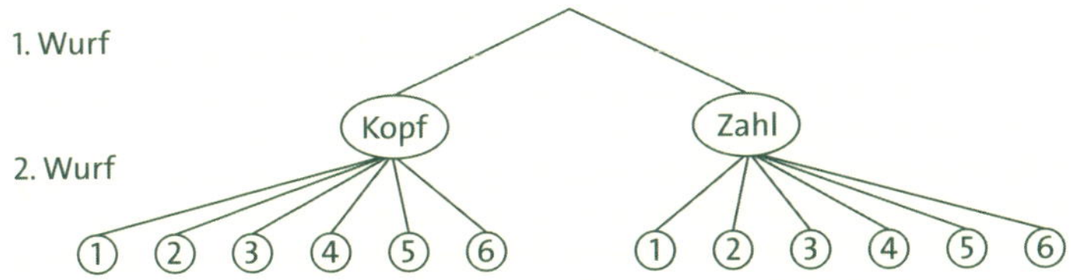

Ein Ergebnisraum mit gleich wahrscheinlichen Ergebnissen ist:
$\Omega = \{K1; K2; K3; K4; K5; K6; Z1; Z2; Z3; Z4; Z5; Z6\}$.
Die Wahrscheinlichkeit für „Kopf" und „Zahl" ist jeweils $\frac{1}{2}$, die Wahrscheinlichkeit für eine bestimmte Augenzahl $\frac{1}{6}$. Diese Wahrscheinlichkeit notiert man an den Zweigen des Baumdiagramms. Die Summe der Wahrscheinlichkeiten an einer Verzweigung ist 1.

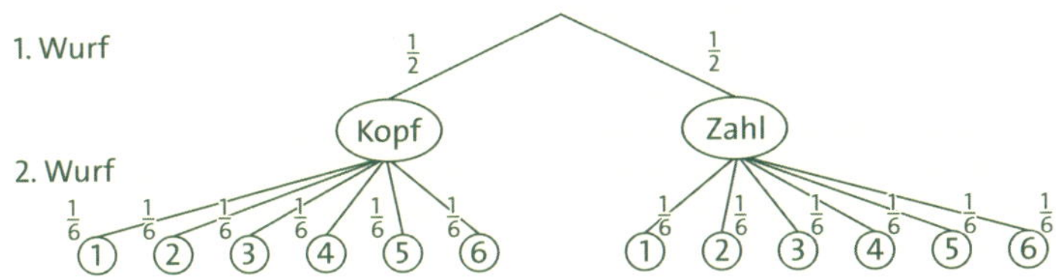

1. Pfadregel (Multiplikationsregel)

Die Wahrscheinlichkeit eines Ereignisses ist gleich dem Produkt der Wahrscheinlichkeiten längs seines Pfades.

Beispiel: $P(K1) = \frac{1}{2} \cdot \frac{1}{6} = \frac{1}{12}$

2. Pfadregel (Summenregel)

Die Wahrscheinlichkeit eines Ereignisses ist gleich der Summe der Wahrscheinlichkeiten aller Pfade, die zu diesem Ereignis führen.

Beispiel:

Wir betrachten Ereignis A: „Augenzahl kleiner als 3" als Menge:
$A = \{K1; K2; Z1; Z2\}$.
$P(A) = P(K1) + P(K2) + P(Z1) + P(Z2) = \frac{1}{12} + \frac{1}{12} + \frac{1}{12} + \frac{1}{12} = \frac{4}{12} = \frac{1}{3}$

Test

1 **Betrachte ein Fußballspiel zwischen den Mannschaften A und B als Zufallsexperiment und gib einen möglichen Ergebnisraum an.**

2 **Gib folgende Ereignisse beim Würfeln mit einem Würfel als Menge an.**
A: „Augenzahl ist ungerade."
B: „Augenzahl ist mindestens 3."
C: „Augenzahl ist Primzahl."

3 **Bei einem Spiel kommt es auf die Augensumme von zwei Würfeln an. Gib einen möglichen Ergebnisraum an.**

4 **Im langjährigen Durchschnitt kommen auf 1000 Lebendgeborene 514 Jungen. Wie groß ist die Wahrscheinlichkeit für die Geburt eines Jungen?**

5 **Eine Urne enthält 7 rote, 2 blaue und 1 gelbe Kugel. Eine Kugel wird zufällig gezogen. Gib die Wahrscheinlichkeiten für folgende Ereignisse an:**
R: „Die gezogene Kugel ist rot."
B: „Die gezogene Kugel ist blau."
G: „Die gezogene Kugel ist gelb."

6 **Beim Schafkopfspiel spielt man mit 32 Karten, darunter 4 Ober. Wie groß ist die Wahrscheinlichkeit, dass eine aus einem gut gemischten Kartenspiel gezogene Karte ein Ober ist?**

7 **In einer Urne liegen 6 Kugeln: 3 rote; 2 blaue und 1 gelbe. Es sollen nacheinander zwei Kugeln gezogen werden, ohne die erste Kugel zurückzulegen.**
a) Zeichne ein Baumdiagramm und trage die Wahrscheinlichkeiten bei den Zweigen ein. Beachte, dass beim zweiten Ziehen weniger Kugeln in der Urne liegen.
b) Gib einen Ergebnisraum an, bei dem die Reihenfolge der gezogenen Kugeln berücksichtigt wird.
c) Wie groß ist die Wahrscheinlichkeit des Ergebnisses „gelb;blau"?
d) Wie groß ist die Wahrscheinlichkeit der Ereignisses „Keine rote Kugel wird gezogen."?

Verzeichnis der Zeichen und Abkürzungen

Bedeutung	Bezeichnungen in diesem Buch	abweichende Bezeichnung in anderen Büchern
Menge der natürlichen Zahlen	$\mathbb{N} = \{1; 2; 3; \ldots\}$ $\mathbb{N}^* = \{1; 2; 3; \ldots\}$	$\mathbb{N} = \{0; 1; 2; \ldots\}$
Menge der rationalen Zahlen	$\mathbb{Q}$	
Grundmenge	$\mathbb{G}$	G
Lösungsmenge	L	$\mathbb{L}$
Definitionsmenge	$\mathbb{D}$	D
Wertemenge	$\mathbb{W}$	W
Leere Menge	$\{\,\}$	$\varnothing$
… ist Teilmenge von …	$\subset$	$\subseteq, \subseteqq$
Mächtigkeit der Menge *A*	$\lvert A\rvert$	
Betrag von *a*	$\lvert a\rvert$	
Aus *A* folgt *B*	$A \Rightarrow B$	
Hauptnenner	HN	
Punkt mit Koordinaten	$P(2; 3)$	$P(2\vert 3)$
Lineare Funktion	$y = m \cdot x + n$	$y = a \cdot x + b$ $y = m \cdot x + t$
Strecke von *A* nach *B*	$\overline{AB}$	$[AB]$
Länge der Strecke *AB*	$\overline{AB}$	$\lvert AB\rvert$
Gerade *AB*	AB	
Winkel von *A* nach *B* im Gegen-Uhrzeigersinn mit Scheitel *S*	$\sphericalangle ASB$	
F_1 ist kongruent zu F_2	$F_1 \cong F_2$	
Dreieck	$\triangle$	
Höhe, die senkrecht auf *A* steht	h_a	
Umfang	u	
Flächeninhalt	A	A_O
… ist senkrecht zu …	$\perp$	
… ist parallel zu …	$\parallel$	
Ebene	E	$\mathbb{E}$
Grundfläche	G	A_G
Mantelfläche	M	A_M
Oberfläche	O	A_O
Volumen	V	
Wahrscheinlichkeit von *A*	$P(A)$	
Alpha, Beta, Gamma, Delta	$\alpha, \beta, \gamma, \delta$	
Epsilon, Lambda, Phi, Omega	$\varepsilon, \lambda, \varphi, \omega$	
Prozent	%	
Promille	‰	

Lösungen

S. 129 Test

1. a) $\frac{1}{20} = \frac{5}{100} = 5\,\%$ b) $\frac{3}{10} = \frac{30}{100} = 30\,\%$ c) $\frac{1}{50} = \frac{2}{100} = 2\,\%$

2.

Prozentsatz p	Prozentwert P	Grundwert G
3 %	15 €	500 €
5 %	200 m	4000 m
2,5 %	20 kg	800 kg

3. a) Zinsen: 480 € b) Zinsen: 1 200 €

4. a) 70 % von 70 kg sind 49 kg. b) $G = 49\,\text{kg}$; $P = 20\,\text{g} = 0{,}02\,\text{kg}$

$$p\,‰ = \frac{0{,}02\,\text{kg}}{49\,\text{kg}} \cdot 1000\,‰ \approx 0{,}4\,‰$$

Der Blutalkoholwert ist 0,4 ‰.

S. 136 Test

1. a) $-71 < -21 < -20 < -17 < -10 < 0 < 13 < 17$
   b) $-14 < -3{,}5 < -3{,}0 < 2 < 5{,}15 < 5{,}2$

2.

	x	y	$x+y$	$x-y$	$y-x$
a)	−65	13	−52	−78	78
b)	−90	−10	−100	−80	80
c)	4,2	−6	−1,8	10,2	−10,2
d)	−0,8	2,4	1,6	−3,2	3,2
e)	35	−0,5	34,5	35,5	−35,5
f)	−2,7	−0,3	−3	−2,4	2,4
g)	−0,4	0,5	−0,1	−0,9	0,9
h)	$\frac{1}{4}$	$-\frac{3}{8}$	$-\frac{1}{8}$	$\frac{5}{8}$	$-\frac{5}{8}$

	x	y	$x \cdot y$	$x : y$	$y : x$
a)	−65	13	−845	−5	$-\frac{1}{5}$ (= −0,2)
b)	−90	−10	900	9	$\frac{1}{9}$
c)	4,2	−6	−25,2	-0,7	$-\frac{10}{7}$ (= $-1\frac{3}{7}$)
d)	−0,8	2,4	−1,92	$-\frac{1}{3}$	−3
e)	35	−0,5	−17,5	−70	$-\frac{1}{70}$
f)	−2,7	−0,3	0,81	9	$\frac{1}{9}$
g)	−0,4	0,5	−0,2	−0,8	−1,25 (= $-\frac{5}{4}$)
h)	$\frac{1}{4}$	$-\frac{3}{8}$	$-\frac{3}{32}$	$-\frac{2}{3}$	$-\frac{3}{2}$

3. a) 0 b) $-\frac{6}{5}$ c) $-\frac{5}{6}$
d) nicht möglich e) $\frac{5}{6}$ f) $\frac{6}{5}$

4. a) $47 - 56 = -9$ b) $-27 + (-20) = -47$ c) $-\frac{1}{10} + (-\frac{3}{10}) = -\frac{2}{5}$
d) $6 + 5 = 11$ e) $\frac{7}{9}$ f) $-7 + 18 = 11$

S. 142 Test

1.

x	-1	0	1	2	3
Wert des Terms	1	0	3	10	21

2. a) $8a \cdot 4b = 32ab$
b) $-2u^2 \cdot 5u \cdot (-6u^2) = [(-2) \cdot 5 \cdot (-6)] \cdot (u^2 \cdot u \cdot u^2) = 60u^5$
c) $28vw^2 \cdot 5v^3w^2 = (28 \cdot 5) \cdot (v \cdot v^3) \cdot (w^2 \cdot w^2) = 140v^4w^4$

3. a) $5p + 9p = 14p$
b) $3x^2 - 7x^2 + 9x^2 = 5x^2$
c) $4u^2 - 3u + 9u - 2u^2 = 2u^2 + 6u$
d) $-a + 12 + 7a - 13 = 6a - 1$
e) $-4st + 11s^2t + 5ts + 7s^2t = 18s^2t + st$
f) $13xy + 8x^2y - 5yx^2 + 7xy^2 = 13xy + 3x^2y + 7xy^2$

4. a) $x(x + 2) = x^2 + 2x$
b) $4(5r + 2s - 7t) = 20r + 8s - 28t$
c) $5u^2w(9w - 4uw + 12uw^2) = 45u^2w^2 - 20u^3w^2 + 60u^3w^3$
d) $(9s - 8t) \cdot 2s = 18s^2 - 16st$
e) $(52p - 39) : 13 = 4p - 3$

5. a) $(3a + 5b)(2a + b) = 6a^2 + 3ab + 10ab + 5b^2 = 6a^2 + 13ab + 5b^2$
b) $(7q - 5)(10 - 3q) = 70q - 21q^2 - 50 + 15q = 85q - 21q^2 - 50$
c) $(3 + 4x)(2 - 5x) = 6 - 15x + 8x - 20x^2 = 6 - 7x - 20x^2$
d) $(6s^2 - 7s - 5t)(2s - 3t) = 12s^3 - 18s^2t - 14s^2 + 21st - 10st + 15t^2$
$= 12s^3 - 18s^2t - 14s^2 + 11st + 15t^2$
e) $(2x - 3y + z)(4x - 3y - z)$
$= 8x^2 - 6xy - 2xz - 12xy + 9y^2 + 3yz + 4xz - 3yz - z^2$
$= 8x^2 - 18xy + 2xz + 9y^2 - z^2$
f) $(x^4 + x^3 + x^2 + x + 1)(x - 1)$
$= x^5 + x^4 + x^3 + x^2 + x - x^4 - x^3 - x^2 - x - 1 = x^5 - 1$

6. a) $(x - 2)^2 = x^2 - 2 \cdot \mathrm{x} \cdot 2 + 2^2 = x^2 - 4x + 4$
b) $(3p + 7)^2 = (3p)^2 + 2 \cdot 3p \cdot 7 + 7^2 = 9p^2 + 42p + 49$
c) $(8x + y)^2 = 64x^2 + 16xy + y^2$
d) $(9\mathrm{u} - 1)^2 = 81u^2 - 18u + 1$
e) $(4s - 5t)(4s + 5t) = (4s)^2 - (5t)^2 = 16s^2 - 25t^2$
f) $(3a + b)(3a - b) = 9a^2 - b^2$

7. a) $30z + 45 = 15(2z + 3)$
   b) $p^3 - 3p = p(p^2 - 3)$
   c) $36s^2 - 42st = 6s(6s - 7t)$
   d) $v^4 - v^3 + v^2 = v^2(v^2 - v + 1)$
   e) $r^2 + 16r + 64 = (r + 8)^2$
   f) $39x^3y - 52x^2y^2 + 26x^2yz = 13x^2y(3x - 4y + 2z)$

8. a) $u^2 - 49 = (u - 7)(u + 7)$
   b) $x^2 + 4y^2$ geht nicht, da keine Differenz vorliegt.
   c) $4a^2 - 25b^2 = (2a - 5b)(2a + 5b)$

S. 146 Test

1. a)
$$\begin{aligned} 2x + 6 &= 26 \quad &| -6 \\ 2x &= 20 \quad &| :2 \\ x &= 10 \\ L &= \{10\} \end{aligned}$$

   b)
$$\begin{aligned} \tfrac{1}{2}x - 2 &= 10 \quad &| +2 \\ x &= 12 \quad &| :\tfrac{1}{2} \\ x &= 12 : \tfrac{1}{2} = 12 \cdot 2 \\ x &= 24 \\ L &= \{24\} \end{aligned}$$

   c)
$$\begin{aligned} 3x + 4 &= 0 \quad &| -4 \\ 3x &= -4 \quad &| :3 \\ x &= -\tfrac{4}{3} \\ L &= \{-\tfrac{4}{3}\} \end{aligned}$$

2. a) $\{0\}$ b) $\{\ \}$ c) $\mathbb{Q}$ d) $\{\ \}$

3. a) $3z + 6 - 7z = 9 - 8z + 13$; $L = \{4\}$
   b) $6u - (-3u + 4) = 8(u + 4)$; $L = \{36\}$

4. a) Sohn: x Jahre; Vater: $4x$ Jahre
   $4x - x = 33$; $x = 11$
   b) $x + 3x + 5x = 135$; $x = 15$
   Die Zahl heißt 15.

S. 152 Test

1. a) $\frac{3}{7x}$; $\mathbb{D} = \mathbb{Q}\backslash\{0\}$ oder $\mathbb{D} = \{x \in \mathbb{Q} \mid x \neq 0\}$
   b) $\frac{d}{d-11}$; $\mathbb{D} = \mathbb{Q}\backslash\{11\}$ oder $\mathbb{D} = \{d \in \mathbb{Q} \mid d \neq 11\}$
   c) $\frac{3y-5}{8y+24}$; $\mathbb{D} = \mathbb{Q}\backslash\{-3\}$ oder $\mathbb{D} = \{y \in \mathbb{Q} \mid y \neq -3\}$
   d) $\frac{2z-3}{(5z-7)(3z+5)}$; $\mathbb{D} = \mathbb{Q}\backslash\{\frac{7}{5}; -\frac{5}{3}\}$ oder $\mathbb{D} = \{z \in \mathbb{Q} \mid z \neq \frac{7}{5}; z \neq -\frac{5}{3}\}$

2. a) $\frac{s+3}{s-3} - \frac{s-3}{s+3} = \frac{4}{s^2-9} \rightarrow L = \{\frac{1}{3}\}$; $\mathbb{D} = \mathbb{Q} \setminus \{-3; 3\}$

b) $\frac{22}{121-y^2} - \frac{y}{11y+y^2} = \frac{1}{y} \rightarrow L = \{-\frac{11}{2}\}$; $\mathbb{D} = \mathbb{Q} \setminus \{-11; 11\}$

3. a) $\frac{5ab^1}{b^1c} = \frac{5a}{c}$

b) $\frac{72^{24}x}{21^{7}y} = \frac{24x}{7y}$

c) $\frac{98^2 e^2 f^6}{49^1 e^6 f^2} = \frac{2f^4}{e^4}$

d) $\frac{32u^3 - 18u}{6u} = \frac{2^1 u(16u^2-9)}{6^3 u} = \frac{16u^2-9}{3}$

4. a) Term 1: $\frac{a}{5b} = \frac{7a^2}{35ab}$

Term 2: $\frac{b}{7a} = \frac{5b^2}{35ab}$

b) Term 1: $\frac{u}{u-5} = \frac{u^2}{u(u-5)}$

Term 2: $\frac{3-u}{3u} = \frac{(3-u)(u-5)}{u(u-5)}$

5. a) $\frac{x}{y} + \frac{1-x}{y+1} = \frac{x(y+1)}{y(y+1)} + \frac{(1-x)y}{(y+1)y} = \frac{xy+x+y-xy}{y(y+1)} = \frac{x+y}{y(y+1)}$

b) $\frac{1}{4} - \frac{p}{4p+7} = \frac{(4p+7)-4p}{4(4p+7)} = \frac{7}{4(4p+7)}$

6. a) $\frac{1}{x} + \frac{2}{5} = \frac{1}{2x} \rightarrow L = \{-\frac{5}{4}\}$

b) $\frac{x-2}{x-4} = 3 \rightarrow L = \{5\}$

c) $\frac{3}{2z} = \frac{3}{z+3} \rightarrow L = \{3\}$

d) $\frac{1}{a+6} - \frac{5}{3-a} = 0 \rightarrow L = \{-\frac{9}{2}\}$

7. a) $g = \frac{2A}{h}$; $h = \frac{2A}{g}$

b) $F = p \cdot A$; $A = \frac{F}{p}$

S. 158 Test

1. a) ja

b) ja

c) Nein, weil bei einer Funktion ein x-Wert nur einem y-Wert zugeordnet wird.

2.

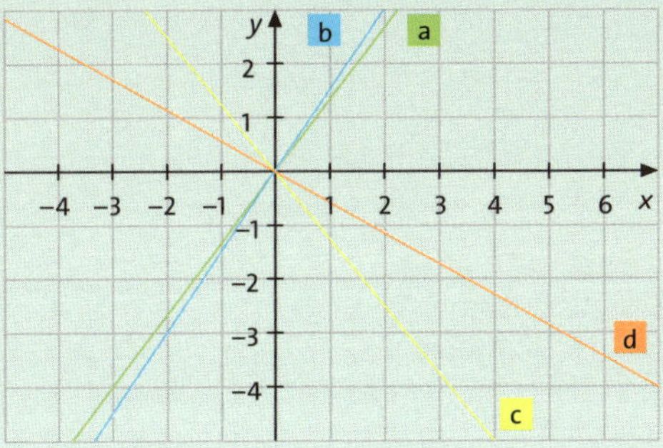

3.

	Funktion	Gerade steigt/Gerade fällt
a)	$y = -2x + 5$	fällt
b)	$y = 2{,}4x - 1{,}5$	steigt
c)	$y = -0{,}6x - 0{,}4$	fällt

	Gerade verläuft vom … Quadranten in den … Quadranten	Schnittpunkt mit y-Achse bei …
a)	vom II. in den IV.	$S(0; 5)$
b)	vom III. in den I.	$S(0; -1{,}5)$
c)	vom II. in den IV.	$S(0; -0{,}4)$

4.

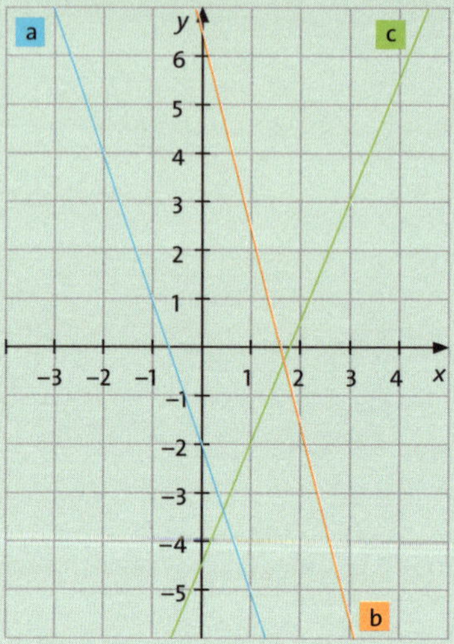

5. a) $x_0 = -\frac{3}{2} = -1{,}5$
b) $x_0 = 2$
c) keine Nullstelle

6. $m = \frac{2-(-4)}{-3-(-1)} = -3$

$y = -3x + n$; $A(-3; 2)$ einsetzen:

$2 = -3(-3) + n \Rightarrow n = -7$

also f: $y = -3x - 7$

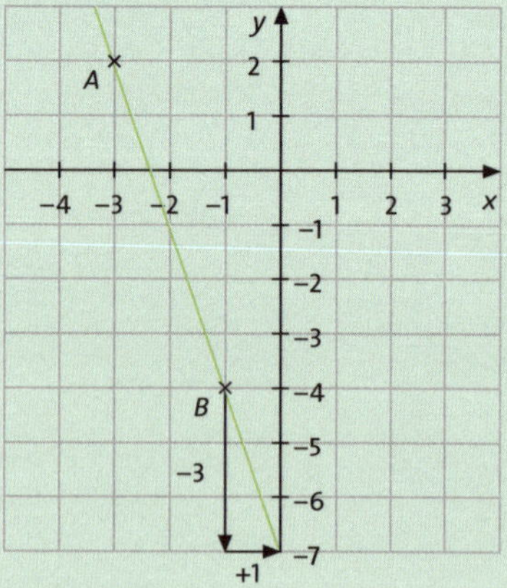

7. Grafische Lösung: $y = 4x + 3 \leq 0$
Nullstelle: $4x + 3 = 0$; $x = -\frac{3}{4}$.
Die Gerade steigt.
Skizze:
$L =]-\infty; -\frac{3}{4}]$
Rechnerische Lösung:

$$\begin{aligned} 4x + 3 &\leq 0 && \mid -3 \\ 4x &\leq -3 && \mid :4 \\ x &\leq -\frac{3}{4} \\ L &=]-\infty; -\frac{3}{4}] \end{aligned}$$

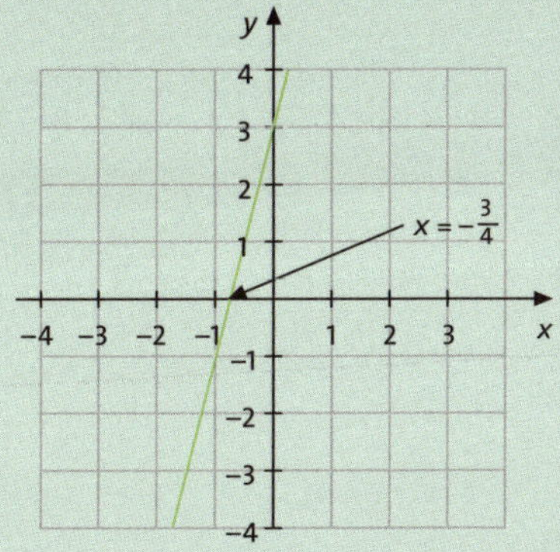

S. 163 Beispiel 1

$$\begin{array}{l|l|} \text{I} & x = y + 5 \\ \text{II} & x + y = 35 \end{array}$$

I in II einsetzen: $y + 5 + y = 35$

$$2y = 30$$
$$y = 15$$

in I einsetzen: $x = 15 + 5 = 20$
Hans ist 20, Peter ist 15 Jahre alt.

Beispiel 2

$$\begin{array}{l|l|} \text{I} & (x + 2)(y - 2) = x \cdot y + 6 \\ \text{II} & 2x + 2y = 30 \end{array}$$

I vereinfachen: $xy - 2x + 2y - 4 = xy + 6 \quad \mid -xy + 4$

$$-2x + 2y = 10$$

also:

$$\begin{array}{l|r|} \text{I} & -2x + 2y = 10 \\ \text{II} & 2x + 2y = 30 \end{array}$$

Addition: $4y = 40$

$$y = 10$$

in II einsetzen: $2x + 20 = 30$

$$x = 5$$

Die Seiten des ursprünglichen Rechtecks waren 5 cm und 10 cm lang.

S. 164 Test

1. **a)** {(3; 2)} **b)** {(3; –2)} **c)** {(1,5; 2,5)}

2. **a)** { } **b)** {(6; 12)}

3. **a)** (I) $y = -\frac{1}{2}x + 2$; (II) $y = 3x + 2$; $S(0; 2)$
Probe:
(I) $0 + 2 \cdot 2 = 4$ (w); (II) $0 - 2 = -2$ (w)
$L = \{(0; 2)\}$

b) (I) $y = \frac{1}{2}x$; (II) $y = -2$; $S(-4; -2)$
Probe:
(I) $\frac{1}{2} \cdot (-4) - (-2) = 0$ (w); (II) $-2 + 2 = 0$ (w)
$L = \{(-4; -2)\}$

Zu **a)** und **b)**

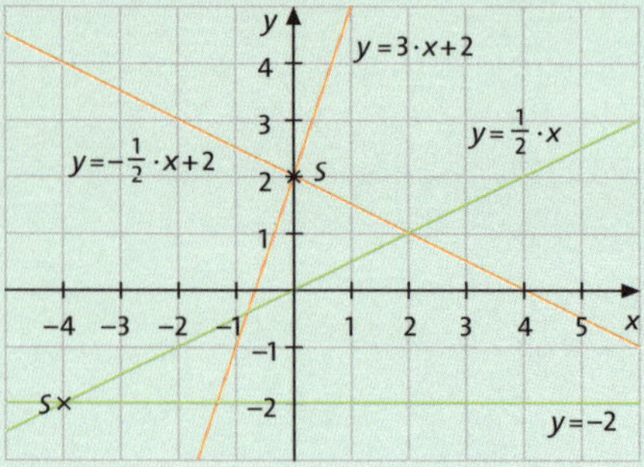

4. **a)** $x = y + 5$ **b)** $x = 2 \cdot y$ **c)** $x = \frac{1}{2} \cdot y$
d) $a + b = 25$ **e)** $y = x \cdot 5 + 10$ **f)** $x \cdot y = x + y$

5. **a)** Kleinere Zahl: x
Größere Zahl: y
I $\quad x + y = 15$
II $\quad y - x = 25$
$\rightarrow x = -5; y = 20$
Die Zahlen heißen -5 und 20.

b) Breite: x
Länge: y
I $\quad x + 6 = y$
II $\quad 2x + 2y = 60$
$\rightarrow x = 12; y = 18$
Die Seiten sind 12 cm und 18 cm lang.

c) Flasche Birnensaft: x €
Flasche Kirschsaft: y €
I $\quad 3x + 5y = 25{,}90$
II $\quad 5x + 3y = 24{,}50$
$\rightarrow x = 2{,}80; y = 3{,}50$
Eine Flasche Birnensaft kostet 2,80 €, eine Flasche Kirschsaft kostet 3,50 €.

S. 169 Test

1. $\alpha = 50°; \beta = 130°; \gamma = 50°; \delta = 130°; \varepsilon = 50°; \varphi = 130°; \omega = 50°$

2. Fünfeck: 540°; Sechseck: 720°; Zwölfeck: 1800°

3. **a)** $\alpha = 100°$
b) $\beta = 45°$

4. **a)** $\beta = \alpha = 30°$
b) $\beta = 360° - \alpha - 2 \cdot 90° = 180° - \alpha = 150°$

S. 174 Test

1. a)

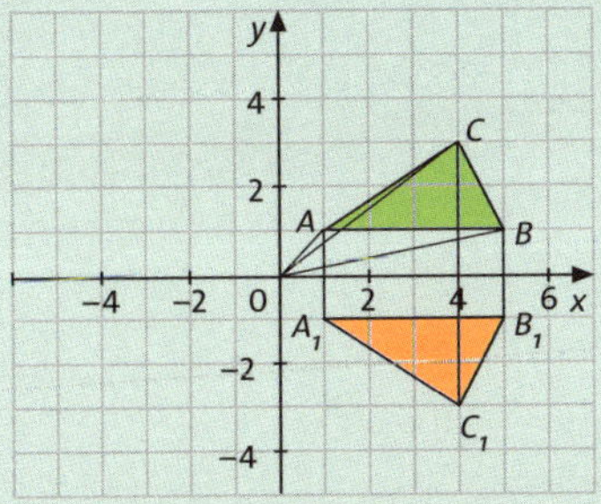

b)

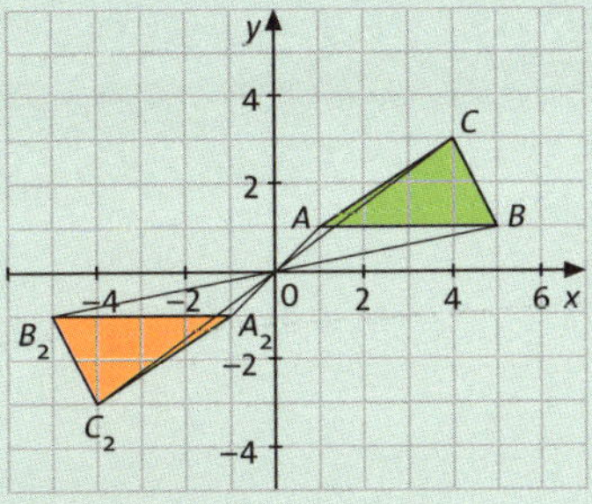

2. Achsensymmetrisch: T (1 Achse), X und O (2 Achsen)
Punktssymmetrisch: X, S, O, Z

3. Sicher sind kongruent: b) Ssw und d) sss

S. 183 Test

1. Für die Bilder a) bis d) gilt: Maßstab 1 : 2.

a)

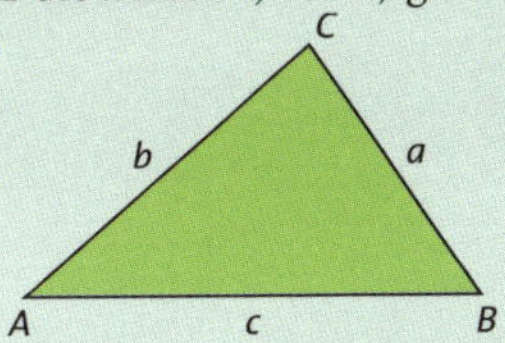

b)

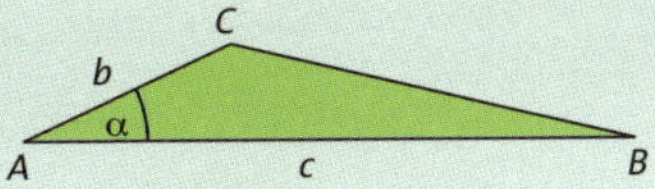

c)

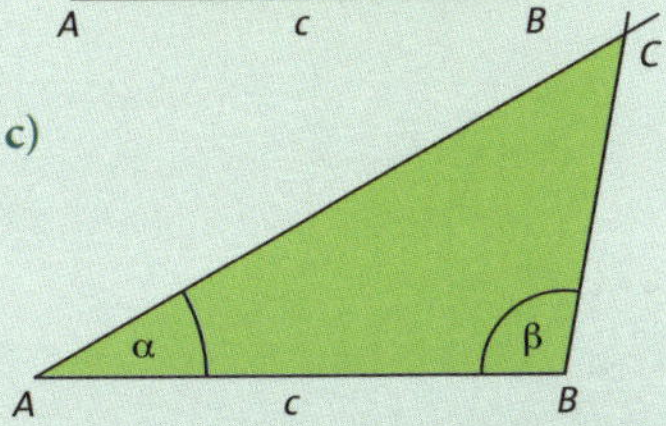

d)

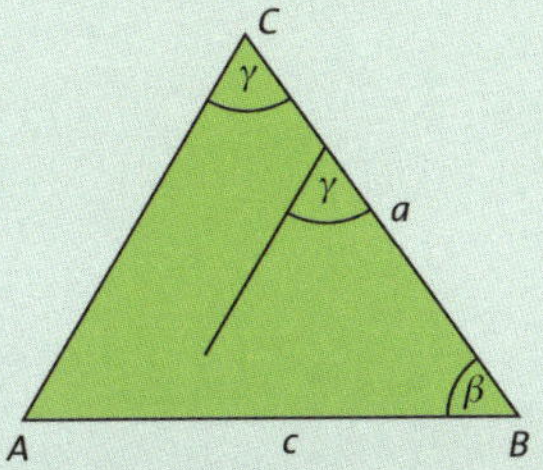

oder mit $\alpha = 180° - 55° - 65° = 60°$

2. Alle drei Mittelsenkrechten schneiden einander in einem Punkt M. Alle Punkte, die von A und B gleichen Abstand haben, liegen auf m_c. Alle Punkte, die von A und C gleichen Abstand haben, liegen auf m_b. m_c und m_b schneiden einander in M. M hat also den gleichen Abstand von A, B und C. Auf m_a liegen alle Punkte, die von B und C gleichen Abstand haben. Also muss m_a auch durch M verlaufen.
(Maßstab 1:2)

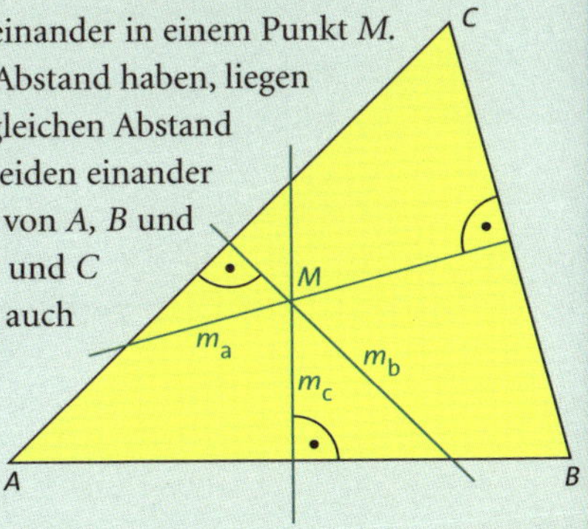

3. a) $A = 20\ cm^2$ b) $A = 38{,}5\ cm^2$

S. 188 Test

1.

Eigenschaften	T	P	Re	Q	Rh	D
mindestens 1 Paar Seiten parallel	x	x	x	x	x	–
2 Paar Seiten parallel	–	x	x	x	x	–
mindestens 1 Paar Seiten gleich lang	–	x	x	x	x	x
2 Paar Seiten gleich lang	–	x	x	x	x	x
Gegenseiten gleich lang	–	x	x	x	x	–
alle Seiten gleich lang	–	–	–	x	x	–
mindestens 1 Paar Gegenwinkel gleich groß	–	x	x	x	x	x
2 Paar Gegenwinkel gleich groß	–	x	x	x	x	–
Nachbarseiten zueinander senkrecht	–	–	x	x	–	–
Diagonalen gleich lang	–	–	x	x	–	–
Diagonalen halbieren einander	–	x	x	x	x	–
Diagonalen zueinander senkrecht	–	–	–	x	x	x
mindestens eine Symmetrieachse	–	–	x	x	x	x
mindestens zwei Symmetrieachsen	–	–	x	x	x	–
4 Symmetrieachsen	–	–	–	x	–	–

2. **a)** $A_D = 14\ \text{cm}^2$
b) $A_P = 18\ \text{cm}^2$
c) $A_T = 11{,}25\ \text{cm}^2$

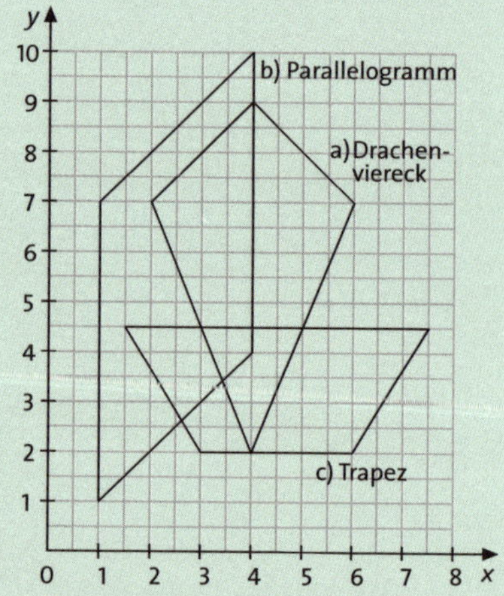

S. 195 Übungen

1. **a)** $AB \perp BC$, $AB \perp AD$, $DC \perp AD$, $DC \perp BC$, $AC \perp BD$, $MS \perp AC$, $MS \perp BD$
b) BS ist windschief zu AD, DC, AC.
c) $AB \parallel CD$, $AD \parallel BC$
d) $ABC \perp DBS$, $ABC \perp ACS$, $ACS \perp DBS$
e) CS

2. Für die Bilder a) bis c) gilt:
Maßstab 1 : 2.

a)

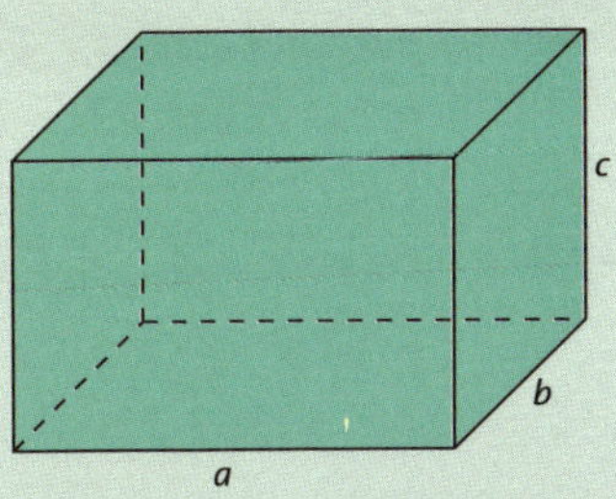

b)
c)

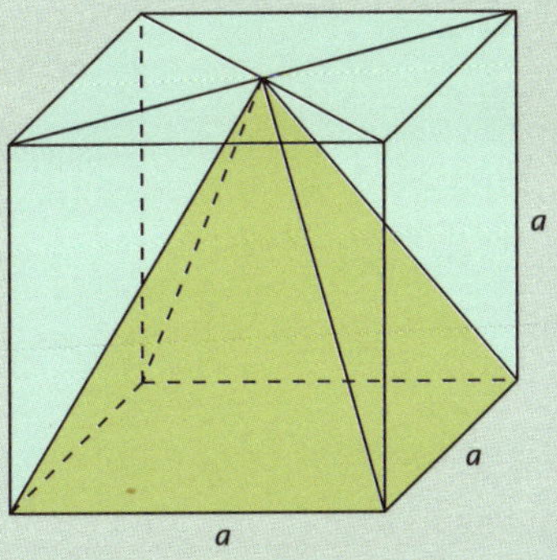

3. $G = \frac{8\,\text{m} + 2\,\text{m}}{2} \cdot 2{,}5\ \text{m} = 12{,}5\ \text{m}^2$
$V = G \cdot h = 12{,}5\ \text{m}^2 \cdot 50\ \text{m} = 625\ \text{m}^3$
Man braucht 625 m³ Erde.

S. 200 Test

1. $\{A$ gewinnt; B gewinnt; unentschieden$\}$

2. $A = \{1; 3; 5\}$ $\quad B = \{3; 4; 5; 6\}$ $\quad C = \{2; 3; 5\}$

3. $\{2; 3; 4; 5; 6; 7; 8; 9; 10; 11; 12\}$

4. $P = \frac{514}{1000} = 0{,}514$

5. $P(R) = \frac{7}{10} = 0{,}7$ $\quad P(B) = \frac{2}{10} = 0{,}2$ $\quad P(G) = \frac{1}{10} = 0{,}1$

6. $P = \frac{4}{32} = \frac{1}{8} = 0{,}125$

7. a)

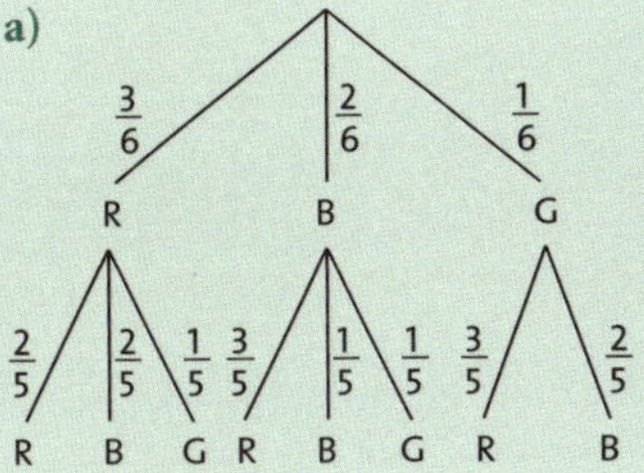

b) $\Omega = \{RR; RB; RG; BR; BB; BG; GR; GB\}$

c) $P(GB) = \frac{1}{6} \cdot \frac{2}{5} = \frac{2}{30} = \frac{1}{15}$

d) $P(\text{„keine rote“}) = P(BB) + P(BG) + P(GB) = \frac{2}{6} \cdot \frac{1}{5} + \frac{2}{6} \cdot \frac{1}{5} + \frac{1}{6} \cdot \frac{2}{5} = \frac{1}{5}$

Englisch

7./8. Klasse

Inhaltsverzeichnis

Verben

Wortarten

Satzgefüge

Verben *(Verbs)*

1 Wiederholung der Zeitenformen *(Revision of the tenses of the verb)*

1.1 Das *simple present* und das *present progressive* *(The simple present und present progressive)*

■ Wir benutzen das *simple present* für Zustände und für Handlungen, die immer wieder passieren:

Jack Baker ***lives*** *in Ramona and* ***works*** *in San Diego.*
Jack Baker wohnt in Ramona und arbeitet in San Diego.

Jake Brown ***lives*** *in Los Angeles.*
Jake Brown wohnt in Los Angeles.

The Browns always ***eat*** *in the evening.*
Die Browns essen immer abends.

■ Wir verwenden das *present progressive* für Handlungen, die im Moment des Sprechens oder Schreibens tatsächlich im Gange sind und für Bildbeschreibungen:

Janna can't come. She's ***washing*** *her hair at the moment.*
Janna kann nicht kommen. Im Moment wäscht sie sich die Haare.

Jane ***is cooking*** *at the moment.*
Jane kocht gerade.

The boys in the photo ***are playing*** *with a dog.*
Die Jungen auf dem Foto spielen mit einem Hund.

Übung

■ **Setze die richtige Form des *simple present* oder des *present progressive* in die Sätze ein. Schreibe auf einen Zettel.**

1 Janna and Hank ____ (go) to the high school on Columbia Avenue.
2 Hank ____ (clean) his bike at the moment.
3 Janna ____ (not be)[1] here. She ____ (take)[2] the dog for a walk.
4 Look at this photo. Hank and Mandy Baker ____ (kiss) each other.
5 ____ (often + you/play) computer games?
6 The Claytons ____ (not have)[1] a phone so they often ____ (write)[2] letters.

1.2 Das *simple past* und das *past progressive* *(The simple past and the past progressive)*

■ Wir benutzen das *simple past* für Situationen und Handlungen, die völlig abgeschlossen sind:

*We **bought** a new computer **last week.***
Letzte Woche kauften wir einen neuen Computer.

■ Wir verwenden das *past progressive* für Handlungen, die zu einem bestimmten Zeitpunkt oder während eines bestimmten Zeitraumes in der Vergangenheit im Gange waren:

*We **were eating** when the phone rang.*
Wir aßen (gerade), als das Telefon klingelte.

*The accident happened because the driver **was phoning** his boss.*
Der Unfall passierte, da der Fahrer gerade mit seinem Chef telefonierte.

Übung

Setze die richtige Form des *simple past* oder des *past progressive* in die Sätze ein. Schreibe auf einen Zettel.

1 The police ____ (catch)[1] the thief as he ____ (leave)[2] the bank.
2 We ____ (go)[1] to Italy last year. We ____ (have)[2] a great time there.
3 This time last week Janna and Hank ____ (fly)[1] to Los Angeles. They ____ (stay)[2] with their grandparents for the weekend.
4 Dad ____ (not answer)[1] the phone when I ____ (ring)[2] last night. He ____ (watch)[3] baseball on TV.

1.3 Das *present perfect (The present perfect)*

Wir benutzen das *present perfect*, um zu sagen, dass etwas in der Vergangenheit passiert ist, ohne aber den Zeitpunkt zu nennen.

*We **have bought** a new computer.*
Wir haben einen neuen Computer gekauft.

Wir verwenden das *present perfect* auch für Situationen und Handlungen, die in der Vergangenheit begonnen haben, aber noch andauern:

*She **has lived** here all her life.*
Sie wohnt schon ihr ganzes Leben hier.

*Nick **has still not tidied** his room.*
Nick hat sein Zimmer immer noch nicht aufgeräumt.

Übung

Setze die richtige Form des *present perfect* in die Sätze ein. Schreibe auf einen Zettel.

1 The Garners ____ (live) in Manhatten all their lives.
2 The train ____ (still + not arrive).
3 ____ (you/see) the latest Harry Potter film yet?
4 I ____ (not be) to this disco before.

1.4 Das *will*- und *going to*-Futur *(The will- and going to-future)*

■ Wir benutzen das *will*-Futur für …

… Situationen und Handlungen, die mit Sicherheit passieren werden:

*Jane **will be** 14 years old on 6 June.*
Jane wird am 6. Juni 14 Jahre alt.

… Erwartungen, Vermutungen und Vorhersagen:

*I suppose Ben **will come.***
Ich nehme an, dass Ben kommen wird.

*It says here that it **will be** sunny at the weekend.*
Es steht hier, dass es am Wochenende sonnig wird.

… spontane Entscheidungen:

*Has the bus gone? Don't worry. I **will take** you home.*
Ist der Bus schon weg? Mach dir keine Sorgen!
Ich werde dich nach Hause fahren.

■ Wir verwenden das *going to*-Futur für zukünftige Pläne, normalerweise ohne Zeitangabe:

*Frank **is going to buy** a new bike.*
Frank hat vor, ein neues Fahrrad zu kaufen.

Übung

■ **Setze die richtige Form des *going to*-Futurs oder des *will*-Futurs in die Sätze ein. Schreibe auf einen Zettel.**

1 ____ (you/watch) the sci-fi movie on TV?
2 Mandy hopes Hank ____ (ask) her to dance.
3 The weather forecast said it ____ (not rain) tomorrow.
4 Janna says she ____ (not sell) her computer after all.
5 The players ____ (train) for the match two days a week.
6 ____ (the Garners/buy) a new car?

Test

1 **Lies dir die Sätze durch und wähle das richtige ‚Signalwort' a) oder b). Schreibe auf einen Zettel.**

Beispiel:

▶ Luna lost her ball **a)** next week **b)** this afternoon.

▷ **b**

1 Janna and Hank went to the cinema **a)** now **b)** yesterday.
2 We go to school by bus **a)** every day **b)** last week.
3 Most people watch TV **a)** in the evening **b)** two days ago.
4 Do you enjoy swimming **a)** in the summer **b)** last July?
5 Did the Greens speak to you **a)** at present **b)** this morning?
6 I didn't see Mary at school **a)** later **b)** today.
7 We often visit my grandparents **a)** generally **b)** on Sundays.
8 Mr and Mrs Snow don't go on holiday **a)** every year **b)** recently.

2 **Setze die richtige Form des *simple present* oder *present perfect* in die Sätze ein. Schreibe auf einen Zettel.**

1 I ____ (never be) to New York.
2 I ____ (not see) the film at the Roxy yet.
3 Janna ____ (enjoy) playing the guitar.
4 ____ (Mr Sun/usually teach) this class?
5 Our neighbour ____ (never go) to work on Saturdays.
6 The Greens ____ (live) in Victoria Street now.
7 They ____ (go) on holiday every Christmas.
8 Our basketball team ____ (win) every match this season.

3 **Setze die richtige Form des *simple past* oder *present perfect* in die Sätze ein. Schreibe auf einen Zettel.**

1 Alison ____ (just + buy) a new computer.
2 Andy can't play in the match. He ____ (break) his arm.
3 Look at that poor bird. It ____ (hurt) its wing.
4 My parents ____ (phone) the police. They should be here any minute now.
5 The Browns ____ (never + be) on holiday.
6 ____ (our team/win) the game last Saturday?
7 John ____ (not finish) his meal yet.
8 ____ (you/meet) anybody you knew when you were in town?

Test

4 **Setze die richtige Form des *will-* bzw. *going to-*Futurs in die Sätze ein. Schreibe auf einen Zettel.**

1 Barbara ____ (not be) at our party. She has got to work.
2 Don't worry. I'm sure you ____ (get) the job.
3 I hope it ____ (not rain) at the weekend.
4 I think the firm ____ (close) soon.
5 Look at the sky! I think it ____ (snow) in a minute.
6 Mary says she ____ (not leave) school in July after all.

5 **Mit dieser E-Mail schickt Torsten einige Digitalfotos an seinen norwegischen Freund Olaf aus Oslo. Die beiden haben sich in Italien kennen gelernt.**
Suche alle Verben aus der E-Mail heraus.
Dann schreibe die Zeitformen der Verben auf einen Zettel.

An

Von: Torsten Keller
An: Olaf Jannsen

Betreff: Holiday pictures

Hi Olaf
I hope you got home all right. I did. Here are the photos we took on the beach at Bibione. You will find them in the attachment.
Do you remember Marina, the Italian girl we met at the beach disco? I know you really liked her, so you'll be happy that she's in several of the pictures. In one of them, she's dancing with you! Anyhow, I saw her again the day after you left for home. Did you know that she can understand quite a lot of German? The picture I like best is the one where your sister is falling off the surfboard. Will you email me soon with all your news? I'll answer at once - promise!
Take care, Torsten

2 Weitere Zeitformen *(Further tenses)*

2.1 Das *simple present* und das *present progressive* mit zukünftiger Bedeutung *(The simple present and present progressive with future meaning)*

Beispiel:

1 The film **starts** at 8 o'clock **tomorrow.**
Der Film beginnt morgen um 8 Uhr.

2 We **are visiting** the zoo **next Saturday.**
Am nächsten Samstag besuchen wir den Zoo.

■ Im Englischen wie im Deutschen verwenden wir das *simple present* für *Vorgänge oder Ereignisse*, die in Fahrplänen, Stundenplänen, Kinoprogrammen usw. bekannt gemacht werden [1].

■ Das *present progressive* mit einem Adverb der zukünftigen Zeit benutzen wir für fest geplante Vorkehrungen und Verabredungen [2].

2.2 Das *going to*-Futur für Voraussagen *(The going to-future for predictions)*

Beispiel:

1 Ben **is going to have** a lot of trouble if he's not careful.
Ben wird viel Ärger bekommen, wenn er nicht aufpasst.

2 Look at the sky. It's **going to snow.**
Schau dir den Himmel an! Es wird gleich schneien.

■ Wir können das *going to*-Futur verwenden, um vorauszusagen, dass irgendein Ereignis oder irgendeine Situation fast unweigerlich eintreten wird [1] [2].

TIPP Dies gilt vor allem dann, wenn es bereits im Moment des Sprechens **klare Anzeichnen** für das zukünftige Ergebnis gibt [2].

2.3 Das *present perfect* mit *for/since* (*The present perfect with for/since*)

Beispiel:

1 Annie Snow **has worked** here **for over 40 years.**
Annie Snow arbeitet hier seit über 40 Jahren.

2 We **have lived** here **since last May.**
Wir wohnen hier seit letztem Mai.

■ Oft verwenden wir das *present perfect* für Handlungen und Situationen, die in der Vergangenheit angefangen haben, aber noch andauern. Sie sind also noch nicht völlig abgeschlossen. Im Deutschen verwenden wir in solchen Fällen meistens das Präsens [1] [2].

TIPP Bei der noch nicht abgeschlossenen Vergangenheit kommen folgende **Zeitadverbien** häufig vor:

I have never seen this movie ***before.***
Ich habe diesen Film **bisher** nicht gesehen.

We have lived here ***for three years.***
Wir wohnen hier **seit drei Jahren.**

We have not had a rainy day ***since Christmas.***
Seit Weihnachten haben wir keinen Regentag gehabt.

Have you ***already*** *met Mary?*
Hast du Mary **schon** kennen gelernt?

I have ***not*** *finished* ***yet.***
Ich bin **noch nicht** fertig.

Have you ***ever*** *been to New York?*
Warst du **schon** in New York?

They have ***never*** *been on holiday.*
Sie sind **noch nie** im Urlaub gewesen.

Hank has ***still not*** *got up.*
Hank ist **immer noch nicht** aufgestanden.

2.4 Das *present perfect progressive* *(The present perfect progressive)*

Beispiel:

1 I **have/I've been waiting** for you since 5 o'clock.
Ich warte seit 5 Uhr auf dich.

2 Ben **has**/Ben**'s been playing** computer games for nearly three hours.
Ben spielt seit fast drei Stunden Computerspiele.

3 They **have not/haven't been working** all the time.
Sie haben nicht die ganze Zeit gearbeitet.

4 **Have you been waiting** long?
Warten Sie schon lange?

Form

■ Das *present perfect progressive* bilden wir mit *have/has* + *been* + der *-ing*-Form des Vollverbs [1] [2].

■ Wir bilden die Verneinung durch das Einfügen von *not/n't* unmittelbar nach *have/has* [3].

■ Wollen wir Fragen bilden, tauschen wir *have/has* und das Subjekt einfach aus [4].

Gebrauch

■ Wir verwenden das *present perfect progressive* für länger andauernde Handlungen und Situationen, die zum Zeitpunkt des Sprechens noch andauern [1] [2].

TIPP Im Deutschen benutzen wir in solchen Fällen meist das Präsens mit „schon", um zu verdeutlichen, dass die Handlung bzw. Situation bereits länger andauert:

*Frank **has been talking** for nearly an hour.*
Frank redet schon seit fast einer Stunde.

*Ann and Tom **have been dancing** the whole time.*
Ann und Tom tanzen schon die ganze Zeit.

▶ **BEACHTE** Die folgenden Verben haben meist **keine** *progressive*-Form:

believe	glauben	*mean*	meinen
dislike	nicht mögen	*notice*	bemerken
hate	hassen	*see*	(mit der Auge) sehen
know	wissen, kennen	*seem*	scheinen
like	mögen	*want*	wollen
love	lieben, sehr mögen	*wish*	wünschen

Übung

1 Setze *for* (+ Zeitraum) oder *since* (+ Zeitpunkt) ein. Schreibe auf einen Zettel.

1 ____ over 40 years
2 ____ nearly two hours
3 ____ I was a teenager
4 ____ 30 seconds
5 ____ she was last here
6 ____ ages
7 ____ the last lesson
8 ____ several days
9 ____ Easter
10 ____ Janna left

2 Vervollständige die englische Übersetzungen mit der fehlenden Form des *present perfect* oder des *present perfect progressive* und wenn nötig mit *for* oder *since*. Schreibe auf einen Zettel.

1 *Wir wohnen seit 2004 in New York.*
▶ We ____[1] in New York ____[2] 2004.

2 *Ich stehe hier schon seit einer Stunde.*
▶ I ____[1] here ____[2] an hour.

3 *Janna war nie in Europa.*
▶ Janna ____ to Europe.

4 *Du trägst dieses Hemd seit zwei Wochen.*
▶ You ____[1] this shirt ____[2] two weeks.

5 *Wie lange kennst du die Garners?*
▶ How long ____ the Garners?

6 *Hank liest dieses Buch schon seit Monaten.*
▶ Hank ____[1] this book ____[2] months.

Test

1 Übersetze die Sätze ins Englische. Schreibe auf einen Zettel.

1 Ben arbeitet hier seit Anfang des Jahres.
2 Wie lange kennst du Mary?
3 Januar 2005 sind wir nach New York umgezogen.
4 Hast du mein neues Buch gesehen?
5 Leider hat Hank seine Hand verletzt.
6 Wir sind hier seit 10 Uhr und der Lehrer ist immer noch nicht gekommen.
7 Wir warten seit über einer Stunde auf den Zug.
8 Ich habe Mandy seit Wochen nicht gesprochen.

2 Setze die richtige Form des *past progressive* oder des *present perfect progressive* in die Sätze ein. Schreibe auf einen Zettel.

1 We ____ (go) to school when it started to rain.
2 When I got home, Frank ____ (watch) TV.
3 How long ____ (you/play) computer games now, Ben?
4 I ____ (wait) here for over an hour and the bus still hasn't come.
5 One of the drivers ____ (use) his mobile at the time of the accident.
6 Just as our plane ____ (land), another plane took off.
7 Peter ____ (look) for his book for ages but he still hasn't found it.
8 The class ____ (make) a lot of noise ever since the lesson started.

3 Setze die richtige Form des *present perfect* oder des *present perfect progressive* in die Sätze ein. Schreibe auf einen Zettel.

1 Janna ____ (read) all the Harry Potter books two or three times.
2 Hank ____ (wait) to see Mr Sun for over an hour now.
3 How long ____ (the Garners/live) in Monroe Avenue?
4 Dad and Hank ____ (clean)[1] the car all day and they still ____ (not finish)[2].
5 I ____ (not see)[1] Mel Gibson's latest movie, but I ____ (see)[2] all his other films.
6 ____ (you/not finish)[1] yet? You ____ (write)[2] those letters for hours!

2.5 Das *past perfect (The past perfect)*

Beispiel:

1 When we arrived, the film **had** already **started.**
Als wir ankamen, hatte der Film schon begonnen.

2 The train **had gone** when I reached the station.
Der Zug war schon weg, als ich den Bahnhof erreichte.

3 Jane **had not/hadn't finished** when I saw her.
Jane war noch nicht fertig, als ich sie sah.

4 **Had the film started** when you arrived?
Hatte der Film schon angefangen, als du ankamst?

Form

■ Wir bilden das *past perfect* mit *had* + Partizip Perfekt (3. Form).
Das *past perfect* ist bei allen Personen gleich.
► **BEACHTE** Bei **regelmäßigen Verben** endet das Partizip Perfekt (3. Form) immer auf *-ed* [1]. Bei **unregelmäßigen Verben** hat das Partizip Perfekt eine beson-dere Form, die du dir einfach merken musst [2].

■ Wir bilden die Verneinung durch das Einfügen von *not/n't* unmittelbar nach *had* [3].

■ Um Fragen zu bilden, tauschen wir *had* und das Subjekt einfach aus [4].

Gebrauch

■ Im Englischen wie im Deutschen verwenden wir das *past perfect* um zu verdeutlichen, dass eine vergangene Handlung bereits abgeschlossen war, als eine andere Handlung anfing [1] – [4].
Zum Vergleich:

When Janna got home, her mother ***went*** *to work.*
Als Janna nach Hause kam, ging ihre Mutter zur Arbeit.

When Janna got home, her mother ***had gone*** *to work.*
Als Janna nach Hause kam, war ihre Mutter zur Arbeit gegangen.

2.6 Das *past perfect progressive* (*The past perfect progressive*)

Beispiel:

1 We **had been sitting** in the plane for an hour before it finally took off.
Wir hatten eine Stunde im Flugzeug gesessen, bevor es endlich startete.

2 Tom **had not/hadn't been waiting** long before the ambulance came.
Tom hatte nicht lange gewartet, bis der Krankenwagen kam.

3 **Had she been working** here long before she became ill?
Hatte sie lange hier gearbeitet, bevor sie krank wurde?

Form

■ Wir bilden das *past perfect progressive* mit *had* + *been* + *-ing*-Form des Vollverbs. Das *past perfect progressive* ist bei allen Personen gleich [1].

■ Wir bilden die Verneinung durch das Einfügen von *not/n't* unmittelbar nach *had* [3].

■ Um Fragen zu bilden, tauschen wir *had* und das Subjekt einfach aus [4].

Gebrauch

■ Wir verwenden das *past perfect progressive*, um zu verdeutlichen, dass eine in der Vergangenheit begonnene Handlung bis zu einem bestimmten Zeitpunkt in der Vergangenheit andauerte.

▶ **BEACHTE** Die folgenden Verben haben meist **keine** *progressive*-Form:

believe	glauben	*mean*	meinen
dislike	nicht mögen	*notice*	bemerken
hate	hassen	*see*	(mit dem Auge) sehen
know	wissen, kennen	*seem*	scheinen
like	mögen	*want*	wollen
love	lieben, sehr mögen	*wish*	wünschen

3 Modale Hilfsverben *(Modal auxiliary verbs)*

3.1 Modalverb + *have* + Partizip Perfekt *(Modal verb + have + past participle)*

Beispiel:

1 Janna **may/might have gone** home.
Janna könnte nach Hause gegangen sein.

2 He **must have been** crazy to drive so fast.
Er muss verrückt gewesen sein, so schnell zu fahren.

3 Hank **could have missed** his bus.
Hank könnte seinen Bus verpasst haben.

4 You **shouldn't have bought** so much bread.
Du hättest nicht so viel Brot kaufen sollen.

5 You **needn't have waited.** You **should have** just **phoned.**
Ihr hättet nicht warten müssen. Ihr hättet einfach anrufen sollen.

■ Das Muster Modalverb + *have* + Partizip Perfekt [1] – [5] bezieht sich auf die Vergangenheit.

■ Wir benutzen dieses Muster, um zu sagen, was möglicherweise passiert ist [1] oder was hätte passieren müssen [2], können [3], sollen [4] [5], usw. (→ *if*-Sätze, Typ 3, S. 276).

3.2 Das Hilfsverb *used to (The auxiliary used to)*

Beispiel:

1 We **used to do** a lot of cycling.
Früher sind wir viel geradelt.

2 Tom **used to play** basketball at school, but not any more.
Damals spielte Tom Basketball in der Schule, aber jetzt nicht mehr.

3 This disco **used to be** a church.
Früher war diese Disco eine Kirche.

4 Would you believe that Berlin **used to be** a small village?
Würdest du glauben, dass Berlin früher ein kleines Dorf war?

■ Das Hilfsverb *used to* bezieht sich ausschließlich auf die entfernte Vergangenheit. Es hat in allen Personen dieselbe Form.

TIPP Im modernen Englisch wird ***used to*** vor allem dann benutzt, wenn der Sprecher ausdrücken will, dass die Handlung bzw. Situation sich höchstwahrscheinlich nie wiederholen wird:

*Grandad **used to play** football for Scotland.*
Damals spielte Opa Fußball für Schottland.

*Of course I know him. We **used to go** to the same school.*
Natürlich kenne ich ihn. Früher besuchten wir dieselbe Schule.

3.3 Die Hilfsverben *need* und *dare (The auxiliaries need and dare)*

Beispiel:

1 **Need I buy** a ticket?
Muss ich eine Karte kaufen?

2 You **needn't come** to school tomorrow.
Morgen brauchst du nicht zur Schule zu kommmen.

3 **How dare you** speak to me like that?
Wie kannst du es wagen, so mit mir zu sprechen?

4 I **daren't cross** this high bridge.
Ich wage es nicht, diese hohe Brücke zu überqueren.

■ Wir verwenden die Hilfsverben *need* und *dare* meist in Fragen [1] [3] und verneinten Aussagen [2] [4]. Sie haben in allen Personen dieselbe Form.

TIPP Obwohl ***dare*** auch eine Form der Vergangenheit hat *(dared)*, wird es im modernen Englisch nur in der Gegenwart verwendet.

4 Das Passiv *(The passive)*

4.1 Die Form und der Gebrauch des Passivs *(The form and use of the passive)*

Beispiel:

1 This computer **is made** in thc USA.
Dieser Computer wird in den USA hergestellt.

2 Cars **were invented** by many engineers.
Autos wurden von vielen Ingenieuren erfunden.

3 The books **have not/haven't been delivered** yet.
Die Bücher sind noch nicht geliefert worden.

4 **Was this house built** by your grandfather?
Wurde dieses Haus von deinem Großvater gebaut?

Form

■ In den Sätzen oben sind *is made*, *were invented*, *have not been delivered* usw. Formen des Passivs.

■ Wir bilden die Passivzeiten mit einer Form von *be* und dem Partizip Perfekt (3. Form).

Hier ist eine Übersicht der gängigsten Zeiten:

Zeit	Form von be	Partizip Perfekt
simple present *present progressive*	*am/is/are* *am/is/are being*	*played* *played*
simple past *past progressive*	*was/were* *was/were being*	*built* *built*
present perfect *past perfect*	*have/has been* *had been*	*stolen* *stolen*
will-Futur *going to-Futur*	*will be* *am/is/are going to be*	*shown* *shown*

■ Wir bilden die Verneinung durch das Einfügen von *not/n't* genau wie bei dem Verb *be* [3].

■ Um Fragen zu bilden, tauschen wir die Form von *be* und das Subjekt einfach aus [4].

Gebrauch

■ Ist der Verursacher einer Handlung unbekannt oder zweitrangig, verwenden wir das Passiv. Die Tat – also nicht der Verursacher – steht im Vordergrund.

▶ **BEACHTE** Wir benutzen das Passiv im Englischen viel häufiger als im Deutschen. Oft verwenden wir im Deutschen das Aktiv mit „man", wenn wir im Englischen das Passiv gebrauchen:

*Goulash **is** often **eaten** with rice.*
Oft isst man Gulasch mit Reis.

Übung

■ **Setze die Verben in die richtige Form des Passivs. Verwende dabei die angegebene Zeit. Schreibe auf einen Zettel.**

1	These CDs ____ (be recorded) in London.	*simple past*
2	Don't sit on that chair. It ___ (just/be painted).	*present perfect*
3	The best kiwis ____ (be grown) in New Zealand.	*simple present*
4	Of course we ____ (not be given) the text before the test.	*will-Futur*
5	Everything ____ (be done) to save the child's life.	*present progressive*
6	When we got to the car park, our car ____ (be damaged).	*past perfect*
7	Our holiday was awful. The hotel ____ (still/ be built).	*past progressive*
8	English ____ (be spoken) all over the world.	*simple present*
9	This house ____ (be built) in 1443.	*simple past*
10	Where's my bike? ____ (it/be stolen)?	*present perfect*

4.2 Der *by-agent (The by-agent)*

Beispiel:

1 The Harry Potter books are written **by J. K. Rowling.**
Die Harry-Potter-Bücher werden von J. K. Rowling geschrieben.

2 The first space flight was made **by the Russians.**
Der erste Raumflug wurde von den Russen gemacht.

3 The accident was caused **by a broken wheel.**
Der Unfall wurde durch ein gebrochenes Rad verursacht.

■ Möchten wir den Verursacher einer Handlung in einem Passivsatz erwähnen, verwenden wir einen *by-agent*.

■ Der *by-agent* ist meist eine namentlich erwähnte Person [1] bzw. Gruppe [2] oder nennt die **sachliche Ursache** eines Ereignisses [3].

▶ **BEACHTE** Der ***agent*** wird immer mit ***by*** eingeleitet.

4.3 Passivsätze mit Modalverben *(Passive sentences with modal verbs)*

Beispiel:

1 Books **must be returned** within 14 days.
Bücher müssen binnen 14 Tagen zurückgebracht werden.

2 Tickets **can** only **be bought** from ticket machines.
Fahrkarten können nur am Fahrkartenautomaten gekauft werden.

3 Cars **should not be parked** on the pavement.
Autos sollten nicht auf dem Bürgersteig abgestellt werden.

4 **Can** drinks **be taken** into the stadium?
Können Getränke in das Stadion mitgenommen werden?

■ Mit Modalverben bilden wir Passivsätze mit dem Modalverb + *be* + Partizip Perfekt (3. Form).

▶ **BEACHTE**, dass ***be*** als **Infinitiv ohne *to*** erscheint.

4.4 Passivsätze mit zwei Objekten *(Passive sentences with two objects)*

Beispiel:

1 Somebody sent **Janna a nasty letter.**
Jemand schickte Janna einen bösen Brief.

2 **Janna** was sent **a nasty letter.**
Janna wurde ein böser Brief geschickt.

■ Satz 1 oben ist Aktiv. Das Verb *send* hat jedoch zwei Objekte, nämlich ein direktes Objekt – *a nasty letter* („wen"/„was") und ein indirektes Objekt – *Janna* („wem"/„was")

■ Soll das **indirekte Objekt** – also der Empfänger – im Vordergrund stehen, dann können wir einen **Passivsatz** bilden.
Dies erfolgt, indem das indirekte Objekt *(Janna)* zum Subjekt des Passivsatzes wird. Das direkte Objekt *(a nasty letter)* bleibt dabei als einziges Objekt des Passivsatzes erhalten.
Geläufige Verben, die oft zwei Objekte haben, sind:

	Subjekt	Verb	indirektes Objekt	direktes Objekt
ask	*The teacher* Der Lehrer	*asked* stellte	*Mary* Mary	*a difficult question.* eine schwierige Frage.
give	*Hank* Hank	*gave* gab	*his girlfriend* seiner Freundin	*a kiss.* einen Kuss.
promise	*Hank's dad* Hanks Papa	*promised* versprach	*him* ihm	*a new laptop.* einen neuen Laptop.
send	*They* Sie	*sent* schickten	*her* ihr	*a bunch of flowers.* einen Blumenstrauß.
show	*Mr Sun* Mr Sun	*showed* zeigte	*the class* der Klasse	*a good movie.* einen guten Film
tell	*Mary* Mary	*told* erzählte	*Janna* Janna	*a funny joke.* einen lustigen Witz.

Test

1 Setze die richtige Form des Passivs in die Sätze ein. Verwende die angegebenen Zeiten. Schreibe auf einen Zettel.

1 A lot of cars ____ (stop)[1] by the police and their drivers ____ (test)[2] for alcohol. *present progressive*
2 Barbara came by bus last week because her car ____ (repair). *past progressive*
3 Furniture ____ (make) here for generations. *present perfect*
4 I think the beauty contest ____ (win) by the Russian girl. *will-future*
5 The reporter said that the bridge ____ (damage) by strong winds. *past perfect*
6 These DVD players ____ (make) in the Netherlands. *simple present*
7 This church ____ (start)[1] in 1262 but it ____ (not finish)[2] until 1734. *simple past*
8 Three shops ____ (break)[1] into at the weekend and a lot of valuable things ____ (steal)[2]. *simple past*

2 Stelle Fragen zu den unterstrichenen Satzteilen. Schreibe auf einen Zettel.

Beispiel:

▶ This car was made in Detroit. (where?)
▷ Where was this car made?

▶ An American was given the job. (who?)
▷ Who was given the job?

1 A loud explosion was heard all over the town. (what?)
2 DVD players are switched off by pressing a button. (how?)
3 £ 5,000 was stolen from the shop. (how much?)
4 Jim was collected from school by his uncle. (who?)
5 Drinks will be sold during the interval. (what?)
6 Most computers are made in China. (where?)
7 Ten pairs of shoes were bought by one person. (how many?)
8 The island can be reached by boat. (how?)
9 The winner will be taken to a top restaurant by a famous film star. (where?)
10 This house was built in 1911. (when?)

Test

3 Schreibe die Aktivsätze ins Passiv um. Verwende einen *by-agent* nur, wenn er wirklich notwendig oder von besonderem Interesse ist. Schreibe auf einen Zettel.

Beispiel:

▶ Somebody gave Hank a lift home.
▷ Hank was given a lift home.

▶ J. K. Rowling wrote the Harry Potter books.
▷ The Harry Potter books were written by J. K. Rowling.

1 Do women often ask you to dance?
2 Has anybody found your bike yet?
3 In Britain, you can even buy stamps at a lot of pubs.
4 Local farmers sell fresh vegetables at the market.
5 People must bring their empty bottles to the bottle bank.
6 Mexicans do most of the hard work in California.
7 The garage will repair the car in time for our holiday.
8 They showed us a video of their holiday in Norway.
9 Did Columbus or Ericson discover America?
10 Somebody left the cooker on last night.

4 Vervollständige die Übersetzungen. Schreibe auf einen Zettel.

1 *Nächstes Jahr wird eine neue Schule eröffnet.*
▶ A new school ____ next year.
2 *Der Wettbewerb wurde von einem Mädchen gewonnen.*
▶ The competition ____ by a girl.
3 *Die Disco wurde letzte Woche schwer beschädigt.*
▶ The disco ____ last week.
4 *Wird in Südafrika Englisch gesprochen?*
▶ ____ in South Africa?
5 *Werden heute die meisten Computer in China gemacht?*
▶ ____ in China today?
6 *Dieser Brief muss ins Deutsche übersetzt werden.*
▶ This letter ____ into German.
7 *Vor dem Winter sollte das Dach repariert werden.*
▶ The roof ____ before the winter.
8 *Können in der Kirche Fotos gemacht werden?*
▶ ____ in the church?

5 Der Infinitiv *(The infinitive)*

5.1 Die Formen des Infinitivs *(Forms of the infinitive)*

Beispiel:

1 Janna **wants to buy** a new computer.
Janna will einen neuen Computer kaufen.

2 Now she **must save** a lot of money.
Jetzt muss sie viel Geld sparen.

3 Janna **wants** her computer **to be programmed** by an expert.
Janna will, dass ihr Computer von einem Fachmann programmiert wird.

4 Janna's computer **must be configured.**
Jannas Rechner muss konfiguriert werden.

■ Mit Ausnahme der modalen Hilfsverben – *can, must, should* usw. – können alle Verben den Infinitiv bilden, entweder mit oder ohne to [1] [2].

■ Wir benutzen den Infinitiv mit *to* nach vielen Vollverben (→ Der Infinitiv nach bestimmten Verben, S. 240) [1].

■ Den Infinitiv ohne *to* verwenden wir nach Modalverben [2].

■ Wir bilden den Infinitiv Passiv mit *be* + Partizip Perfekt (3. Form). Wir benutzen den Infinitiv Passiv mit *to* [3] und ohne *to* [4] genau wie den Infinitiv Aktiv.

5.2 Der Infinitiv nach bestimmten Verben *(The infinitive after certain verbs)*

Beispiel:

1 Janna and Hank **plan to go** camping.
Janna und Hank wollen zum Campen fahren.

2 They **hope to find** a campsite in Florida.
Sie hoffen einen Campingplatz in Florida zu finden.

■ Oft verwenden wir ein Verb – z. B. *plan* [1] und *hope* [2] – in Verbindung mit anderen Verben.

■ Im Deutschen ist dies problemlos, da wir immer den Infinitiv benutzen. Im Englischen dagegen benötigt eine Gruppe von Verben den Infinitiv mit *to* und eine andere Gruppe das Gerundium (➜ Das Gerundium nach bestimmten Verben, S. 243).

■ Verben + Infinitiv mit ***to***

TIPP Da es keine zuverlässige Regel gibt, musst du die folgende Liste auswendig lernen.

afford	*We can't **afford to go** on holiday.* Wir können es uns nicht leisten, in den Urlaub zu fahren.
choose	*Janna **chose to learn** German.* Janna entschied sich, Deutsch zu lernen.
decide	*Hank **decided to buy** a new bike.* Hank entschied sich, ein neues Fahrrad zu kaufen.
hope	*I **hope to arrive** on time.* Ich hoffe, rechtzeitig anzukommen.
plan	*The Hudsons **plan to buy** a holiday home.* Die Hudsons planen, eine Ferienwohnung zu kaufen.
promise	*I **promise to be** home by 11.* Ich verspreche, bis 11 Uhr zu Hause zu sein.
refuse	*Mr Sun **refused to give** me a better mark.* Mr Sun lehnte es ab, mir eine bessere Note zu geben.

5.3 Der Infinitiv nach Fragewörtern *(The infinitive after question words)*

Beispiel:

1 Janna can't decide **what to do** at the weekend.
Janna kann sich nicht entscheiden, was sie am Wochenende tun soll.

2 Can you tell me **how to get** to the station?
Können Sie mir sagen, wie ich zum Bahnhof komme?

3 I have no idea **where to park** in Orlando.
Ich habe keine Ahnung, wo ich in Orlando parken kann.

■ Im modernen Englisch verwenden wir den **Infinitiv mit *to* nach Fragewörtern,** statt einen von einem Fragewort eingeleiteten Nebensatz [1] – [3].

Zum Vergleich:

Janna can't decide	***what she should do*** Nebensatz mit *what*	*at the weekend.*
Janna can't decide	***what to do*** *what* + *to*-Infinitiv	*at the weekend.*
Can you tell me	***how I could get to*** Nebensatz mit *how*	*the station?*
Can you tell me	***how to get to*** *how* + *to*-Infinitiv	*the station?*
I have no idea	***where I can park*** Nebensatz mit *where*	*in Orlando.*
I have no idea	***where to park*** *where* + *to*-Infinitiv	*in Orlando.*

5.4 Weitere Anwendungen des Infinitivs *(Further uses of the infinitive)*

Beispiel:

1 Hank was **the first to notice** what was happening.
Hank bemerkte als erster, was vor sich ging.

2 We were **the second to complain** about the food.
Wir beklagten uns als zweite über das Essen.

3 This child was **the tenth to be caught** in the door.
Dieses Kind wurde als zehntes in der Tür gefangen.

4 Janna was **the last to come** home.
Janna kam als letzte nach Hause.

■ Im modernen Englisch benutzen wir oft den Infinitiv mit *to* nach *the first/second/...* [1] [2] [3] und *the last* [4] statt einen Relativsatz.
Zum Vergleich:

Hank was	***the first who noticed*** *the first* + Relativsatz	*what was happening.*
Hank was	***the first to notice*** *the first* + *to*-Infinitv	*what was happening.*
We were	***the second who complained*** *the second* + Relativsatz	*about the food.*
We were	***the second to complain*** *the second* + *to*-Infinitv	*about the food.*
This child was	***the tenth who has been caught*** *the tenth* + Relativsatz	*in the door.*
This child was	***the tenth to be caught*** *the tenth* + *to*-Infinitv	*in the door.*
Janna was	***the last who came*** *the last* + Relativsatz	*home.*
Janna was	***the last to come*** *the last* + *to*-Infinitiv	*home.*

6 Das Gerundium *(The gerund)*

6.1 Die Formen des Gerundiums *(Forms of the gerund)*

Beispiel:

1 I like **reading.**
Ich lese gerne.

2 Nobody enjoys **being searched** by security guards.
Niemanden gefällt es, von Sicherheitskräften durchsucht zu werden.

■ Wir bilden die Aktivform des Gerundiums mit dem Infinitiv des Verbs + *-ing* [1].

■ Die Passivform des Gerundiums bilden wir mit *being* + Partizip Perfekt (3. Form) [2].

6.2 Das Gerundium nach bestimmten Verben *(The gerund after certain verbs)*

Beispiel:

1 Have you **finished repairing** your bike?
Bist du mit der Reparatur deines Rades fertig?

2 Fingers **admits taking** the money
Fingers gibt zu, dass er das Geld genommen hat.

■ Wir verwenden einige Verben in Verbindung mit dem Gerundium [1] [2].

■ Das Verb + Gerundium

TIPP Da es keine zuverlässige Regel gibt, ist es am besten diese Liste **auswendig** zu lernen:

admit — *Do you **admit cheating** in the test?*
Gibst du zu, dass du in dem Test gemogelt hast?

avoid — *Dad **avoids doing** overtime.*
Dad vermeidet, Überstunden zu machen.

deny	*Fingers **denies taking** the money.* Fingers leugnet, dass er das Geld genommen hat.
enjoy	*Do you **enjoy learning** English?* Gefällt es dir, Englisch zu lernen?
finish	*I **finished tidying** my room at 9.* Ich war um 9 Uhr mit dem Aufräumen meines Zimmers fertig.
hate	*The Hudsons **hate flying.*** Die Hudsons hassen es, zu fliegen.
imagine	***Imagine winning** a million dollars!* Stell dir vor, eine Million Dollar zu gewinnen!
keep	*He **keeps shouting** at other drivers.* Er schreit andere Fahrer dauernd an.
like	*I **like eating** Indian food.* Ich esse gerne indische Gerichte.
love	*She **loves playing** Bach.* Sie liebt es, Bach zu spielen.
mention	*Did I **mention meeting** Ann in town?* Habe ich erwähnt, dass ich Ann in der Stadt traf?
mind	*Do you **mind opening** a window?* Haben Sie etwas dagegen, ein Fenster zu öffnen?
miss	*I **missed seeing** this movie last year.* Ich verpasste es, diesen Film letztes Jahr zu sehen.
practise	*He often **practises playing** the piano.* Er übt oft Klavierspielen.
suggest	*Mum **suggests going** shopping this afternoon.* Mama schlägt vor, dass wir heute Nachmittag einkaufen gehen.

6.3 Das Gerundium nach Präpositionen *(The gerund after prepositions)*

Beispiel:

1 Janna bought her computer **after seeing** an ad on TV.
Janna kaufte ihren Computer, nachdem sie eine Werbung im Fernsehen gesehen hatte.

2 Hank didn't **succeed in winning** the game.
Es gelang Hank nicht, das Spiel zu gewinnen.

3 Janna's not **interested in learning** the piano.
Janna hat kein Interesse, Klavierspielen zu lernen.

4 We're looking **forward to going** to Bonn.
Wir freuen uns darauf, nach Bonn zu fahren.

- Wir verwenden das Gerundium nach Präpositionen [1] – [4].

- Weitere Beispiele sind:

Verb + Präposition + Gerundium

insist on	*He insisted on seeing the doctor immediately.* Er bestand darauf, den Arzt sofort zu sehen.
rely on	*You can rely on finding a good hotel here.* Sie können sich darauf verlassen, hier ein gutes Hotel zu finden.
think of	*The Hudsons are thinking of buying a house.* Die Hudsons überlegen, ob sie ein Haus kaufen sollten.
worry about	*Hank is worried about failing the exam.* Hank macht sich Sorgen, dass er die Prüfung nicht besteht.

be + Adjektiv + Gerundium

be afraid of	*I'm not afraid of flying.* Ich habe keine Angst vor dem Fliegen.
be ashamed of	*You should be ashamed of behaving like that.* Du sollst dich schämen, dass du dich so benommen hast.

be bad at	*Our team is bad at losing.* Unsere Mannschaft kann nicht gut verlieren.
be crazy about	*Janna's crazy about dancing.* Janna ist ganz wild aufs Tanzen.
be famous for	*Benz is famous for inventing the car.* Benz ist berühmt, weil er das Auto erfunden hat.
be good at	*Are you good at skiing?* Kannst du gut Ski fahren?
be keen on	*I'm not very keen on playing football.* Ich bin nicht besonders wild aufs Fußballspielen.
be proud of	*We are proud of winning the game.* Wir sind stolz, dass wir das Spiel gewonnen haben.
be tired of	Mum's *tired of working* such long hours. Mama hat es satt, so viele Stunden zu arbeiten.

Übung

Wähle die richtige Alternative, a) oder b). Schreibe auf einen Zettel.

1 A lot of people hate **a)** to do – **b)** doing exercise.
2 Are you worried about **a)** find – **b)** finding a job?
3 Can you show me how **a)** to install – **b)** installing the program.
4 Dad refused **a)** to let – **b)** letting us go to the party.
5 Do you enjoy **a)** to ski – **b)** skiing?
6 Do you like **a)** to read – **b)** reading?
7 Grant is crazy about **a)** cycle – **b)** cycling.
8 Hank hopes **a)** to see – **b)** see Mandy at your party.
9 Hank is proud of **a)** pass – **b)** passing the exam.
10 I don't know who **a)** to ask – **b)** asking about this problem.
11 Is Mandy good at **a)** dance – **b)** dancing?
12 I've finished **a)** doing – **b)** to do my homework.
13 Janna can't afford **a)** to buy – **b)** buy a new bike.
14 Mum goes **a)** to swim – **b)** swimming on Fridays.
15 The boys promised **a)** to try – **b)** try harder.
16 The Garners decided not **a)** to go – **b)** go away at Christmas.

7 Verb plus Infinitiv oder Gerundium je nach Bedeutung *(Verb plus infinitive or gerund according to meaning)*

Wir benutzen die folgenden Verben je nach Bedeutung mit dem *to*-Infinitiv oder mit dem Gerundium.

7.1 *remember, forget*

Beispiel:

1 **Remember to buy** some bread, please.
Bitte denke daran, Brot zu kaufen.

2 Please **don't forget to call** Janna.
Vergiss bitte nicht, Janna anzurufen.

3 **Do you remember helping** the tourist in Hanover?
Erinnerst du dich, wie wir dem Touristen in Hannover geholfen haben?

4 Hank **has forgotten** ever **meeting** Josey.
Hank kann sich nicht mehr erinnern, Josey je kennengelernt zu haben.

■ Wenn es bei *remember* und *forget* um die Gegenwart oder die Zukunft handelt, verwenden wir den *to*-Infinitiv [1] [2].

■ Bezieht sich der Satz auf die Vergangenheit, benutzen wir das Gerundium [3] [4].

7.2 *stop*

Beispiel:

1 We **stopped to buy** some bread.
Wir hielten an, um Brot zu kaufen.

2 You **must stop eating** so many sweets.
Du musst aufhören, so viele Süßigkeiten zu essen.

■ Bedeutet *stop* „kurz anhalten, um etwas zu erledigen", verwenden wir den *to*-Infinitiv [1].

■ Bedeutet *stop* „aufhören, etwas zu tun", dann benutzen wir das Gerundium [2].

7.3 *try*

Beispiel:

1 I **tried to ring** but my mobile was empty.
Ich versuchte anzurufen, aber mein Handy war leer.

2 Why **don't you try asking** for help?
Warum versuchst du nicht, um Hilfe zu bitten?

■ Bedeutet *try* „ein vergeblicher Versuch, etwas zu tun", verwenden wir den *to*-Infinitiv [1].

■ Bedeutet *try* „ein Versuch, etwas Neues zu tun", benutzen wir das Gerundium [2].

Test

1 Setze einen Infinitiv mit *to* aus dem Kästchen in die Sätze ein. Schreibe auf einen Zettel.

to allow	to bring	to buy	to go	to learn
to leave	to send	to stay	to watch	to work
to come	to post	to repair	to swim	to win

1 Did you remember ____ Aunt Elly a birthday card, Hank?
2 Don't forget ____ your dictionaries to school tomorrow.
3 Hank wants ____ the Mel Gibson movie on TV tonight.
4 Has Hank really decided ____ school at the end of the year?
5 I promise ____ harder at school so that I pass my exams.
6 I tried ____ my bike but I need some new parts.
7 I wouldn't like ____ in such dirty water, would you?
8 Janna plans ____ some Spanish before going to Mexico.
9 Josey has chosen ____ at school for two more years.
10 Mandy stopped ____ a letter on her way to school.
11 Mr Sun refused ____ the class to go home early.
12 We can't afford ____ a new car at the moment.
13 We expect ____ the match next Saturday.
14 We hope ____ on holiday to France next summer.
15 Would you like ____ to my party on Saturday?

Test

2 Vervollständige die Übersetzungen. Verwende ein Verb aus dem Kästchen mit Gerundium oder Infinitiv. Schreibe auf einen Zettel.

Beispiel:

▸ *Janna wird nie vergessen, als sie Mexiko zum ersten Mal besuchte.*

▹ Janna will never forget visiting Mexico for the first time.

forget	remember (2 x)	stop (2 x)	try (2 x)

1 *Vergesst bitte nicht, eure Sportsachen mitzubringen.*
▸ Please ____ your sport kit with you.

2 *Hank kann sich noch erinnern, wie er seine erste Tennismeisterschaft gewann.*
▸ Hank ____ his first tennis championship.

3 *Denk bitte daran, eine Fahrkarte zu kaufen.*
▸ Please ____ a ticket.

4 *Auf ihrer Fahrt nach Mexiko, hat Janna halt gemacht, um ihre Tante Elly in San Diego zu besuchen.*
▸ On her trip to Mexico Janna ____ her Aunt Elly in San Diego.

5 *Kannst du bitte aufhören, so viel Lärm zu machen?*
▸ Can you please ____ so much noise?

6 *Ich versuchte ein Zimmer zu finden, aber alle Hotels waren voll.*
▸ I ____ a room, but all the hotels were full.

7 *Warum versuchst du nicht, weniger griesgrämig zu sein?*
▸ Why ____ less bad-tempered?

3 Verwende den Infinitiv mit *to* oder das Gerundium. Schreibe auf einen Zettel.

1 A lot of our customers forget ____ (pay) their bills (Rechnungen).
2 Ann should try ____ (take) her parents' advice.
3 Dad stopped ____ (ask) the way several times.
4 Do you remember ____ (visit) that old castle last year?
5 Grant should stop ____ (be) so rude to Mr Sun.
6 Janna tried ____ (bake) a cake but it tasted awful.
7 Please don't forget ____ (buy) some milk, Wayne.
8 Remember ____ (phone) Grandma on her birthday, okay?

Wortarten *(Word classes)*

1 Pronomen *(Pronouns)*

1.1 Reflexivpronomen *(Reflexive pronouns)*

Beispiel:

1 Dad **cut himself** when he was shaving.
Papa hat sich geschnitten als er sich rasierte.

2 A lot of old people **can't look after themselves.**
Viele alte Leute können nicht für sich sorgen.

3 Janna's grandmother **makes** her clothes **herself.**
Jannas Großmutter macht ihre Kleidung selbst.

4 We **can't repair** the radio **ourselves.**
Wir können das Radio nicht selbst reparieren.

■ Reflexivpronomen beziehen sich auf das Subjekt des Satzes. Wir verwenden sie also, wenn Subjekt und Objekt identisch sind [1] [2].

■ Im Englischen verwenden wir Reflexivpronomen auch, wenn wir verdeutlichen wollen, dass das Subjekt des Satzes irgendetwas selbst tut oder getan hat. Bei diesem Gebrauch verwenden wir im Deutschen ‚selbst'/ ‚selber' [3] [4].

Übersicht der Reflexivpronomen

I	***myself***	*we*	***ourselves***
you	***yourself***	*you*	***yourselves***
he	***himself***	*they*	***themselves***
she	***herself***		
it	***itself***		

▶ **BEACHTE** Die **Schreibweise** der Pluralformen entspricht der **regelmäßigen Pluralbildung,** also *-f* wird zum *-v* und *-es* wird angehängt.

TIPP Die folgenden geläufigen deutschen Verben werden im Englischen **ohne Reflexivpronomen** verwendet:

sich ändern	*change*
sich beeilen	*hurry*
sich beklagen	*complain*
sich bewegen	*move*
sich duschen	*shower*
sich erinnern	*remember*
sich entschuldigen	*apologise*
sich entspannen	*relax*
sich fragen	*wonder*
sich freuen auf	*look forward to*
sich fühlen	*feel*
sich fürchten	*be afraid*
sich hinlegen	*lie down*
sich hinsetzen	*sit down*
sich öffnen	*open*
sich rasieren	*shave*
sich Sorgen machen	*worry*
sich treffen	*meet*
sich verändern	*change*
sich etwas vorstellen	*imagine*

Aber

sich amüsieren	*enjoy oneself*

Übung

Setze die richtigen Reflexivpronomen in die Sätze ein. Schreibe auf einen Zettel.

1 Is it true that Hank is teaching ____ the guitar?
2 We really enjoyed ____ at the party.
3 I hurt ____ when I fell off my bike.
4 The Garners grow all their vegetables ____.
5 Did Janna repair her computer ____?
6 Hank and Grant! Behave ____, please.

1.2 Die Pronomen *each other, one another* (*The pronouns each other, one another*)

Beispiel:

1 Life is much easier if people help **each other.**
Das Leben ist viel leichter, wenn die Leute einander helfen.

2 Our neighbours often shout at **one another.**
Oft schreien sich unsere Nachbarn gegenseitig an.

■ Die beiden Pronomen *each other/one another* haben dieselbe Bedeutung und die gleiche Form für alle Personen.

■ Wollen wir eine wechselseitige Beziehung ausdrücken, benutzen wir *each other/one another* statt eines Reflexivpronomens [1] [2].

TIPP Wenn du im Deutschen „einander" bzw. „miteinander" verwenden kannst, dann musst du im Englischen ***each other/one another*** verwenden.

Übung

■ **Setze *each other* oder ein Reflexivpronomen in die Sätze ein. Schreibe auf einen Zettel.**

1 Animals cut ____ on rubbish and old bottles.
2 In small villages everybody knows ____ .
3 Netpals tell ____ about their lives.
4 Just go and look at ____ in the mirror, Hank. Your face is dirty.
5 Ben and Jackie are teaching ____ spanish.
6 Please do the test ____ .
7 Cats spend a lot of time cleaning ____ .
8 Of course identical twins look like ____ .

1.3 Die Mengenangaben *no/none, nobody/no one, nothing, nowhere* *(The quantifiers no/none, nobody/no one, nothing, nowhere)*

Beispiel:

1 We have **no bread** and **no milk** either.
Wir haben kein Brot und auch keine Milch.

2 Sue: How much milk did you buy?
Wie viel Milch hast du gekauft?
Ben: **None.**
Keine.

3 **None of the boys** had done their homework.
Keiner der Jungs hatte seine Hausaufgaben gemacht.

4 Mary: Do you know anything about the accident?
Weißt du irgendetwas über den Unfall?
Joe: No, **nothing.**
Nein. Nichts.

5 There was **nobody/no one** in the room.
Es war niemand in dem Zimmer.

6 The child was **nowhere** in the park.
Das Kind war nirgendwo im Park.

- Wir können die Mengenangabe *no* im Sinne von „kein"/„keine" nur vor einem Nomen verwenden [1]. Um eine Wiederholung von vorangegangenen Nomen zu vermeiden, verwenden wir *none* [2].

- Wir verwenden *none* auch vor *of*-Fügungen [3].

- Die Zusammensetzungen von *no* sind *nothing* [4], *nobody/no one* [5] und *nowhere* [6].

1.4 *Each, every (Each, every)*

Beispiel:

1 Jane visits her grandparents **each/every weekend.**
Jane besucht ihre Großeltern jedes Wochenende.

2 **Each/every pupil** in the school has a laptop.
Jeder Schüler in der Schule hat einen Laptop.

3 **Each team** scored three goals.
Jede Mannschaft erzielte drei Tore.

4 **Each of the children** had an ice-cream.
Jedes Kind aß ein Eis.

5 These T-shirts cost 20 € **each.**
Diese T-Shirts kosten 20 € pro Stück.

■ Da im modernen Englisch *each* und *every* von der Bedeutung her fast identisch sind, kannst du die beiden Wörter beliebig verwenden – vorausgesetzt, dass sie unmittelbar vor einem Nomen stehen [1] [2].

■ Es gibt aber Fälle, in denen wir nur *each* benutzen können, und zwar:
▸ Logisch betrachtet ist *each* die einzige Möglichkeit **bei einer Auswahl von zwei** [3].
▸ Da wir ***every*** nur zusammen mit einem Nomen verwenden können, ist ***each*** die einzige Möglichkeit vor einer *of*-Fügung [4] und wenn das Wort allein – also ohne Nomen – steht [5].

1.5 Die Zusammensetzungen von *every [everybody/everyone, ...]* *(The compounds of every [everybody/everyone, ...])*

Beispiel:

1 **Everybody** knows **everybody** in our village.
Jeder kennt jeden in unserem Dorf.

2 **Everyone** had a lot of fun at the party.
Alle haben/Jeder hat viel Spaß auf der Fete.

3 It's simply not possible to know **everything.**
Es ist einfach nicht möglich, alles zu wissen.

4 I've looked **everywhere** but I still can't find the cat.
Ich habe überall gesucht, aber ich kann die Katze immer noch nicht finden.

■ Die Zusammensetzungen von *every* sind die Nomen *everybody* [1] / *everyone* [2] (jeder, alle) und *everything* [3] (alles), sowie das Adverb *everywhere* [4] (überall).

▶ **BEACHTE** den Unterschied zwischen Zusammensetzungen mit ***any*** und ***every***:

Of course it's true. ***Anybody*** *will tell you that.*
Natürlich ist es wahr. Jede beliebige Person wird es dir sagen.

Of course it's true. ***Everybody*** *will tell you that.*
Natürlich ist es wahr. Alle ohne Ausnahme werden es dir sagen.

■ Weitere Zusammensetzungen dieser Art sind:

anything	alles, egal was	*anywhere*	an jedem beliegen Ort
everything	alles ohne Ausnahme	*everywhere*	überall an allen Orten

1.6 *All [the]* und *both (All [the] and both)*

Beispiel:

1 **All cars** must stop.
Alle Autos müssen anhalten.

2 **All the boys** in the team played well.
Alle Jungs in der Mannschaft spielten gut.

3 **Both drivers** were going much too fast.
Beide Fahrer fuhren viel zu schnell.

4 Are **the two girls** in your class?
Sind die beiden Mädchen in deiner Klasse?

■ *All* ohne Artikel bedeutet „alle ohne Ausnahme aus einer unbegrenzten Zahl" [1]. *All* mit Artikel heißt „alle ohne Ausnahme aus einer begrenzten Zahl" [2].

■ Anders als bei dem deutschen Wort „beide" kann das englische Wort *both* nie mit einem Artikel verwendet werden [3]. Wollen wir „die beiden' sagen, heißt es *the two* [4].

Test

1 Setze das richtige Reflexivpronomen in die Sätze ein. Schreibe auf einen Zettel.

1 I am teaching ____ French.
2 Did you two enjoy ____ in Paris?
3 Joe cut ____ when he was opening a tin of tuna.
4 Jane makes all her clothes ____.
5 Old people cannot look after ____ without help.
6 We can easily repair our car ____, can't we?

2 Vervollständige die Sätze mit *each other* bzw. einem Reflexivpronomen. Schreibe auf einen Zettel.

1 Don't tell lies. You'll only get ____ into trouble.
2 We got to know ____ better on holiday.
3 Work in pairs and help ____ to do the exercise.
4 Becky is always looking at ____ in mirrors and even shop windows.
5 Ask the doctor ____, Hanna. He won't tell me anything.
6 That funny man keeps talking to ____.
7 I always repair my motorbike ____.
8 The Smiths are shouting at ____ again. Why don't they get divorced (sich scheiden lassen)?

3 Vervollständige die Sätze mit *no/none, nobody, nothing* oder *nowhere*. Schreibe auf einen Zettel.

1 Annie fell off her bike but ____ stopped to help her.
2 Joe: How much coke did you buy?
Lola: ____ at all. I just bought some mineral water.
3 Jane looked everywhere, but Luna was ____ to be found (zu finden).
4 ____ of our neighbours came to the barbecue.
5 We can't go on holiday. We have ____[1] money and ____[2] time, either.
6 Mr Sun: What can you tell us about Martin Luther, Josey?
Josey: ____ I missed that lesson.

Test

4 Vervollständige die Sätze mit *each* bzw. *every* oder *all (the)* bzw. *both*. Schreibe auf einen Zettel.

Beispiele:

▶ Janna and Hank got two ice-creams ____.
▷ *Janna und Hank got two ice-creams **each**.*

▶ Mr Sun goes swimming ____ day of the week.
▷ *Mr Sun goes swimming **every** day of the week.*

▶ ____ the girls in my class are very nice.
▷ ***All** the girls in my class are very nice.*

▶ He has two dogs and they are ____ black.
▷ *He has two dogs and they are **both** black.*

1 Do these CDs only cost $2 ____?
2 ____ French people we met on holiday were very friendly.
3 ____ passengers must have a ticket before getting on to the bus.
4 In tennis, ____ of the two players has a tennis racket.
5 The police arrested two men. They said that ____ of them were drunk.
6 There was something wrong with ____ of the trucks.
7 The two cars in the accident were ____ BMWs.
8 We take our dog for a long walk ____ day.

5 Vervollständige die Übersetzungen. Schreibe auf einen Zettel.

1 Wir gehen jeden Tag einkaufen.
▶ We go shopping ____.
2 Fast jeder Fahrer fuhr viel zu schnell.
▶ ____ driver was going much too fast.
3 Der Test war zu leicht. Alle Schüler bekamen eine Eins!
▶ The test was too easy ____ got a one!
4 Der Polizist gab beiden Fahrern einen Strafzettel.
▶ The police officer gave ____ a ticket.
5 Nichts wird dir helfen!
▶ ____ will help you!
6 Keiner der beiden Jungen hatte seine Hausaufgaben gemacht.
▶ ____ had done their homework.

2 Der bestimmte Artikel *the* bei abstrakten Nomen *(The definite article with „abstract nouns")*

Beispiel:

1 **Life** if hard without **love.**
Ein Leben ohne Liebe ist schwer.

2 **The life** of the poor is hard.
Das Leben der Armen ist hart.

3 We can't live without **food** and **water.**
Ohne Nahrung und Wasser können wir nicht leben.

4 **The oil** beneath the North Sea is running out.
Das Öl unter der Nordsee geht zu Ende.

■ Wenn wir sie im allgemeinen Sinn benutzen, stehen abstrakte Nomen, die Ideen bzw. geistige Konzepte benennen, ohne bestimmten Artikel [1].

■ Wenn Sie näher bestimmt sind, stehen abstrakte Nomen mit bestimmtem Artikel [2].

■ Genau das gleiche gilt für Stoffe und Materialien [3] [4].

Übung

■ **Setze den bestimmten Artikel *the* nur dann ein, wenn er unbedingt notwendig ist. Schreibe auf einen Zettel.**

1 We don't pay enough for ____¹ bananas we get from ____² poor farmers in ____³ third world.
2 One of ____¹ biggest problems in our cities is ____² violence and ____³ crime.
3 All ____¹ men need ____² love of a good woman.
4 Do you think that ____¹ football players really earn ____² money they get from ____³ TV and ____ advertising ____⁴?
5 There could be ____¹ life on Mars, but ____² scientists say that it won't be ____³ life we know here on ____⁴ earth.
6 Is it true that ____¹ humans can live ____² weeks without ____³ food but only ____⁴ days without ____⁵ water?

3 Adverbstellung *(Adverb position)*

3.1 Adverbien der Art und Weise *(Adverbs of manner)*

Beispiel:

1 Janna works **hard.**
Janna arbeitet hart.

2 She sings Bach arias so **beautifully.**
Sie singt Bach-Arien so schön.

3 Hank **slowly** understood what was happening.
Hank begriff langsam, was passierte.

4 We can **easily** go by bus.
Wir können einfach mit dem Bus fahren.

■ Hat das Verb kein Objekt, stehen Adverbien der Art und Weise unmittelbar nach dem Verb [1]. Hat das Verb ein Objekt, dann steht das Adverb unmittelbar nach dem Objekt [2].

■ Ist ein Adverb der Art und Weise von geringer inhaltlicher Bedeutung, dann steht es unmittelbar vor dem Vollverb [3] [4].

3.2 Satzadverbien *(Sentence adverbs)*

Beispiel:

1 **Luckily** we had a mobile phone with us.
Glücklicherweise hatten wir ein Handy dabei.

2 **Of course** we will come to your party.
Natürlich werden wir zu deiner Fete kommen.

3 **Maybe** Janna can help you.
Vielleicht kann Janna dir helfen.

■ Satzadverbien, die den ganzen Satz bestimmen, stehen an erster Stelle *(front position)* [1] – [3].

■ Weitere Satzadverbien sind:

actually	tatsächlich
as a rule	in der Regel
fortunately	glücklicherweise
in fact	in der Tat
naturally	natürlich
obviously	offensichtlich
perhaps	vielleicht
unfortunately	leider
unluckily	unglücklicherweise

3.3 Adverbien des Ortes und der Zeit *(Adverbs of place and time)*

Beispiel:

1 Janna lives **in New York.**
Janna wohnt in New York.

2 Hank didn't get up **until 11.30.**
Hank ist erst um 11 Uhr 30 aufgestanden.

3 Mr Sun goes **to school at 8 o'clock.**
Herr Sun geht um 8 Uhr zur Schule.

■ In der Regel stehen Ortsadverbien (Wo? Wohin?) [1] und Zeitadverbien (Wann?) [2] am Satzende *(end position).*

▶ **BEACHTE** Stehen ein **Ortsadverb** und ein **Zeitadverb** zusammen am **Satzende,** dann gilt die Reihenfolge **Ort vor Zeit** (Alphabet: **O vor** Z) [3].

▸ Eine Anreihung von Orts- und/oder Zeitadverbien am Satzende wird vom Spezifischen zum Allgemeinen *(specific to general)* geordnet:

Janna lives ***in an apartment in Kennedy Plaza in Manhattan.***
Janna wohnt in einer Wohnung in der Kennedy Plaza in Manhattan.

Dad's plane lands ***at 10 o'clock on Wednesday, 10 May.***
Papas Flugzeug landet am Mittwoch, dem 10. Mai um 10 Uhr.

▸ Kommt ein Adverb der Art und Weise hinzu, dann gilt die Reihenfolge Art und Weise – Ort – Zeit:

Mary sang ***wonderfully on TV the other night.***
Mary sang gestern Abend im Fernsehen wunderschön.

Übung

Wähle die richtige Stellung der Zeit und Ortsadverbien a) oder b). Schreibe auf einen Zettel.

Beispiel:

▸ We had a great time **a)** at the party last night – **b)** last night at the party.

▷ **a**

1 We had to use a lot of English **a)** in Finland last summer – **b)** last summer in Finland.
2 I will be **a)** at 3 home – **b)** home at 3.
3 There was **a)** on TV last night a great concert – **b)** a great concert on TV last night.
4 Mr Budd lives **a)** in a caravan in this road – **b)** in this road in a caravan.
5 You can speak **a)** in India English – **b)** English in India.
6 I'll meet you **a)** at the café at 4:30 pm next Saturday – **b)** at 4:30 at the café next Saturday, okay?
7 The last Olympics were **a)** in 2004 in Athens – **b)** in Athens in 2004.
8 I had to go to **a)** Linz last weekend – **b)** last weekend to Linz.

3.4 Häufigkeitsadverbien *(Adverbs of frequency)*

Beispiel:

1 Mr Sun **always** goes to school on foot.
Herr Sun geht immer zu Fuß in die Schule.
2 You can **often** see fish in this river.
Oft kannst du in diesem Fluss Fische sehen.
3 Hank is **sometimes** late.
Hank ist manchmal spät dran.

4 Janna's dad polishes the car **once a month.**
Jannas Papa poliert das Auto einmal im Monat.

5 We only go to church **now and then.**
Wir gehen nur ab und zu in die Kirche.

■ Besteht ein Häufigkeitsadverb aus nur einem Wort, steht es unmittelbar vor dem Vollverb [1] [2] oder unmittelbar nach einer Form von *be* [3] *(mid-position).*

■ Besteht das Häufigkeitsadverb aus mehr als einem Wort, steht es wie ein Zeitadverb am Satzende *(end position)* [4] [5].

3.5 Gradadverbien *(Adverbs of degree)*

Beispiel:

1 The dog **nearly** caused a bad accident.
Der Hund verursachte fast einen schlimmen Unfall.

2 Are you **absolutely** sure you saw this man?
Sind Sie absolut sicher, dass Sie diesen Mann sahen?

3 I thought the play was **rather** good.
Ich fand das Stück ziemlich gut.

4 Hank can seem **a bit** strange, but he's **really** nice.
Hank kann ein bisschen komisch wirken, aber er ist wirklich nett.

■ Gradadverbien stehen unmittelbar vor dem Verb [1] bzw. Adjektiv [2] – [4], das sie bestimmen.

■ Weitere Gradadverbien sind:

completely	völlig
hardly	kaum
pretty	ziemlich
very	sehr

Test

1 Lies dir die Sätze durch und benutze die Zahlen, um zu sagen, um welche Art Adverb es sich handelt. Schreibe auf einen Zettel.

Beispiel:

▶ We often[1] go cycling in the summer[2].

▷ [1] frequency, [2] time

1 Most people can speak quite[1] good English in Denmark[2].
2 Luckily[1] the child wasn't badly[2] hurt.
3 We usually[1] spend Christmas at my parents' house[2].
4 Hank is sometimes[1] nervous before playing in a big match[2].
5 Of course[1] we'll come to the dance[2] on Saturday[3].
6 Janet sang beautifully[1] in the concert[2] last night[3].
7 I was nearly[1] late for the lesson because dad drove so slowly[2].
8 Let's go there[1] by bus because it's rather[2] difficult to park.

2 Setze die Adverbien in die richtige Reihenfolge. Schreibe auf einen Zettel.

1 We had to speak a lot of French last summer in Brittany.
2 Alison says she's going next term to another school.
3 There was a good film last night on TV.
4 We're going to spend Christmas in Bristol this year at my brother's house.
5 Let's meet at the café tonight at about 8 o'clock, okay?
6 Our flat is at the end of the road in the new house.
7 You must have English these days to work in export.
8 We heard a great concert as we were driving here on the radio.

3 Setze die Wörter und Ausdrücke in die richtige Reihenfolge. Schreibe auf einen Zettel.

1 always/at the weekend/breakfast/in bed/have/Mum and Dad
2 for school/is/Janna/late/never
3 goes/Hank/now and then/to the movies
4 his bus/missed/nearly/this morning/Wayne
5 angry/is/Mandy/very/with Hank
6 Ann/hardly/ever/uses/computers.

Satzgefüge *(Compound sentences)*

1 Die indirekte Rede *(Indirect speech)*

1.1 Aussagen *(Statements)*

Beispiel:

Janna: "I **bought** a new computer **yesterday**."
Janna: „Ich kaufte gestern einen neuen Computer."

1 Janna **says** (that) she **bought** a new computer **the day before.**
Janna sagt, dass sie am Tag zuvor einen neuen Computer kaufte.
2 Janna **said** (that) she **had bought** a new computer **the day before.**
Janna sagte, dass sie am Tag zuvor einen neuen Computer gekauft hatte.

Janna: "I **have** dancing lessons."
Janna: „Ich habe Tanzunterricht."

3 Janna **said** (that) she **has** dancing lessons.
Janna sagte, dass sie Tanzunterricht hat.

■ Möchten wir jemandem mitteilen, was während eines Gespräches gesagt wurde, benutzen wir die indirekte Rede.

■ Um zu zeigen, dass wir über etwas berichten, verwenden wir ein einleitendes Verb wie *say, tell, answer, think* usw. Die Anführungszeichen entfallen.

■ Um das Ausgangsgespräch inhaltlich genau wiederzugeben, müssen wir in der indirekten Rede die folgenden Änderungen durchführen:
▸ Steht das einleitende Verb im Präsens, bleiben die Zeiten des Ausgangsgespräches unverändert [1].
▸ Steht das einleitende Verb in der Vergangenheit, verschieben sich die Zeiten [2].

▶ **BEACHTE** Handelt es sich aber um eine **fortlaufende Situation,** die auch in Zukunft gilt, entfällt die Zeitverschiebung [3].

Übersicht der Zeitverschiebung

direkte Rede	indirekte Rede
simple present *talk, talks*	simple past *talked*
present progressive *am/is/are talking*	past progressive *was/were talking*
simple past *talked*	past perfect *had talked*
past progressive *was/were talking*	past perfect progressive *had been talking*
present perfect *have/has talked*	past perfect *had talked*
present perfect progressive *have/has been talking*	past perfect progressive *had been talking*
past perfect *had talked*	(keine Änderung) *had talked*
past perfect progressive *had been talking*	(keine Änderung) *had been talking*
will-Futur *will talk*	would + Infinitiv *would talk*
going to-Futur *am/is/are going to talk*	was/were going to + Infinitiv *was/were going to talk*
should *should talk*	should have + Partizip Perfekt *should have talked*
ought to *ought to talk*	ought to have + Partizip Perfekt *ought to have talked*

direkte Rede	indirekte Rede
can *can talk*	could *could talk*
may *may talk*	might *might talk*
must *must talk*	had to *had to talk*
mustn't *mustn't talk*	was/were not allowed to *was/were not allowed to talk*
could *could talk*	could have + Partizip Perfekt *could have talked*
might *might talk*	might have + Partizip Perfekt *might have talked*

Übersicht der Verschiebung der Zeit- und Ortsangaben

▶ **BEACHTE** Genau wie im Deutschen verschieben sich die **Zeit- und Ortsangaben** nur, wenn sie sich bis zum Zeitpunkt der Wiedergabe in der indirekten Rede ebenfalls verändert haben.

Hank "I want to buy a bike today."

Hank said (that) he wanted to buy a bike today. (am gleichen Tag)
Hank sagte, dass er heute ein Rad kaufen wollte.

Hank said (that) he wanted to buy a bike that day. (an einem späteren Tag)
Hank sagte, dass er an jenem Tag ein Rad kaufen wollte.

direkte Rede	indirekte Rede
today *tomorrow* *yesterday* *the day after tomorrow*	*that day* *the next day* *the day before* *two days later*

direkte Rede	indirekte Rede
the day before yesterday	*two days before*
last week/month/... *next week/month/...*	*the week/month/... before* *the following week/month/...*
two/... days/weeks/... ago	*two/... days/weeks/... before*
now *at the moment*	*then* *at that moment*
here *this/these*	*there* *that/those*

Änderung der Angaben zu Personen

Amos: "I'll see **you** at school, Janna."
„Ich werde dich in der Schule sehen, Janna."

Amos said (that) **he**'d see **Janna** at school.
Amos sagte, dass er Janna in der Schule sehen werde.

■ Oft müssen wir Pronomen durch Nomen oder andere Pronomen ersetzen, um für inhaltliche Klarheit zu sorgen.

Übung

■ **Verwende die indirekte Rede mit den angegebenen einleitenden Verben. Schreibe auf einen Zettel.**

Beispiel **Hank** "I saw a cool movie last night." (said)
Hank **said** (that) **he had seen** a cool movie **the night before.**

1	**Janna**	"We can't come because we are on vacation."	*told me*
2	**Grant**	"My uncle has won a Cadiilac."	*told us*
3	**Britt**	"You can't possibly wear that awful dress!"	*advised Julie*
4	**Ben**	"I'm going to surf on the internet."	*said*
5	**Sheila**	"I'll never do such a thing again."	*promised her mother*
6	**Mary**	"I'm starting to like Wayne more and more."	*said*

1.2 Fragen *(Questions)*

Beispiel:

1 Hank: "**Where** is my coat?"
Hank: „Wo ist mein Mantel?"
Hank asked **where** his coat was.
Hank fragte, wo sein Mantel sei.

2 Josey: "**How many** computer games do you have, Hank?"
Josey: „Wie viele Computerspiele hast du, Hank?"
Josey wanted to know **how many** computer games Hank had.
Josey wollte wissen, wie viele Computerspiele Hank hatte.

3 Hank: "Janna, **have you seen** my coat?"
Hank: „Janna, hast du meinen Mantel gesehen?"
Hank asked Janna **if/whether** she had seen his coat.
Hank fragte Janna, ob sie seinen Mantel gesehen habe.

■ Bei indirekten Fragen unterscheiden wir zwischen Fragen mit Fragewort [1] [2] und Entscheidungsfragen [3].

■ Bei Fragen mit Fragewort übernehmen wir das Fragewort, um die indirekte Frage auszudrücken. Das Subjekt steht wie bei Aussagen unmittelbar vor dem Verb und das Fragezeichen entfällt [1] [2].
▶ **BEACHTE** Die Tatsache, dass es sich um eine Frage handelt, wird durch das einleitende Verb – meist *asked* [1] oder *wanted to know* [2] – und das Fragewort selbst verdeutlicht.

■ Bei Entscheidungsfragen benutzen wir *if* bzw. *whether* („ob"), um zu zeigen, dass es sich um eine Frage handelt [3].

■ Genau wie bei Aussagen (siehe oben) müssen wir oft die Zeiten, Zeit-/Ortsangaben und die ursprünglichen Pronomen ändern.

1.3 Aufforderungen, Anweisungen und Bitten *(Orders, instructions and requests)*

Beispiel:

1 Janna: "Hank, **switch off** the TV, please."
Janna: „Hank, schalte das Fernsehen bitte aus."
Janna **asked Hank to switch off** the TV.
Janna bat Hank, das Fernsehen auszuschalten.

2 Hank: "**Bring back** my CDs, Grant."
Hank: „Bringe meine CDs zurück, Grant."
Hank **told Grant to bring back** his CDs.
Hank sagte Grant, dass er seine CDs zurückbringen soll.

3 Mr Sun: "Please **don't forget** your sport kit."
Mr Sun: „Vergesst eure Sportsachen bitte nicht."
Mr Sun asked the students **not to forget** their sport kit.
Mr Sun sagte den Schülern, dass sie ihre Sportsachen nicht vergessen sollen.

■ Wir leiten indirekte Aufforderungen mit *asked* [1] [3] bzw. *told* [2] im Sinne von „sagen" ein.

▶ **BEACHTE** Die Verben *ask* und *tell* haben **immer ein Objekt**. Daher müssen wir die angesprochene Person erwähnen [1] – [3].

■ Das Verb der direkten Aufforderung erscheint in Form des *to*-Infinitivs. Bei der Verneinung setzen wir *not* unmittelbar vor *to*.

Test

1 Schreibe die Aussagen in die indirekte Rede um. Verwende dabei *said* als einleitendes Verb. Schreibe auf einen Zettel.

1 Becky "I'm going to Ben's party with Alan next week."
2 Ben "My German teacher comes from Hamburg."
3 Joe "We are going camping next weekend."
4 Mary "I bought some really cool shoes yesterday."
5 Peter "The test we did yesterday was quite easy."
6 Susie "My dad won't let me go on the class trip next May."

1 Becky said (that) she was going to Ben's party with Alan the following week.

2 Mr und Mrs Day fahren übers Wochenende weg. Sie sagen Becky und Josh, was sie während ihrer Abwesenheit alles (nicht) machen sollen. Lies dir die beiden Listen durch und benutze die Buchstaben A bis H, um die direkten Befehle mit den entsprechenden indirekten Befehle zu verbinden.

1 Mrs Day "Don't forget to water the plants, Becky."
2 Mr Day "Cut the grass, please, Josh."
3 Mrs Day "Becky, remember to get some bread."
4 Mr Day "Josh, take out the rubbish, won't you?"
5 Mr Day "Don't forget to switch off the TV, you two."
6 Mr Day "Becky, don't open the door to strangers (Fremde)."
7 Mrs Day "Josh, help your sister, please."
8 Mrs Day "Please don't quarrel (streiten), dears."

A Mrs Day asked Josh to help his sister.
B Mr Day told Josh to cut the grass.
C Mrs Day asked them not to quarrel.
D Mrs Day told Becky not to forget to water the plants.
E Mrs Day told Becky to remember to get some bread.
F Mr Day told Becky not to open the door to strangers.
G Mr Day told Josh to take out the rubbish.
H Mr Day asked both not to forget to switch off the TV.

1 D

Test

3 Schreibe die Fragen in die indirekte Rede um. Verwende dabei *asked* als einleitendes Verb. Schreibe auf einen Zettel.

1 Becky "How do you switch this computer off?"
2 Ben "Is it true that you have bought a new mobile?"
3 Jack "Did you see the thriller on TV last night?"
4 Joe "Are you going to Mandy's party next weekend?"
5 Julie "Where are we meeting on Saturday?"
6 Mary "How many girls are there in your class?"
7 Peter "When are we doing our next English test?"
8 Susie "Did you do anything interesting last weekend?"

1 Becky asked how you switched the computer off.

4 Schreibe die Sätze in die indirekte Rede um. Verwende dabei das angegebene einleitende Verb. Schreibe auf einen Zettel.

Beispiele:

▶ **Ann** "We don't have any homework today, Wayne." *tell*
▷ Ann told Wayne (that) they did not have any homework that day.

▶ **Wayne** "Do you know Janna's phone number, Ann? *asked*
▷ Wayne asked Ann if/whether she know Janna's phone number.

1 **Jacko** Please don't tell anybody about the accident, Ann. *ask*
2 **Ann** "Who teaches you Biology, Mandy?" *wonder*
3 **Becky** "Please don't forget to water the plants, Grant." *tell*
4 **Jacko** "I'm sure you will find this story really exciting, Ann." *say*
5 **Janna** "We are visiting my grandparents in Los Angeles next week." *say*
6 **Kim** "Did you hear the weather forecast last night, Ben?" *ask*
7 **Mandy** "I wish Hank had asked me for a date, Janna." *tell*
8 **Mr Sun** "Show me your homework, please, Wayne." *tell*
9 **Reporter** "The police arrested a man late last night." *write*

2 Relativsätze *(Relative clauses)*

2.1 Relativsätze mit *who/that, which/that, whose* *(Relative clauses with who/that, which/that, whose)*

Beispiel:

1 The girl **who won** the race is my sister.
Das Mädchen, das das Rennen gewann, ist meine Schwester.

2 The car **which caused** the accident was a black convertible.
Das Auto, das den Unfall verursachte, war ein schwarzes Cabriolet.

3 The boy **that phoned** is called Grant.
Der Junge, der anrief, heißt Grant.

4 The car **that was damaged** belongs to our teacher.
Das Auto, das beschädigt wurde, gehört unserem Lehrer.

5 Mr Sun is **the teacher whose car** was damaged.
Herr Sun ist der Lehrer, dessen Auto beschädigt wurde.

6 Is this **the car whose driver** caused the accident?
Ist dies das Auto, dessen Fahrer den Unfall verursachte?

■ Ein Relativsatz ist ein Nebensatz *(subordinate clause)*, der durch ein Relativpronomen eingeleitet wird. Wir verwenden Relativsätze, um den Hauptsatz näher zu bestimmen.

■ Für Personen benutzen wir *who* [1] und für Sachen *which* [2].

■ Im modernen Englisch können wir *who/which* durch *that* ersetzen, und zwar für Personen [3] und Sachen [4].

■ Um Besitz anzuzeigen, verwenden wir *whose* für Personen [3] und Sachen [4] unmittelbar vor dem entsprechenden Nomen.

2.2 Relativsätze ohne *who/that, which/that, whose (Contact clauses)*

Beispiel:

1 The dog **which/that bit** the child was white.
Der Hund, der das Kind biss, war weiß.

2 The bike **David bought** is very fast.
Das Fahrrad, das David kaufte, ist sehr schnell.

■ Ist das **Subjekt** des Hauptsatzes und des Relativsatzes **dasselbe** *(the dog)*, dann benötigen wir ein **Relativpronomen** [1].

■ Ist aber das **Subjekt** des Hauptsatzes *(the bike)* ein **anderes** als das Subjekt des Relativsatzes *(David)*, dann können wir auf ein Relativpronomen **verzichten** [2].

■ Wir nennen Relativsätze **ohne** ein Relativpronomen *contact clauses*, da der Hauptsatz und der Relativsatz in ummittelbarem Kontakt stehen [2].

2.3 Notwendige und nicht notwendige Relativsätze *(Defining and non-defining relative clauses)*

Beispiel:

1 The girl **who I danced with** is called Janna.
Das Mädchen, mit dem ich tanzte, heißt Janna.

2 Mrs Coe, **who was waiting for a bus,** saw the thief.
Frau Coe, die gerade auf einen Bus wartete, sah den Dieb.

■ Im **ersten Satz** benötigen wir den **Relativsatz** ***who I danced with***, um den Satz als Ganzes richtig zu verstehen. Daher nennen wir solche Relativsätze **notwendige Relativsätze** [1].

▶ **BEACHTE** Wegen ihrer Wichtigkeit trennen wir **notwendige Relativsätze** nicht mit **Kommas** vom Hauptsatz ab [1].

■ Im zweiten Satz beschreibt der Relativsatz *who was waiting for a bus* eine Nebensächlichkeit. Lassen wir den Relativsatz weg, können wir die Aussage *Mrs Coe saw the thief* immer noch gut verstehen. Daher nennen wir solche unwichtigen Relativsätze nicht notwendige Relativsätze [2].

▶ **BEACHTE** Wegen ihrer Nebensächlichkeit trennen wir **nicht notwendige Relativsätze** vom Hauptsatz durch **Kommas** [2].

Übungen

1 Setze *who*, *which* oder *whose* in die Sätze ein. Schreibe auf einen Zettel.

1 The guy ____ was on TV last night lives in our street.
2 Nessie is a monster ____ name comes from "Loch Ness'.
3 The bell ____ introduces the news on BBC is Big Ben.
4 The fire ____ destroyed the school started in the physics room.
5 The woman ____ won the quiz is my aunt.
6 The car ____ ran into the bus was a blue convertible.
7 Is Tom the boy ____ sister you go out with?
8 The girls ____ played so well trained very hard.

2 Wähle a) oder b), um möglichst viele *contact clauses* zu bilden. Schreibe auf einen Zettel.

1 I'm happy with the bike **a)** that – **b)** ~~that~~ I bought last week.
2 Most of the students **a)** who – **b)** ~~who~~ Mr Sun teaches are fine.
3 The old woman **a)** who – **b)** ~~who~~ won the prize bought a house.
4 Don't pay for the food **a)** which – **b)** ~~which~~ was burnt.
5 Everybody **a)** who – **b)** ~~who~~ knows her likes her.
6 The email **a)** that – **b)** ~~that~~ I sent wasn't delivered.

3 *If*-Sätze

3.1 Allgemeine Merkmale *(General features)*

Beispiel:

1 If I **have** time, I **will help** you.
Wenn ich Zeit habe, werde ich dir helfen.

2 I **will help** you **if I have** time.
Ich werde dir helfen, wenn ich Zeit habe.

3 Of course, I **won't help** you if I **don't have** time.
Ich werde dir natürlich nicht helfen, wenn ich keine Zeit habe.

4 **Will Janna help** you if she has time?
Wird Janna dir helfen, wenn sie Zeit hat?

5 If it's sunny, we **can go** for a walk.
Wenn es sonnig ist, können wir einen Spaziergang machen.

6 You **should call** a doctor if you don't feel well.
Du solltest einen Arzt rufen, wenn du dich schlecht fühlst.

■ Ein *if*-Satz besteht aus zwei Teilen, einem *if*-Teil *(if-clause)* und einem Hauptteil *(main clause)*. Der *if*-Teil drückt eine Bedingung aus, der Hauptteil eine Folge [1].

▶ BEACHTE Der ***if*-Teil** kann vor oder nach dem **Hauptteil** stehen. Steht er aber an erster Stelle, trennen wir ihn vom Hauptteil durch ein **Komma** [1] [2].

■ Je nach Sinn können wir den *if*-Teil, den Hauptteil oder beide Teile [3] verneinen.

■ Bei Fragen können wir nur den Hauptteil als Frage bilden. Dann steht der Hauptteil vor dem *if*-Teil an erster Stelle [4].

■ Je nach Sinn können wir andere Hilfsverben im Hauptteil verwenden [5] [6].

3.2 Die Zeitenfolge in *if*-Sätzen *(Tense patterns in if-sentences)*

Beispiel:

1 If you **train** hard, you **will win** the game.
Wenn du hart trainierst, wirst du das Spiel gewinnen.

2 If you **trained** hard, you **would win** the game.
Wenn du hart trainieren würdest, würdest du das Spiel gewinnen.

3 If you **had trained** hard, you **would have won** the game.
Wenn du hart trainiert hättest, hättest du das Spiel gewonnen.

- Es gibt drei Typen von *if*-Sätzen mit unterschiedlichen Zeitenfolgen:

	if-Teil	Hauptteil
Typ 1	*if* + simple present	*will*-Futur [1] *can* *may* *should*
Typ 2	*if* + simple past	*would* + Infinitiv [2] *could* *might* *should*
Typ 3	*if* + past perfect	*would have* + Partizip Perfekt [3] *could have* *might have* *should have*

TIPP Die meisten Fehler mit ***if*-Sätzen** verursachen wir dadurch, dass wir die **korrekte Zeitenfolge** nicht einhalten.
Das **wichtigste** dabei ist, dass ***will/would*** nie im ***if*-Teil** stehen dürfen. Das ist eigentlich gar nicht so schwer.

Übung

■ **Vervollständige die *if*-Sätze mit dem fehlenden Verb. Schreibe auf einen Zettel.**

1 Billy would have got the job if he ____ (show) more interest in it.
2 If Hank worked harder, Mr Sun ____ (give) him a better grade.
3 I'd buy a new bike if I ____ (have) enough money.
4 If Janna had got up earlier, she ____ (not miss) her bus.
5 If there ____ (be) a cinema in our town, I would go to it.
6 If you see Mandy, ____ (you/can tell) her to call me?
7 Of course I ____ (help) you if you want.
8 We will have a barbecue tomorrow if it ____ (not rain).
9 ____ (Italy/win) if the referee had not been so unfair?
10 Would you visit the USA if you ____ (can) so?

3.3 Der Gebrauch von *if*-Sätzen *(The use of if-sentences)*

Beispiel:

1 If I **find** a job, I **will/can/… leave** school.
Wenn ich einen Job finde, werde/kann/… ich die Schule verlassen.

2 If I **found** a job, I **would/could/… leave** school.
Wenn ich einen Job fände, würde/könnte/… ich die Schule verlassen.

3 If I **had found** a job, I **would/could/… have left** school.
Wenn ich einen Job gefunden hätte, hätte/könnte ich die Schule verlassen/verlassen können/…

■ Die drei Typen von *if*-Sätzen unterscheiden sich gemäß der Wahrscheinlichkeit der zu erwartenden Folge, und zwar:

Typ 1 Die Folge ist sicher oder mindestens sehr wahrscheinlich [1].

Typ 2 Die Folge ist theoretisch möglich, aber eher unwahrscheinlich [2].

Typ 3 Die Folge ist völlig unmöglich, da wir das Ergebnis schon kennen [3].

Test

1 Setze *who, which* oder *whose* nur wenn nötig in die Sätze ein. Schreibe auf einen Zettel.

1 Hollywood is a place ____ is visited by millions of tourists every year.
2 Of course, people ____ home is in Hollywood are not all film stars.
3 Many films ____ were made in Hollywood have become big hits.
4 A film ____ millions of people enjoyed was called Forrest Gump.
5 It starred Tom Hanks, an actor ____ many people like.
6 I saw an actress ____ was in the film in London yesterday.
7 She was going into a shop ____ clothes are popular among smart women.
8 The actress ____ I saw is called Sally Field.

2 Verbinde einen Satzteil von Liste A (1 – 10) mit einem von Liste B (a – j), um *if*-Sätze zu bilden. Schreibe auf einen Zettel.

A
1 If we don't train regularly,
2 If you miss your bus,
3 If Josh worked harder at school,
4 If it had snowed last weekend,
5 If people didn't drive so fast,
6 If you go down Turner Street,
7 If the play had been better,
8 If Hank got up earlier,
9 If the ambulance had come at once,
10 If the weather's good,

B
a Ann would have gone skiing.
b he would get a better grade.
c he wouldn't be late for school.
d I'll come and collect you.
e people wouldn't have booed the actors.
f the man might have lived.
g the roads would be safer.
h we can have a barbecue at the weekend.
i we won't win the match.
j you'll see the post office on your left.

1 i

Test

3 Lies dir die Dialoge durch und entscheide, ob es sich um einen *if*-Satz Typ I, Typ II oder Typ III handelt. Dann setze die Verben ein. Schreibe auf einen Zettel.

1 Sam: We were lucky that the fire-engines came so quickly last night.
Jack: True. If they ____ (be) slower, the house ____ (burn) down.

2 Mia: Harry drives much too fast, but I'm afraid he'll never change.
Tim: You're right. If he ____ (not drive) so fast, he ____ (not have) so many accidents.

3 Hank: Hurry up, Wayne. If we ____ (not go) now, we ____ (miss) our tain.
Wayne: Sure. I'm almost ready.

4 John: If they ____ (find) oil on the Sioux Indians' land, they ____ (send) the Sioux to a reservation as well.
Sam: Yes, that happened to a lot of Indian tribes in the 19th century.

5 Mary: Do you think Josey will get the job?
Lin: No. If she ____ (have) better qualifications, she ____ (have) a chance, but I'm afraid her qualifications just aren't good enough.

6 Frank: Are you having a barbecue at the weekend?
Joe: I don't know, but Dad said that if the weather ____ (be) good, we ____ (definitely + have) one.

4 Vervollständige die Übersetzungen. Schreibe auf einen Zettel.

1 Wenn er nicht so leichtsinnig wäre, würde er den Test leicht bestehen.
▸ If he was not so careless, he ____ the test.

2 Tom wäre nicht entlassen worden, wenn er seine Fehler zugegeben hätte.
▸ Tom ____ fired, if he ____ admitted ____.

3 Wenn du krank bist, sollst du zu Hause bleiben.
▸ If you ____, you ____ at home.

4 Wenn ich den Bus verpasse, muss ich ein Taxi nehmen.
▸ If I ____ the bus, I ____ a taxi.

5 Es wäre besser gewesen, wenn du nichts gesagt hättest.
▸ It ____ better if you ____.

Wortschatz *(Vocabulary)*

1 Britisches und amerikanisches Englisch *(British and American English)*

Der wichtigste Unterschied zwischen britischem Englisch (BE) und amerikanischem Englisch (AE) besteht in der **Aussprache**. Es gibt eine verhältnismäßig kleine Anzahl von Abweichungen im Bereich **Vokabeln** sowie in der **Rechtschreibung**.

Wegen des Einflusses der amerikanischen Medien kann man eine wachsende Annäherung zu Gunsten des amerikanischen Englisch verzeichnen. Auch im britischen Englisch werden immer mehr amerikanische Wörter verwendet und die von früher bekannten Abweichungen, wie z. B. *shop* (BE)/*store* (AE), *lorry* (BE)/*truck* (AE), *film* (BE)/*movie* (AE) und *flat* (BE)/*apartment* (AE) sind nicht mehr klar getrennt.

Daher treten in dem folgenden Verzeichnis eine Reihe von Wörtern auf, die zunehmend auch im britischen Englisch zu finden sind. Im Laufe der Zeit werden diese Wörter möglicherweise ganz in das britische Englisch übernommen.

Unterschiede im Bereich Wortschatz

BE	AE	D	Bemerkungen
angry	*mad*	verärgert	s. auch BE *mad*
autumn	*fall*	Herbst	
biscuit	*cookie*	Keks	*cookie* auch BE
boot (of car)	*trunk*	Kofferraum	
caretaker	*janitor*	Hausmeister(in)	
chips	*french fries*	Pommes frites	*french fries* auch BE
crisps	*chips*	Kartoffelchips	s. auch BE *chips*
city centre	*downtown*	Stadtzentrum	
crossroads	*intersection*	Kreuzung	*intersection* auch BE

BE	AE	D	Bemerkungen
detached house	*single family house*	Einfamilienhaus	
mark	*grade*	Note	
head (of school)	*principal*	Schulleiter(in)	*principal* auch BE
holidays	*vacation*	Ferien	*vacation* auch BE
lift	*elevator*	Aufzug	*elevator* auch BE
mad	*crazy*	verrückt	s. auch BE *angry*
main road	*highway*	Verkehrsstraße	*highway* auch BE
mobile (phone)	*cell phone*	Handy	
motorway	*freeway*	Autobahn	
nasty	*mean*	böse	
pavement	*sidewalk*	Bürgersteig	
petrol	*gas*	Benzin	
pocket-money	*allowance*	Taschengeld	*allowance* auch BE
post	*mail*	Post	*mail* auch BE
public toilet	*rest room*	öffentliche Toilette	
pupil	*student*	Schüler(in)	*student* auch BE
queue	*stand in line*	anstehen	
railway	*railroad*	Bahn	
rubbish	*trash, garbage*	Müll	*trash/garbage* auch BE
semi-detached house	*two-family house*	Doppelhaushälfte	
shopping arcade	*shopping mall*	Einkaufspassage	*shopping mall* auch BE
stupid	*dumb*	dumm	
suppose	*guess*	glauben	
sweet	*candy*	Bonbon	*candy* auch BE
terraced house	*row house*	Reihenhaus	
trousers	*pants*	Hose	s. auch BE *pants*
underground, Tube	*subway*	U-Bahn	
year (school)	*grade*	Jahrgang	
zip	*zipper*	Reißverschluss	*zipper* auch BE

Unterschiede in der Rechtschreibung

Eine Anzahl von Wörtern endet auf *-our* im BE und auf *-or* im AE, z. B. *colour/color*. Einige Wörter enden auf *-re* im BE und auf *-er* im AE, z. B. *kilometre/kilometer*. Alle Verben, die auf *-ize* im AE enden, z. B. *organize, realize,* jetzt enden im BE üblicherweise auf *-ise*, z. B. *organise, realise,* obwohl *-ize* auch noch möglich ist.

Die geläufigsten Wörter mit unterschiedlicher Rechtschreibung sind:

BE	AE	D	Bemerkungen
catalogue	*catalog*	Katalog	AE-Form immer üblicher im BE
centre	*center*	Zentrum	
cheque	*check*	Scheck	
colour	*color*	Farbe	
defence	*defense*	Verteidigung	
favour	*favor*	Gefallen	
honour	*honor*	Ehre	
jewellery	*jewelry*	Schmuck	AE-Form immer üblicher im BE
kilometre	*kilometer*	Kilometer	
labour	*labor*	harte Arbeit	
Maths (Schulfach)	*math*	Mathe	
pajamas	*pyjamas*	Schlafanzug	AE-Form immer üblicher im BE
practise (Verb)	*practice/practise*	üben	nur *-ise*-Endung möglich im BE
programme	*program*	Programm	BE: *computer program*
theatre	*theater*	Theater	
traveller	*traveler*	Reisende	
tyre	*tire*	Reifen	

2 Häufige „falsche Freunde" *(Common "false friends")*

Sehr viele Wörter – zum Beispiel Garten/*garden*, neu/*new* und kommen/*come* – sind im Deutschen und im Englischen sehr ähnlich. Andere „internationale Wörter" sind in beiden Sprachen genau dieselben, zum Beispiel Cornflakes/*cornflakes*, Cowboy/*cowboy* und Kindergarten/*kindergarten*. Eine dritte Gruppe besteht aus Wörtern, die in den beiden Sprachen völlig anders sind, z. B. sein/*be*, schön/*beautiful* und Wiese/*meadow*. Diese letzte Gruppe muss man sich einfach merken.

Es gibt jedoch eine vierte Gruppe, in der die Wörter zwar ähnlich aussehen, ihre Bedeutungen aber unterschiedlich sind. Daher nennen wir diese Wortpaare „falsche Freunde" *(false friends)*.

Hier sind die geläufigsten *false friends*. Links siehst du das deutsche Wort. In der Mitte steht ein Beispielsatz mit der richtigen Anwendung der englischen Entsprechung und deren deutsche Übersetzung. Rechts findest du den typischen Fehler, den du auf alle Fälle vermeiden sollst – daher ist er durchgestrichen.

Verben		
aufstehen	*You must **get up** now, Hank.* Du muss jetzt aufstehen, Hank. (aus dem Bett)	~~*stand up*~~
fahren	*Janna **goes** to school by bus.* Janna fährt mit dem Bus zur Schule.	~~*drives*~~
meinen	*I **think** you will pass the exam.* Ich meine, dass du die Prüfung bestehen wirst.	~~*mean*~~
machen	*I'd like to **take** a photo, please.* Ich würde gerne ein Foto machen.	~~*make*~~
	*I haven't **done** my homework yet.* Ich habe meine Hausaufgabe noch nicht gemacht.	~~*made*~~
starten	*The plane **takes off** at 10.* Das Flugzeug startet um 10 Uhr.	~~*starts*~~

Nomen

Chips	*Hank ate two packets of* ***crisps****.* Hank aß zwei Tüten Chips.	~~*chips*~~
Frau	*Have you met the boss's* ***wife****?* Haben Sie die Frau des Chefs kennen gelernt?	~~*woman*~~
Fremde	*Small children shouldn't talk to* ***strangers****.* Kleinkinder sollten Fremde nicht ansprechen.	~~*foreigners*~~
Land	*Bavaria is Germany's biggest* ***state****.* Bayern ist das größte Land Deutschlands.	~~*land*~~
Mann	*Ann's* ***husband*** *is a nice guy.* Anns Mann ist ein lieber Kerl.	~~*man*~~
Pause	*You can have a* ***break*** *now.* Jetzt könnt ihr eine Pause machen.	~~*pause*~~
Preis	*Janna won a* ***prize*** *of $100.* Janna gewann einen Preis von $100.	~~*price*~~
Rezept	*Can I have a* ***prescription*** *for painkillers?* Kann ich ein Rezept für Schmerzmittel haben?	~~*recipe*~~
See	*There are a lot of* ***lakes*** *in Mecklenburg.* In Mecklenburg gibt es viele Seen.	~~*seas*~~

Adjektive, Adverbien

aktuell	*The price of oil is a* ***current*** *problem.* Der Ölpreis ist ein aktuelles Problem.	~~*actual*~~
brav	*Be a* ***good*** *boy, okay?* Sei ein braver Junge, okay?	~~*brave*~~
dick	*A lot of pets are too* ***fat****.* Viele Haustiere sind zu dick.	~~*thick*~~
eventuell	***Maybe*** *I'll see you at Hank's party.* Eventuell sehe ich dich bei Hanks Fete.	~~*eventually*~~

miserabel	*The food was absolutely* ***awful****.* Das Essen war absolut miserabel.	~~miserable~~
nächste	*Where's the* ***nearest*** *kiosk?* Wo ist der nächste Kiosk?	~~next~~
neueste	*Have you heard the* ***latest*** *weather forecast?* Hast du die neueste Wettervorhersage gehört?	~~newest~~
sensibel	*You are too* ***sensitive*** *about your appearance.* Du bist zu sensibel was dein Aussehen angeht.	~~sensible~~
sympathisch	*Janna is a very* ***nice*** *girl.* Janna ist ein sehr sympathisches Mädchen.	~~sympathetic~~

Übung

Wähle das richtige Wort a) oder b). Schreibe auf einen Zettel.

1 Can you tell me where the **a)** nearest – **b)** next bus-stop is, please?
2 Dad **a)** means – **b)** thinks it might rain later.
3 Did you take my **a)** prescription – **b)** recipe to the chemist's?
4 Have you heard the **a)** latest – **b)** newest news about Mandy?
5 My mum always **a)** gets up – **b)** stands up very early.
6 Julie often **a)** does – **b)** makes her homework late.
7 Our dog is very well-behaved. He's really **a)** brave – **b)** good.
8 Some people won't take part in quizzes unless there's a **a)** price – **b)** prize.
9 The movie was no good at all. In fact it was **a)** awful – **b)** miserable.
10 We **a)** made – **b)** took a lot of photos in Hamburg.

3 Leicht verwechselbare Wörter (*"confusibles"*)

Bei *false friends* (siehe 2 oben) handelt es sich um die unterschiedliche Bedeutung von Wörtern, die im Deutschen und im Englischen ähnlich aussehen, z. B. „miserabel" und *miserable*. Bei *confusibles* dagegen handelt es sich um englische Wortpaare, die leicht verwechselt werden können. (Auch viele Muttersprachler haben mit ihnen ihre Probleme.)

Verben		
become	*Janna wants to become a vet.* Janna will Tierärztin werden.	werden
get	*Can I get stamps here?* Kann ich hier Briefmarken bekommen?	bekommen
borrow	*Hank borrowed Janna's bike.* Hank hat sich Jannas Rad ausgeliehen.	sich etwas leihen
lend	*Can you lend me $10, please?* Kannst du mir $10 leihen?	jmdm. etwas leihen
bring	*Bring your workbooks with you tomorrow.* Bringt eure Workbooks morgen mit.	mitbringen
take	*Can you take me to school, please?* Kannst du mich zur Schule bringen?	irgendwo hinbringen

▶ **BEACHTE** Die beiden Verbpaare ***borrow/lend*** und ***bring/take*** sind – wie ***come/go*** – **richtungsbedingt**. Läuft die Richtung zum Sprecher hin, benutzen wir ***borrow/bring***. Geht die Richtung vom Sprecher weg, dann verwenden wir ***lend*** und ***take***.

lay	*Janna laid the shopping on the table.* Janna legte die Einkäufe auf den Tisch.	legen
lie	*I'm going to lie down for an hour.* Ich lege mich für eine Stunde hin.	liegen

Verben		
lie	*Don't lie to me. I saw everything.* Lüge mich nicht an! Ich habe alles gesehen.	lügen

▶ **BEACHTE** Das Verb *lay* hat immer ein direktes Objekt und ist unregelmäßig – ***lay, laid, laid.*** Das Verb ***lie*** hat zwei Bedeutungen. Im Sinne von „liegen“ ist es unregelmäßig – ***lie, lay, lain*** – aber in der Bedeutung von „lügen“ regelmäßig – ***lie, lied, lied.***

take place	*The concert takes place at 7 o'clock.* Das Konzert findet um 7 Uhr statt.	stattfinden
happen	*The accident happened in fog.* Der Unfall passierte bei Nebel.	passieren

▶ **BEACHTE** Am besten benutzt man ***take place*** nur für planmäßige Handlungen. Zufällige, plötzliche oder unüberlegte Handlungen oder Ereignisse werden besser mit ***happen*** ausgedrückt.

Nomen		
play	*I prefer plays to movies.* Ich ziehe Theaterstücke Filmen vor.	Theaterstück
game	*Monopoly is a very popular game.* Monopoly ist ein sehr beliebtes Spiel.	Spiel
recipe	*Do you have a good recipe for fruit salad?* Haben Sie ein gutes Rezept für Obstsalat?	Kochrezept
prescription	*You need a prescription for this medicine.* Sie benötigen ein Rezept für dieses Medikament.	Arztrezept
receipt	*Can I have a receipt, please?* Kann ich bitte eine Quittung haben?	Quittung

Adjektive, Adverbien		
big	*Russia is the biggest country in the world.* Russland ist das größte Land der Welt.	großräumig
great	*Bach and Mozart were great composers.* Bach und Mozart waren große Komponisten.	großartig

▶ **BEACHTE** Im normalen Gebrauch heißt das Adjektiv ***big*** „physisch groß". Das Wort ***great*** dagegen bedeutet „geistig groß" bzw. „großartig".

finished	*Have you finished your homework?* Hast du deine Hausaufgaben erledigt?	erledigen
ready	*Please be ready when I call.* Sei bitte fertig, wenn ich vorbeikomme.	fertig

▶ **BEACHTE** Wollen wir sagen, dass ein Vorgang zu Ende gegangen ist, verwenden wir ***finish***. Handelt es sich um „fertig" im Sinne von „bereit sein", dann benutzen wir ***ready***.

happy	*We are happy in our apartment.* Wir sind glücklich in unserer Wohnung.	glücklich
lucky	*You were lucky to get the job.* Du hast Glück gehabt, die Stelle zu bekommen.	Glück haben

▶ **BEACHTE** Das Adjektiv ***happy*** können wir immer durch *satisfied* („zufrieden") sinnvoll ersetzen. Wenn dies nicht möglich ist, dann solltest du ***lucky*** verwenden.

heavy	*This case is too heavy to carry.* Der Koffer ist zu schwer zu tragen.	schwer
difficult	*This exercise is much too difficult for me.* Diese Aufgabe ist viel zu schwer für mich.	schwer: schwierig

high	*Mount Everest is the world's highest mountain.* Mount Everest ist der höchste Berg der Welt.	hoch
tall	*How tall are you?* Wie groß bist du?	groß, hoch

▶ **BEACHTE** Wir benutzen ***tall*** für Personen, Bäume, Gebäude mit vielen Stockwerken und andere Strukturen, die außerordentlich hoch und schmal sind, z. B. *factory chimneys* (Schornsteine einer Fabrik). Sonst verwenden wir ***high***.

little	*Janna has a little puppy.* Janna hat einen niedlichen Welpen.	klein: niedlich
small	*Small cars need less petrol.* Kleine Autos brauchen weniger Benzin.	klein

▶ **BEACHTE** Wenn wir über physische Größe reden wollen, benutzen wir ***small***, außer wenn wir gleichzeitig „niedlich" meinen. Dann verwenden wir ***little***.

practical	*Children like doing practical activities best.* Kinder machen am liebsten praktische Aktivitäten.	praktisch
practicable	*That's not a very practicable idea.* Das ist keine sehr durchführbare Idee.	durchführbar

▶ **BEACHTE** Wir benutzen ***practical*** für praktische Tätigkeiten. Ist die Tätigkeit nur schwer durchführbar, verwenden wir ***practicable***. Merke dir, dass ***practicable*** fast immer in verneinten Aussagen und Fragen vorkommt, z. B. *Do you really think that's* ***practicable****?*.

Verschiedenes		
advice	*Treat his advice with care.* Gehe vorsichtig mit seinem Rat um.	Rat
advise	*I advise you to go the doctor's at once.* Ich rate dir, sofort einen Arzt aufzusuchen.	beraten
practice	*The practice is more difficult than the theory.* Die Praxis ist schwieriger als die Theorie.	Praxis
practise	*He practises the piano for four hours a day.* Er übt vier Stunden am Tag Klavier.	üben

▶ **BEACHTE** Im britischen Englisch endet in den beiden Fällen oben das Nomen auf *-ice* und das Verb auf *-ise.*

loose	*Tighten all loose screws.* Ziehe alle losen Schrauben fest an.	lose
lose	*I lost the money in town.* Ich habe das Geld in der Stadt verloren.	verlieren

Übung

Wähle das richtige Wort a) oder b). Schreibe auf einen Zettel.

1 I want to **a)** bring – **b)** take the car to the garage.
2 Is Julie **a)** happy – **b)** lucky at her new school?
3 Is lunch **a)** finished – **b)** ready yet?
4 It's easier to park **a)** little – **b)** small cars, isn't it?
5 Let's have a **a)** game – **b)** play of cards.
6 Mr Sun **a)** laid – **b)** lay the books on the desk.
7 The police found that a wheel of the truck was **a)** loose – **b)** lose.
8 There is a **a)** high – **b)** tall wall round the school playground.
9 Where can we **a)** become – **b)** get some burgers?
10 You'll never get better if you don't **a)** practice – **b)** practise.

1 Unregelmäßige Verben *(Irregular verbs)*

be	*was/were*	*been*	sein
beat	*beat*	*beaten*	schlagen, besiegen
become	*became*	*become*	werden
begin	*began*	*begun*	anfangen
bet	*bet*	*bet*	wetten
blow	*blew*	*blown*	blasen
break	*broke*	*broken*	brechen, zerbrechen
bring	*brought*	*brought*	bringen
build	*built*	*built*	bauen
buy	*bought*	*bought*	kaufen
catch	*caught*	*caught*	fangen
choose	*chose*	*chosen*	wählen, auswählen, aussuchen
come	*came*	*come*	kommen
cost	*cost*	*cost*	kosten
cut	*cut*	*cut*	schneiden
dig	*dug*	*dug*	ausgraben, eingraben
do	*did*	*done*	tun, machen, erledigen
draw	*drew*	*drawn*	zeichnen
drink	*drank*	*drunk*	trinken, saufen
drive	*drove*	*driven*	fahren
eat	*ate*	*eaten*	essen, fressen
fall	*fell*	*fallen*	fallen, hinfallen
feed	*fed*	*fed*	füttern
feel	*felt*	*felt*	sich fühlen
fight	*fought*	*fought*	kämpfen, bekämpfen

find	*found*	*found*	finden
fly	*flew*	*flown*	fliegen
forget	*forgot*	*forgotten*	vergessen
freeze	*froze*	*frozen*	frieren, einfrieren
get	*got*	*got*	bekommen, erhalten
give	*gave*	*given*	geben, schenken
go	*went*	*gone*	gehen
grow	*grew*	*grown*	wachsen
hang	*hung*	*hung*	hängen, aufhängen
have	*had*	*had*	haben, besitzen
hear	*heard*	*heard*	hören
hide	*hid*	*hidden*	verstecken
hit	*hit*	*hit*	schlagen, aufprallen
hold	*held*	*held*	halten, festhalten
hurt	*hurt*	*hurt*	verletzen
know	*knew*	*known*	kennen, wissen
lay	*laid*	*laid*	legen
lead	*led*	*led*	führen, leiten
leave	*left*	*left*	verlassen
lend	*lent*	*lent*	ausleihen, verleihen
let	*let*	*let*	lassen
lie	*lay*	*lain*	liegen
light	*lit*	*lit*	anzünden
lose	*lost*	*lost*	verlieren
make	*made*	*made*	machen
mean	*meant*	*meant*	bedeuten
meet	*met*	*met*	sich treffen
overtake	*overtook*	*overtaken*	überholen
pay	*paid*	*paid*	(be)zahlen
put	*put*	*put*	setzen, stellen, legen
read	*read*	*read*	lesen
ride	*rode*	*ridden*	reiten, Rad fahren

ring	*rang*	*rung*	läuten, klingeln, anrufen
rise	*rose*	*risen*	ansteigen, aufsteigen, aufgehen (Sonne)
run	*ran*	*run*	laufen, rennen
say	*said*	*said*	sagen
see	*saw*	*seen*	sehen
sell	*sold*	*sold*	verkaufen
send	*sent*	*sent*	senden, schicken
shake	*shook*	*shaken*	schütteln
shoot	*shot*	*shot*	erschießen, anschießen
show	*showed*	*shown*	zeigen
shut	*shut*	*shut*	schließen, zumachen
sing	*sang*	*sung*	singen
sink	*sank*	*sunk*	sinken, versenken
sit	*sat*	*sat*	sitzen
sleep	*slept*	*slept*	schlafen
smell	*smelt*	*smelt*	riechen, duften
speak	*spoke*	*spoken*	sprechen
spend	*spent*	*spent*	(Geld) ausgeben, (Zeit) verbringen
spread	*spread*	*spread*	sich ausbreiten, sich verbreiten
stand	*stood*	*stood*	stehen
steal	*stole*	*stolen*	stehlen
stick	*stuck*	*stuck*	kleben
sting	*stung*	*stung*	stechen
swim	*swam*	*swum*	schwimmen
take	*took*	*taken*	nehmen
teach	*taught*	*taught*	unterrichten, lehren
tear	*tore*	*torn*	reißen, zerreißen
tell	*told*	*told*	erzählen, mitteilen, sagen
think	*thought*	*thought*	denken, meinen
throw	*threw*	*thrown*	werfen

understand	*understood*	*understood*	verstehen
wake up	*woke up*	*woken up*	aufwachen
wear	*wore*	*worn*	tragen, anhaben
win	*won*	*won*	gewinnen
write	*wrote*	*written*	schreiben

2 Länder, Staaten, Kontinente *(Countries, states, continents)*

Staat, Kontinent *state, continent*		Adjektiv *adjective*	Nomen (Person) *noun (person)*
Afrika	*Africa*	*African*	*an African*
Ägypten	*Egypt*	*Egyptian*	*an Egyptian*
Amerika	*America*	*American*	*an American*
Asien	*Asia*	*Asian*	*an Asian*
Australien	*Australia*	*Australian*	*an Australian*
Belgien	*Belgium*	*Belgian*	*a Belgian*
Bosnien-Herzegowina	*Bosnia-Herzogovina*	*Bosnian*	*a Bosnian*
Bulgarien	*Bulgaria*	*Bulgarian*	*a Bulgarian*
China	*China*	*Chinese*	*a Chinese, pl. Chinese*
Dänemark	*Denmark*	*Danish*	*a Dane*
Deutschland	*Germany*	*German*	*a German*
England	*England*	*English*	*an Englishman, -woman*
Estonien	*Estonia*	*Estonian*	*an Estonian*
Europa	*Europe*	*European*	*a European*
Europäische Union	*European Union*	–	
Finnland	*Finland*	*Finish*	*a Finn*
Frankreich	*France*	*French*	*a Frenchman, -woman*

Griechenland	*Greece*	*Greek*	*a Greek*
Großbritannien	*Britain*	*British*	*a Briton*
Indien	*India*	*Indian*	*an Indian*
Irland	*Ireland*	*Irish*	*an Irishman, -woman*
Island	*Iceland*	*Icelandic*	*an Icelander*
Israel	*Israel*	*Israeli*	*an Israeli*
Italien	*Italy*	*Italian*	*an Italian*
Japan	*Japan*	*Japanese*	*a Japanese, pl. Japanese*
Kanada	*Canada*	*Canadian*	*a Canadian*
Kenia	*Kenya*	*Kenyan*	*a Kenyan*
Kroatien	*Croatia*	*Croatian*	*a Croatian*
Lettland	*Latvia*	*Latvian*	*a Latvian*
Litauen	*Lithuania*	*Lithuanian*	*a Lithuanian*
Malta	*Malta*	*Maltese*	*a Maltese, pl. Maltese*
Mexiko	*Mexico*	*Mexican*	*a Mexican*
Neuseeland	*New Zealand*	*New Zealand*	*a New Zealander*
die Niederlande	*the Netherlands*	*Dutch*	*a Dutchman, -woman*
Nigerien	*Nigeria*	*Nigerian*	*a Nigerian*
Norwegen	*Norway*	*Norwegian*	*a Norwegian*
Österreich	*Austria*	*Austrian*	*an Austrian*
Pakistan	*Pakistan*	*Pakistani*	*a Pakistani*
Polen	*Poland*	*Polish*	*a Pole*
Portugal	*Portugal*	*Portuguese*	*a Portuguese, pl. Portuguese*
Romanien	*Romania*	*Romanian*	*a Romanian*
Russland	*Russia*	*Russian*	*a Russian*
Schottland	*Scotland*	*Scottish*	*a Scot*
Schweden	*Sweden*	*Swedish*	*a Swede*

die Schweiz	*Switzerland*	*Swiss*	*a Swiss, pl. Swiss*
Slowakei	*Slovakia*	*Slovakian*	*a Slovakian*
Slowenien	*Slovenia*	*Slovenian*	*a Slovenian*
Spanien	*Spain*	*Spanish*	*a Spaniard*
Südafrika	*South Africa*	*South African*	*a South African*
Südkorea	*South Korea*	*South Korean*	*a South Korean*
Tschechien	*the Czech Republic*	*Czech*	*a Czech*
die Türkei	*Turkey*	*Turkish*	*a Turk*
Ungarn	*Hungary*	*Hungarian*	*a Hungarian*
die USA	*the USA*	*American*	*an American*
Wales	*Wales*	*Welsh*	*a Welshman, -woman*
Zypern	*Cyprus*	*Cypriot*	*a Cypriot*

3 Deutschsprachige Ortsnamen auf Englisch *(German place names in English)*

Städte	*Towns*
Basel (CH)	*Basle*
Bern (CH)	*Berne*
Braunschweig	*Brunswick*
Genf (CH)	*Geneva*
Hameln	*Hamlyn*
Hannover	*Hanover*
Köln	*Cologne*
Konstanz	*Constance*
Luxembourg (L)	*Luxemburg*
München	*Munich*
Nürnberg	*Nuremberg*
Trier	*Treves*
Wien (A)	*Vienna*

Bundesländer	*Federal states*
Baden-Württemberg	*Baden-Wurttemberg*
Bayern	*Bavaria*
Berlin	*Berlin*
Brandenburg	*Brandenburg*
Bremen	*Bremen*
Hamburg	*Hamburg*
Hessen	*Hesse*
Mecklenburg-Vorpommern	*Mecklenburg-Vorpommern*
Niedersachsen	*Lower Saxony*
Nordrhein-Westfalen	*North Rhine-Westphalia*
Rheinland-Pfalz	*the Rhineland-Palatinate*
Saarland	*Saarland*
Sachsen	*Saxony*
Sachsen-Anhalt	*Saxony-Anhalt*
Schleswig-Holstein	*Schleswig-Holstein*
Thüringen	*Thuringia*

Landschaften, Regionen	*Regions*
Alpen	*the Alps*
Bayerischer Wald	*Bavarian Forest*
Franken	*Franconia*
Friesland	*Frisia*
Lüneburge Heide	*Luneburg Heath*
Mecklenburgische Seenplatte	*Mecklenburg Lake District*
Schwaben	*Swabia*

Flüsse, Seen, Meere	*Rivers, lakes, seas*
Bodensee	*Lake Constance*
Donau	*Danaube*
Nordsee	*North Sea*
Ostsee	*Baltic Sea*
Rhein	*Rhine*

3 Zeitenübersicht *(Summary of tenses)*

1 Simple present *(einfache Form der Gegenwart)*

Active *(aktiv)*	Passive *(passiv)*
▸ Janna **gets up** at 7 o'clock. ▸ Janna and Hank **live** in Los Angeles.	▸ English **is spoken** everywhere. ▸ These cars **are made** in Japan.

2 Present progressive *(Verlaufsform der Gegenwart)*

Active *(aktiv)*	Passive *(passiv)*
▸ Luna **is playing** in the park. ▸ Janna and Hank **are having** lunch.	▸ My computer **is being repaired** today. ▸ The rolls **are being baked** at the moment.

3 Simple past *(einfache Form der Vergangenheit)*

Active *(aktiv)*	Passive *(passiv)*
▸ Luna **went** to the vet's yesterday. ▸ The Greens **worked** in the garden yesterday.	▸ Hank's computer **was repaired** by a friend. ▸ These houses **were built** by my grandfather.

4 Past progressive *(Verlaufsform der Vergangenheit)*

Active *(aktiv)*	Passive *(passiv)*
▸ Luna **was playing** in the garden. ▸ The cars **were going** much too fast when the accident happened.	▸ The castle **was being repaired** when we visited it. ▸ The players **were being trained** at the time.

5 Present perfect simple *(einfache Form des Perfekts)*

Active *(aktiv)*	Passive *(passiv)*
▸ Janna **has finished** her homework now. ▸ They **have lived** in France for 12 years.	▸ The house **has** just **been sold** to a family from London. ▸ These computers **have been repaired** several times.

6 Present perfect progressive *(Verlaufsform des Perfekts)*

Active *(aktiv)*	Passive *(passiv)*
▸ Mrs Snow **has been waiting** for hours. ▸ They **have been doing** their exams all week.	▸ This road **has been being repaired** for months. ▸ The men **have been being interviewed** by the police all night.

7 Past perfect simple *(einfache Form des Plusquamperfekts)*

Active *(aktiv)*	Passive *(passiv)*
▸ Janna **had gone** home when I called. ▸ When we arrived, they **had begun** the lesson.	▸ The scooter **had been sold** when I called. ▸ The letters **had been sent** to the wrong address.

8 Past perfect progressive *(Verlaufsform des Plusquamperfekts)*

Active *(aktiv)*	Passive *(passiv)*
▸ The child **had been waiting** for ages before a doctor came. ▸ Tom said they **had been doing** exams the whole week.	▸ She told us that the road **had been being repaired** for months. ▸ The TV report said that the men **had been being interviewed** by the police all night.

9 Will-future (future simple) *(will-Futur [einfache Form des will-Futurs])*

Active *(aktiv)*	Passive *(passiv)*
▸ I **will see** you at school, okay? ▸ I hope that we **will win** the match.	▸ I expect my room **will be decorated** by my dad. ▸ We **will be taken** to our hotel by bus.

10 Going to-future *(going to-Futur)*

Active *(aktiv)*	Passive *(passiv)*
▸ It **is going to snow** tonight. ▸ The Greens **are going to sell** their house.	▸ My room **is going to be decorated** by my dad. ▸ These old houses **are going to be pulled down** soon.

11 Conditional 1 *(Konditional 1)*

Active *(aktiv)*	Passive *(passiv)*
▸ I **would come** to your party if I had the time. ▸ We **would go** on holiday if we had the money.	▸ This car **would be sold** if it cost less. ▸ They **would be paid** more if they worked harder.

12 Conditional 2 *(Konditional 2)*

Active *(aktiv)*	Passive *(passiv)*
▸ I **would have come** to your party if I had had the time. ▸ We **would have gone** on holiday if we had had the money.	▸ This car **would have been sold** if it had cost less. ▸ They **would have been paid** more if they had worked harder.

Lösungen

S. 219 Übung

1 go, 2 is cleaning, 3^1 is not here, 3^2 is taking, 4 are kissing, 5 Do you often play, 6^1 don't have 6^2 write

S. 220 Übungen

1 1^1 caught 1^2 was leaving, 2^1 went, 2^2 had, 3^1 were flying, 3^2 stayed, 4^1 didn't answer, 4^2 rang, 4^3 was watching

2 1 have lived, 2 hasn't arrived, 3 Have you seen, 4 have not been

S. 221 Übung

1 Are you going to watch, 2 will ask, 3 will not (won't) rain, 4 is not going to sell, 5 are going to train, 6 Are the Garners going to buy

S. 222 f. Test

1 1 b, 2 a, 3 a, 4 a, 5 b, 6 b, 7 b, 8 a

2 1 have never been, 2 have not seen, 3 enjoys, 4 Does Mr Sun usually teach …?, 5 never goes, 6 live, 7 go, 8 has won

3 1 has just bought, 2 has broken, 3 has hurt, 4 have phoned, 5 have never been, 6 Did our team win …?, 7 has not finished, 8 Did you meet

4 1 will not/won't be, 2 you will/you'll get, 3 will not/won't rain, 4 will close, 5 it is/it's going to snow, 6 is not / isn't going to leave

5 simple present: hope, Do you remember …?, know, is (2x), like
present progressive: is dancing, is falling
simple past: got, did, took, met, liked, saw, left, Did you know …?
will-future: will find, Will you email, will answer

S. 227 Übungen

1 1 for, 2 for, 3 since, 4 for, 5 since, 6 for, 7 since, 8 for, 9 since, 10 since

2 1^1 have lived, 1^2 since, 2^1 have been standing 2^2 for. 3 has never been, 4^1 have been wearing, 4^2 for, 5 have you known, 6^1 has been reading, 6^2 for

S. 228 Test

1 1 Ben has worked here since the beginning of the year. 2 How long have you known Mary? 3 We moved to New York in January, 2005. 4 Have you seen my new book? 5 Unfortunately, Hank has hurt his hand. 6 We

have been here since 10 o'clock and the teacher has still not come. 7 We have been waiting for the train for over an hour. 8 I haven't spoken to Mandy for weeks.

2 1 were going, 2 was watching, 3 have you been playing, 4 have been waiting, 5 was using, 6 was landing, 7 has been looking, 8 has been making

3 1 has read, 2 has been waiting, 3 have the Garners lived, 4^1 have been cleaning, 4^2 have not finished, 5^1 have not seen, 5^2 have seen, 6^1 Haven't you finished, 6^2 have been writing

S. 234 Übung

1 were recorded, 2 has just been, 3 are grown, 4 will not be given, 5 is being done, 6 had been damaged, 7 was still being built, 8 is spoken, 9 was built, 10 Has it been stolen?

S. 237 f. Test

1 1^1 are being stopped, 1^2 are being tested, 2 was being repaired, 3 has been made, 4 will be won, 5 had been damaged, 6 are made, 7^1 was started, 7^2 was not finishe, 8^1 were broken, 8^2 were stolen

2 1 What was heard …?, 2 How are DVD players switched off? 3 How much was stolen from the shop? 4 Who was collected from school …?, 5 What will be sold …?, 6 Where are most computers made? 7 How many pairs of shoes were bought …?, 8 How can the island be reached? 9 Where will the winner be taken …?, 10 When was this house built?

3 1 Are you often asked to dance by women? 2 Has your bike been found yet? 3 In Britain, stamps can even be bought at a lot of pubs. 4 Fresh vegetables are sold at the market by local farmers. 5 Empty bottles must be brought to the bottle bank. 6 Most of the hard work is done in California by Mexicans. 7 The car will be repaired in time for our holiday. 8 We were shown a video of their holiday in Norway. 9 Was America discovered by Columbus or Ericson? 10 The cooker was left on last night.

4 1 will be opened, 2 was won, 3 was damaged, 4 Is English spoken, 5 Are most of the computers made, 6 must be translated, 7 should be repaired, 8 Can photos be taken

S. 246 Übung

1 b, 2 b, 3 a, 4 a, 5 b, 6 b, 7 b, 8 a, 9 b, 10 a, 11 b, 12 a, 13 a, 14 b, 15 a, 16 a.

S. 248 f. Test

1 1 to send, 2 to bring, 3 to watch, 4 to leave, 5 to work, 6 to repair, 7 to swim, 8 to learn, 7 to stay, 8 to learn, 9 to stay, 10 to post, 11 to allow , 12 to buy, 13 to win, 14 to go, 15 to come

2 1 don't forget to bring, 2 can still remember winning, 3 remember to buy, 4 stopped to visit, 5 stop making, 6 tried to find, 7 don't you try being.

3 1 to pay, 2 taking, 3 to ask, 4 visiting, 5 being, 6 to bake, 7 to buy, 8 to phone

S. 251 Übung

1 himself, 2 ourselves, 3 myself, 4 themselves, 5 herself, 6 yourselves

S. 252 Übung

1 themselves, 2 each other, 3 each other, 4 yourself, 5 each other, 6 yourself, 7 themselves, 8 each other

S. 256 f. Test

1 1 myself, 2 yourselves, 3 himself, 4 herself, 5 themselves, 6 ourselves

2 1 yourself, 2 each other, 3 each other, 4 herself, 5 yourself, 6 himself, 7 myself, 8 each other

3 1 nobody, 2 none, 3 nowhere, 4 none, 5.1 no, 5.2 no, 6 nothing

4 1 each, 2 All the, 3 All, 4 each, 5 both, 6 all, 7 both, 8 every

5 1 every day, 2 Almost every, 3 everybody, 4 both drivers, 5 Nothing, 6 Neither boy had

S. 258 Übung

1 1^1 the, 1^2 kein Artikel, 1^3 the, 2^1 the, 2^2 kein Artikel, 2^3 kein Artikel, 3^1 kein Artikel, 3^2 the, 4^1 kein Artikel, 4^2 the 4^3 kein Artikel, 4^4 kein Artikel, 5^1 kein Artikel, 5^2 kein Artikel, 5^3 the, 5^4 kein Artikel, 6^1 kein Artikel, 6^2 kein Artikel, 6^3 kein Artikel, 6^4 kein Artikel, 6^5 kein Artikel

S. 261 Übung

1 a, 2 b, 3 b, 4 a, 5 b, 6 b, 7 b, 8 a

S. 263 Test

1 1^1 degree, 1^2 place, 2^1 sentence (adverb), 2^2 manner, 3^1 frequency, 3^2 place, 4^1 frequency, 4^2 place, 5^1 sentence (adverb), 5^2 place, 5^3 time, 6^1 manner, 6^2 place, 6^3 time, 7^1 degree, 7^2 manner, 8^1 place, 8^2 degree

2 1 in Brittany last summer, 2 to another school next term, 3 on TV last night, 4 at my brother's house in Bristol this year, 5 at the café at about 8 o'clock tonight, 6 in the new house at the end of the road, 7 to work in export these days, 8 on the radio as we were driving here

3 1: 2 always / 6 at the weekend / 4 breakfast / 5 in bed / 3 have / 1 Mum and Dad, 2: 5 for school / 2 is / 1 Janna / 4 late / 3 never, 3: 2 goes / 1 Hank / 4 now and then / 3 to the movies, 4: 4 his bus / 3 missed / 2 nearly / 5 this morning / 1 Wayne, 5: 4 angry / 2 is / 1 Mandy / 3 very / 5 with Hank, 6: 1 Ann / 2 hardly / 4 uses / 3 ever / 5 computers

S. 267 Übung

1 Janna told me that they couldn't come because they were on vacation. 2 Grant told us that his uncle had won a Cadillac. 3 Britt advised Julie that she couldn't possibly wear that awful dress. 4 Ben said that he was going to surf the Internet. 5 Sheila promised her mother that she would never do such a thing again. 6 Mary said that she was starting to like Wayne more and more.

S. 270 f. Test

1 1 Becky said (that) she was going to Ben's party with Alan the following week. 2 Ben said (that) his German teacher came from Hamburg. 3 Joe said (that) they were going camping the following weekend. 4 Mary said (that) she had bought some really cool shoes the day before. 5 Peter said (that) the test they had done the day before had been quite easy. 6 Susie said (that) her dad wouldn't let her go on the class trip the following May.

2 1 D, 2 B, 3 E, 4 G, 5 H, 6 F, 7 A, 8 C

3 1 Becky asked how you switched the computer off. 2 Ben asked if it was true that I had bought a new mobile. 3 Jack asked if I had seen the thriller on TV the night before. 4 Joe asked if I was going to Mandy's party the following weekend. 5 Julie asked where we were meeting the following Saturday. 6 Mary asked how many girls there were in my class. 7 Peter asked when we were doing our next English test. 8 Susie asked if I had done anything interesting the weekend before.

4 1 Jacko asked Ann not to tell anybody about the accident. 2 Ann asked Mandy who taught her Biology. 3 Becky told Grant not to forget to water the plants. 4 Jacko said (that) he was sure (that) Ann would find the story really exciting. 5 Janna said (that) they were visiting her if/whether he had heard the weather forecast the night before. 7 Mandy

told Janna (that) she wished Hank had asked her for a date. 8 Mr Sun asked Wayne to show hime his homework. 9 The reporter wrote that, the police had arrested a man late the night before.

S. 274 Übungen

1 1 who, 2 whose, 3 which, 4 which, 5 who, 6 which, 7 whose, 8 who

2 1 b, 2 b, 3 a, 4 a, 5 a, 6 b

S. 277 Übung

1 had shown, 2 would give, 3 had, 4 wouldn't have missed, 5 were, 6 can you tell, 7 will help, 8 doesn't rain, 9 would Italy have won, 10 could

S. 278 f. Test

1 1 a place which is visited, 2 whose home is in Hollywood, 3 Many films which were made, 4 A film millions of people enjoyed, 5 Tom Hanks, an actor many people, 6 an actress who played in the film, 7 into a shop whose clothes, 8 The actress I saw is called

2 1 i, 2 d, 3 b, 4 a, 5 g, 6 j, 7 e, 8 c, 9 f, 10 h

3 1 Sam: We were lucky that the fire-engines came so quickly last night. Jack: True. If they had been slower, the house would have burnt down. 2 Mia: Harry drives much too fast, but I'm afraid he'll never change. Tim: You're right. If he didn't drive so fast, he wouldn't have so many accidents. 3 Hank: Hurry up, Wayne. If we don't go now, we'll miss our tain. Wayne: Sure. I'm almost ready. 4 John: If they find oil on the Sioux Indians' land, they'll send the Sioux to a reservation as well. Sam: Yes, that happened to a lot of Indian tribes in the 19th century. 5 Mary: Do you think Josey will get the job? Lin: No. If she had better qualifications, she would have a chance, but I'm afraid her qualifications just aren't good enough. 6 Frank: Are you having a barbecue at the weekend? Joe: I don't know, but Dad said that if the weather is good, we'll definitely have one.

4 1 would pass, 2 would not have been fired – had – his mistakes, 3 are sick – should stay, 4 miss – will have to take, 5 would have been – hadn't said anything

S. 285 Übung

1 b, 2 b, 3 a, 4 a, 5 a, 6 a, 7 b, 8 b, 9 a, 10 b

S. 290 Übung

1 b, 2 a, 3 b, 4 b, 5 a, 6 a, 7 a, 8 a, 9 b, 10 b

Stichwortverzeichnis

Deutsch • Mathe • Englisch

A

E

F

G

H

I

J

K

O

P

Q

R

T

Y

Z